"十三五"普通高等教育本科系列教材

配电网规划

编　著　朴在林　孟晓芳

主　审　杨仁刚

U0300108

中国电力出版社

CHINA ELECTRIC POWER PRESS

内 容 提 要

本书为"十三五"普通高等教育本科系列教材。

本书系统地介绍了配电网规划的理论和方法,全书共八章,第一章为配电网规划的任务和要求;第二章为配电网规划的资金分析;第三章为电力负荷预测;第四章为配电网潮流计算;第五章为电源规划;第六章为配电网的网架规划;第七章为配电网优化设计;第八章为智能配电网规划。各章根据内容配有适当的例题或算法过程,可帮助读者理解和学习。

本书既是高等院校电气类专业,以及农业电气化与自动化专业的本科教材,也是高职高专院校相关课程及从事配电系统工程技术人员的参考书。

图书在版编目(CIP)数据

配电网规划/朴在林,孟晓芳编著. —北京:中国电力出版社,2015.8(2024.11重印)

"十三五"普通高等教育本科规划教材

ISBN 978-7-5123-7508-6

Ⅰ.①配… Ⅱ.①朴…②孟… Ⅲ.①配电系统-电力系统规划-高等学校-教材 Ⅳ.①TM715

中国版本图书馆 CIP 数据核字(2015)第 070151 号

中国电力出版社出版、发行

(北京市东城区北京站西街 19 号 100005 http://www.cepp.sgcc.com.cn)

固安县铭成印刷有限公司印刷

各地新华书店经售

*

2015 年 8 月第一版 2024 年 11 月北京第四次印刷

787 毫米×1092 毫米 16 开本 14 印张 336 千字

定价 28.00 元

前　言

　　随着国家对配电网建设和改造投入资金的不断加大，我国配电网的布局、结构、设备以及自动化水平逐渐向合理、优化、先进的方向迈进，其目的是建立现代化的配电网，与世界先进的电网发展进程接轨。当前，我国电网正处在新理念、新设备、新技术、新工艺日新月异的重大变革时期，可再生能源发电技术、微网技术、储能技术等新技术也正已逐渐应用于实践中，配电网规划将具有更重要的意义。

　　本教材系统地介绍了配电网规划的理论和方法，其内容主要包括配电网规划的任务和要求、配电网规划的资金分析、电力负荷预测、配电网潮流计算、电源规划、配电网的网架规划、配电网优化设计、智能配电网规划等，同时并附有简单的应用例题。本教材在大量借鉴相关资料的基础上，吸纳了作者近几年在配电网规划方面撰写的著作及论文中的内容，也归纳了近几年来项目研究和实施中的一些经验。

　　本教材由沈阳农业大学信息与电气工程学院朴在林、孟晓芳编著，由中国农业大学杨仁刚教授主审。由于时间仓促，编者水平所限，疏漏之处在所难免，恳请读者批评指正。

编　者

2014 年 12 月

目 录

第一章　配电网规划的任务和要求

我国配电网发展已有 50 年的历史，在这 50 年中，取得了巨大的成就，也积累了丰富的经验。回顾 50 年配电网的发展，大体可分为下述 5 个阶段：

第一阶段，即 20 世纪 60 年代末期至 70 年代中期。在这段历史时期内，其建设重点是以安全用电为中心，对电网进行恢复性改造。

第二阶段，即 20 世纪 70 年代中期至 80 年代初期。在这段历史时期内，其建设重点是以降损节能为中心，对电网实行完善化改造。

第三阶段，即 20 世纪 80 年代初期至 90 年代初期。在这段历史时期内，其建设重点是以电网标准化为重点，如建设标准化变电站、标准化电管站等，以科技进步带动配电网的技术改造。在这 10 年中，农村电网的素质有了大幅度的提高，自动化设备开始引入农村电网。

第四阶段，即 20 世纪 90 年代初期至 90 年代末期。在这段历史时期内，农村电网的建设是以建设农村电气化县为中心，旨在提高供电指标，保证向用户供应可靠、优质的电力，深化电网的技术改造和技术进步。

第五阶段，即 2000～2010 年。根据国家对配电网的要求，在这段时期内，进行了大规模的技术改造，其目的是提高配电网的供电可靠性，降低配电网损耗，保证配电网供电电压质量，增加配电网经济效益，建设现代化的配电网。

近年来国家投放了巨额资金来完成城网、农网改造的跨世纪工程，而提高城网、农网建设和改造的质量，增加经济效益，做好电力网规划更是必要的。这对配电网的发展，对推进配电网的管理体制从计划经济向社会主义市场经济转变，对经济增长方式从粗放型向集约型转变起着至关重要的作用。

做好配电网规划，其实质是技术上先进、经济上合理，有计划、有步骤地实现配电网建设和改造的战略目标，使配电网成为供、用电指标先进的电网。规划节约是最大的节约，规划浪费是最大的浪费，所有从事并参与配电网规划的人员应以此为原则。

第一节　配电网规划的任务和内容

配电网的建设关系到发展经济、提高工农业生产、改善人民生活水平等许多问题，也关系到配电网可靠经济合理运行、保证用电质量、降低电力成本等许多技术问题。

在新的历史时期，配电网规划任务中将增加新的内容。当前，进行配电网规划必须适应社会主义市场经济的要求，遵循的原则如下：

（1）在进行配电网规划时，应执行《中华人民共和国电力法》和国家有关法规，遵循能源开发"以电力为中心"的能源政策，坚持统一规划，加强宏观调控，打破行政区域界线，以实现最大范围内的资源优化配置，坚持安全可靠、经济适用、符合国情的原则，以适用国民经济的持续发展。

（2）在进行配电网规划时，以电力需求预测工作为前提，调整配电网的结构，使配电网从速度、数量型向质量、效益型转变，提高配电网各项指标，加快与国际上现代化配电网接轨的步伐。

（3）在进行配电网规划时，需重视投资的规划工作，研究资金的筹集途径和形成机制，以降低投资风险，控制融资成本，加强电价改革的预测分析工作，加强工程的可行性研究，促进电力资金的良性循环。

配电网规划，应根据国民经济发展和社会发展的需要而定。配电网规划应着重研究配电网整体，分析配电网状态，研究配电网负荷增长规律，优化配电网结构，提高配电网供电可靠性，使配电网具有充分的供电能力，以满足各类用电负荷增长的需要，使配电网的容量之间、有功功率和无功功率之间的比例趋于协调，使供电指标达到规划目标的要求，成为设备更新迅速、结构完善合理、技术水平先进的电网。

一、配电网规划的任务

配电网规划主要有两个方面的任务：①确定电网未来安装设备规格，如导线电压等级及型号、变压器规格等；②确定电网中增加新设备的地点及时间。

由于配电网负荷的特点，配电网规划是一个较为复杂的问题，它需要确定的决策是多方面的，而这些决策又是相互影响的。目前，限于各方面条件，将它们统一在一个模型中考虑有一定困难。

配电网规划应有明确的分期规划目标。配电网规划按照时间划分，可分为近期规划（1～5 年）、中期规划（6～15 年）、远期规划（16～35 年）。

1. 近期规划

近期规划是 5 年规划，其任务如下：

（1）从现有的电网入手，将下一年的预测负荷分配到现有的变电站和线路，进行电力潮流、电压降、短路容量等各项验算，以检查电网的适应度。针对电网中出现的不适应问题，合理规划变电站位置、容量，规划输、配电网网架，确定配电网改造方案。

（2）新电网布局确定后，应对电网的供电可靠性、供电电压质量、电网线损率、电网经济效益等各项指标进行验算，务必使其满足近期规划的目标要求。

2. 中期规划

中期规划通常为 10 年，其任务如下：

（1）在做好近期规划的基础上，对今后 10 年电网的发展进行详细的分析论证。以中期预测负荷分配到各变电站和输、配电线路进行各项分析计算，来检查电网的适应度。

（2）针对电网中存在的不适应问题，从远期规划的初步布局中确定比较具体的电网改造方案，其中对大型的建设项目应进行适当的论证。

3. 远期规划

远期规划的时间为 20 年，其任务如下：

（1）远期规划是以中期规划的电网布局为基础，根据远期预测来进行各项计算分析。

（2）远期规划主要根据本地区国民经济和社会发展的长期规划来宏观地分析电力市场要求，提出电力可持续发展的基本原则和方向。

（3）远期规划主要研究电网电源的总体规模、电网的基本布局、电网的基本结构、电网的主网架等方面的问题。同时对国家的电力技术政策、电力新技术方向等给予必要的关注。

电力发展规划的编制，将坚持统一规划、分期管理的原则，各级电力发展规划应具有不同的工作重点，充分体现下级规划是上级规划的基础、上级规划对下级规划的指导作用，电力发展规划应进行多方案综合评价，借以对资源配置、电源布局、电网结构、建设进度、投资结构等方面进行优化，电力发展规划必须实行动态管理，近期规划应每年修订1次，中期规划应3年修订1次，长期规划应5年修订1次，有重大变化时应及时调整。

二、配电网规划的主要内容

（1）调查和搜集电力网现状资料，分析存在的问题，明确规划改造的重点。

（2）调查和搜集规划区内国民经济各部门发展规划和人民生活用电的发展变化资料，分区测算用电负荷，对近期规划应逐年列出，而中期及远期规划则列出规划年度总的负荷水平。

（3）依据城市和农村的总体规划及电力负荷的发展，分析规划年度的用电水平。

（4）分析规划区内无功电源和无功负荷的情况，进行无功平衡，合理安排无功电源的位置，确定最经济的补偿容量。

（5）进行配电网布局规划及电网结构方案研究，包括如下内容：

1）分期对配电网结构进行整体规划；

2）确定变电站的布局及其最佳位置；

3）确定输配电线路的接线方式、重点接线方式、线路路径；

4）确定变电站及输配电线路的建设分期、分期的工程项目及建设进度；

5）确定调度、通信、自动化的规模及其采用继电保护的方式和要求；

6）估算各规划时期内需要的投资、主要设备和主要材料的需要量以及设备的规范；

7）分析计算配电网规划前后的各项指标，如电网的供电可靠性、电网线损率、各主要线路的电压损失和电能损失；

8）估算规划期末所取得的经济效益和扩大供电能力后取得的社会效益；

9）编制规划文件，其中包括配电网规划地理位置的接线图及规划说明书。

三、配电网规划的基本要求

配电网规划的目的是力求在规划期末使电力网络达到一个比较理想的结构。该理想的网架结构应该满足以下基本要求：

（1）配电比例适当，容量充裕，在各种运行方式下都能将电力安全经济地输送到用户，并有适当的裕度，不存在设备能力闲置、积压资金现象。

（2）电压支持点多，能在正常及事故情况下保证配电网的安全及电能质量。

（3）保证用户供电的可靠性。对于供电中断将会造成重大损失的负荷及重要供电地区，需设置两个及以上彼此独立的供电电源。

（4）保证系统运行的灵活性。配电网络结构应能适合多种可能的运行方式，包括正常及事故情况下的运行方式、高峰及低谷负荷时的运行方式。有大水电站或水电比重大的系统应分别考虑丰、平、枯水时的运行方式。

（5）保证系统运行的经济性。

（6）便于运行，在变动运行方式或检修时操作简便、安全，对通信线路的影响小等。

确定一个较理想的配电网结构方案是涉及多方面因素的复杂问题，应在考虑各种因素下拟出若干可行方案，经过充分的系统分析及比较后最终选定。

第二节　配电网规划资料的搜集

进行深入细致的调查研究、搞好规划资料搜集是编好规划的首要条件。

规划资料搜集，不只是一般的询问了解、情况记述和数字罗列，而是要从规划实际需要出发，从调查研究入手，认真查找各种问题、明晰配电网规划相关情况。所以，整个规划资料搜集的过程，也就是调查研究的过程。

规划资料搜集要抓住几个关键环节：配电网规划资料搜集，必须从本规划要解决的具体任务出发，因地制宜地拟定规划资料搜集提纲。要有针对性，深度、广度要适中，既不能"海阔天空"，又不能一切省略。总的说来，一方面要避免收集那些不必要或无关紧要的东西而浪费大量时间；另一方面又要保证规划资料所必需的数量和质量。

一、配电网规划资料搜集的基本要求及内容

配电网规划资料搜集，一般要满足 5 项基本要求：①能据此进行电力负荷（电量）的测算；②能满足研究、确定供电方案的要求；③能根据所取得的资料进行综合分析，对负荷测算的可靠性、规划方案的合理性、实现规划的可行性进行分析评价；④能根据所调查的资料组织编写规划文件的内容；⑤能有一个完整的规划指标体系，有利于规划资料的不断完善、积累和补充。

根据以上要求，配电网规划资料的收集，一般应包括：①地区自然经济地理概况；②国民经济发展状况及规划；③地区各种资源的蕴藏量、分布及开发情况；④地区电力系统的现状及发展规划；⑤规划地区工农业供用电基本状况；⑥其他与规划有关的统计报表、技术经济指标、定额、标准、图纸、调查研究成果及有关上级指示、文件等。

二、负荷测算资料的搜集

计算电力负荷的原始资料，一般应从有关部门的下列规划中取得：①规划区的工业区规划、农业区规划或工农业发展总体规划；③工业的数字化、信息化、自动化、智能化规划，农业的农田水利、机械化、乡镇工业、村镇建设，人口发展规划；④配电网供电区及其他部门的发展规划（工业、交通、国防、地质、水利、建筑、能源开发等）。

1. 各类城市用电资料搜集的基本要点

（1）总体规划阶段需调研收集的供电基础资料。

1）城市综合资料，包括区域经济、城市人口、土地面积、国内生产总值、产业结构及国民经济各产业或各行业产值、产量及大型工业企业产值、产量的近 5 年或 10 年的历史及规划综合资料。

2）城市电源、电网资料，包括地区电力电气主接线系统图、城市供电电源种类、装机容量及发电厂位置，城网供电电压等级及结构，各级电压的变电站容量、数量、位置及用地，高压架空输电线路路径、走廊宽度等现状资料，以及城市电力部门制定的城市电力网行业规划资料。在城市现状地形图中应明确标注 35kV 以上变电站的位置和输电线路的电压等级以及地理走向。

3）城市用电负荷资料，包括近 5 年或 10 年的全市及市区（市中心区）最大供电负荷、年总用电量、用电构成、电力弹性系数、城市年最大综合利用小时数、按行业用电分类或产业用电分类的各类负荷年用电量、城乡居民生活用电量等历史、现状资料。

4）其他资料，包括城市水文、地质、气象、自然地理资料和城市地形图，城市总体规划图及城市分区土地利用图等。

（2）详细规划阶段中电力规划需调研、收集的资料。

1）城市各类建筑单位建筑面积负荷指标（归算至 10kV 电源侧处）的现状资料或地方现行采用的标准或经验数据。

2）详细规划范围内的人口、土地面积、各类建筑用地面积，容积率（或建筑面积）及大型工业企业或公共建筑群的用地面积，容积率（或建筑面积）现状及规划资料。

3）工业企业生产规模、主要产品产量、产值等现状及规划资料。

4）详细城市规划区道路网、各类设施分布的现状及规划资料详细规划图等。

2. 各类农村用电资料搜集的基本要点

（1）农村综合资料。

1）自然地理和社会经济状态，包括一般情况、自然特点和农业现代化基础。

a. 一般情况：地理位置，土地面积，耕地面积，播种面积，行政区数目，总人口，农业人口，农户数，劳动力，粮食总产、单产、特产，工农业总产值，乡镇工业总产值，经济结构，自然资源及其他经济特征。

b. 自然特点：无霜期、日照时间、降雨量、平均气温、年平均风速、旱涝频率、河川径流、地下水储量、地形地貌、水文地质及其他自然特征。

c. 农业现代化基础：排灌机械、水利设施、排灌面积、高产稳产基本农田治理面积、经济林面积、塑料大棚面积、水产养殖情况、农副加工机械、拖拉机及其他主要农机具拥有量、机耕面积、农业机械化系列配套情况、交通工具拥有量、化肥施用量、整个农业及农林牧副渔的现代化水平。

2）地区经济状况和个体经济的力量，对国家投资的依赖程度，自筹资金能力和主要运用方向。

3）当前和长远发展工农业生产的方针、方向和规划目标。

（2）农村用电资料。

1）排涝用电包括：排灌站的布置、初期和最终规模、装机容量、控制面积、站区的扬程和流量；排灌站建设区域的最大降雨量、暴雨历时、要求的排干时间、设计标准（几年一遇）；自然地理特征、洪涝灾害的发生频率、历史上洪涝灾害损失、工程效益、建设时间和总体治理意图。

2）灌溉用电包括：规划县发展灌溉方面的总体规划设想；大中型排灌站的布设位置、灌溉面积、装机容量、扬程和灌溉作物的种类；电井群的分布位置、装机容量、灌溉面积、扬程和每年电井的装机容量、控制面积、单位装机容量的效益面积；灌溉作物的种类和灌溉制度（轮灌周期、灌水定额、灌水时间）；历史上的用电资料（每亩灌溉、耗电量、每千瓦装机容量的效益面积等）。

3）田间耕作、收获及植保用电包括：地区各类农作物的播种面积、田间耕作、塑料大棚、植物保护等用电现状及发展设想；各类农作物的单产、总产规划；各类谷物脱粒、收获、上场及要求完成时间；脱谷点布置原则、服务半径、控制面积、机械造型及分布；扬场机、烘干机、选种机等的发展及应用；农业机械化系列配套的总设想（如机械使用及人机配合情况），调查与分析畜牧场、机械化饲料场、农场、林场及工厂化育秧厂的用电情况。

4）农副产品加工用电包括：地区人口数量、粮食加工总量、经济作物总产量及在本地的加工量；家禽饲养及全年需要加工的青、干饲料和粗、精饲料总量；农副产品加工网点的布局、标准、装配功率、机械型号、用电单耗指标。

5）乡镇工业用电包括：乡镇企业的规模、分布、产值、主要产品产量、用电情况及存在的主要问题；本地区乡镇工业的发展设想、产值、产量、规划指标，较大乡镇工业的产品产量、生产特点、用电设备容量、用电单耗、最大负荷、年用电量、投产时间；本地区乡镇工业用电规律的分析资料；县办工业企业，用电水平及将来的发展情况、企业生产能力、主要产品产量、生产班次、用电设备装配功率、耗电定额、最大负荷、年用电量及其对供电可靠性方面的要求。

6）乡镇农村生活用电包括：地区农户数、农业人口发展计划，乡镇农村数目及尚未用电的数目；农村生活用电的发展水平，对于家用电器的使用情况；农村建房水平的典型调查，其中包括供水、供暖方式，通风、洗浴条件；县镇建设的发展规划，有无新兴工业、养殖业、旅游业的开发。

7）其他用电。地区国防、军工、交通、地质用电发展及水利工程施工用电。

除上述各项外，还必须从专业要求深度出发，深入细致地调查和分析以下4方面的内容：①关于耗电定额、用电标准、设备负荷系数、同时系数、设备利用小时数、最大负荷利用小时数、网损率等有关部门指标的调查分析；②历史上各发展阶段农业用电发展速度、负荷结构、用电量增长与产值、产量增长的比例关系；③各类用电和地区综合用电的年、月、日负荷典型曲线及其特性指标的分析；④各行业用电的发展趋势及农村乡镇工业用电不同侧面的发展情况的典型调查分析报告。

三、电网和电源规划的资料搜集

（1）区域电网的电压等级、接线方式、区域性变电站的设备容量、负荷水平、发展裕度；输电线的起止地点、杆塔结构、导线型号、供电能力、负荷水平、电压质量、发展裕度、区域电网的供电成本，距规划县间的相对距离；系统目前存在的问题及今后的规划意图。

（2）配电网的现状及供电情况，包括如下7个方面：

1）规划区配电网的地理接线图、系统接线图、负荷分布图、以变电站为单元的配电系统图。

2）现有小水（火）电厂、风电场、光伏电站的装机容量、年发电量、发电成本、发电设备年均利用小时数、有无扩建余地等。

3）输电线路、变电站10kV配搭主干线的供电能力、负荷水平、电压质量及发展余地。

4）电网运行状况、负荷曲线的变化规律、各负荷集中点的同时系数、各供电环节的网损率。

5）供电设备配置比例、各级电网的配置比例、各供电区的负荷密度、电网存在的问题及薄弱环节。

6）电压调整和无功补偿的方式及容量。

7）历年规划设计文件、造价资料。

（3）动力资源蕴藏量及开发条件，包括如下内容：

1）县境内主要河流的流量（丰、枯水期）、落差，可能建设的水电站的地点、容量及开发条件。

  2）已有和规划建设的水库库容、调节性能、最大水头、规划装机容量、保证输出功率、投资等建设条件。

  3）各种燃料资源（煤炭、天然气）分布情况、蕴藏量及开发规划，生产成本（售价）、运输方式、运输成本及运价等。

  （4）当规划区有可能建设小水电站、小火电厂、风电场、光伏电站等可再生能源发电厂时，应搜集建厂条件的资料，如厂址的场地水文地质交通条件、建厂的技术经济指标等。

  （5）相关部门已有工作成果（如输煤输电的比较，在规划县建设电站和引接由区域电网供电的比较等）。

  收集到规划所用资料后，根据规划目标和规划的基本要求可以确定可能的配电网络规划方案，通过各种效果指标评价，确定可行的配电网络规划方案。

第二章　配电网规划的资金分析

随着企业市场化运营，各电力集团、电力公司、电网公司都在强化科学管理、转换经营机制、积极拓宽销售市场，根据市场经济的要求、经济发展的客观规律，寻求企业发展之路。作为电网规划的专业人员，在技术上应该是内行，应改变传统计划经济体制下的思维方式和工作方法，学会在市场经济体制下的战略和策略，提高对市场经济变化的洞察力，以适应经济增长方式从粗放型向集约型转变的新形势，使电网规划工作逐步做到规范、科学、合理。为了能够在市场经济体制下搞好配电网规划工作，应该研究如下两方面的问题：

（1）配电网规划的技术问题。其中包括配电网的规划、设计、施工以及生产运行等问题。

（2）经济问题。其中包括资金的筹措渠道及合理投资方案的选择问题、资金的时间价值问题、贷款的偿还和送变电工程折旧的提取问题、资金回收问题、产品税的问题以及通货膨胀对投资过程的影响问题。

当然，技术问题是配电网规划的基础，作为从事配电网规划工作的专业人员，掌握这方面的知识是必需的。但是，经济问题与技术问题相比，其重要性也毫不逊色，因为它是争取企业发展、取得良好经济效益、减少损耗、节约开支、杜绝浪费的必要手段。实践证明，影响电力企业投资经济效益的因素有如下 5 方面：①投资结构对投资效益的影响；②资金偿还方式对投资效益的影响；③通货膨胀对投资效益的影响；④售电成本、售电量以及售电单价变化对投资效益的影响；⑤决策失误及情况变化对投资效益的影响，这一点对降低工程造价特别重要。

目前，电力企业的大型送变电新建工程和改造工程的资金来源主要由国家财政的专项拨款、银行贷款、地方政府投资和其他各方面的投资、工程项目法人资金及其发放的债券、外商投资等渠道组成。资金如何投放、如何降低工程造价、竣工后采取什么方式回收投资最好、折旧费怎样提取最佳、劳务费和劳动工资上涨给工程带来什么样的影响等，是每个电力企业在经济分析中应该注重的问题。一般来说，在市场经济体制下，电力企业应该遵守以下4 条经济原则：

（1）应尽量争取银行贷款；

（2）资金的投放要合理，分配要适当；

（3）遵守早收晚付的原则；

（4）通货膨胀等不利因素应与他方合理分担，努力降低工程成本，在不确定因素存在情况下要敢于和善于进行风险决策。

第一节　技术经济比较和评价

一、技术经济比较与评价的步骤

在进行方案比较与评价时，一般按下列步骤进行：

（1）拟定为达到某一目的可能存在的不同方案，这些方案必须符合国家的有关方针和政策。

（2）对各方案进行初步分析，摒弃在技术指标方面（如供电可靠性、灵活性、优质和安全）明显不利的方案，只保留可供进一步比较的若干方案。

（3）统一方案的可比条件，使各方案在效果上具有相同性，以进行相互比较。

（4）对方案进行经济评价。经济评价的主要指标有投资和年运行费用。投资是为实现某一方案需要一次性付出的资金。年运行费是电力企业为维护正常生产，每年所需付出的费用，亦即生产成本，主要包括折旧费、维护管理费、修理费、电能损耗折价等。

（5）经济计算结果的分析比较。

（6）确定方案的最终结论。在技术和经济方面进行全面综合分析的基础上做出结论，提出推荐方案。

二、方案的可比条件

配电网规划中参与技术经济比较的不同方案首先在技术上是可行的。

从技术经济的观点来看，众所周知，任何技术方案最主要的目的是为了满足一定的需要。如果一种方案与另一方案可比，这两种方案首先必须能满足相同的需要，否则它们不能相互代替。参与技术经济评价和比较的各方案，应在下述方面可比：①满足需要可比；②消耗费用可比；③价格指标可比；④时间可比。

第二节　投资时间价值的计算办法

一、资金的时间价值

作为电力企业的决策人员和从事配电网规划的专业人员，在市场经济分析中应建立一个重要的概念，就是货币具有时间价值。所谓货币的时间价值，就是货币在流通过程中所产生的新的价值。

资金的时间价值的具体表现就是利润和利息。利润是对投资过程而言的，利息是对借贷而言的。例如，因新建工程或改造工程，年初从银行贷款 100 万元，年利率为 10%，明年初应偿还 110 万元，后年初就应偿还 121 万元。如此，10 万元和 21 万元就是 100 万元资金的一年和两年的时间价值。电力企业如利用银行贷款来兴建或改造某项工程，在计算利润时必须把付给银行的利息考虑在内。

二、利息和利率

1. 利息

利息是借款人支付给贷款人的报酬。当电力企业向国家银行取得贷款时，利息则是企业支付给银行的一部分纯收入，以有利于节约使用资金，促进资金周转，加强经济核算和增加积累；而企业向银行存款时，银行对电力企业也付一定的利息，其目的在于鼓励节约，使闲置资金用于国家建设。

利息分单利和复利两种。单利只按本金计算利息，累计起来的利息不再计息。例如，借款 100 元，借期 3 年，每年按 10% 标准还利，则第 3 年末应付本利和为 $100+100\times0.1\times3=130$（元）。而复利是不仅本金要逐期还息，每期累计起来的利息也要计算在内，则第三年末按复利计算应还的本利和为

第一年末 $100+100\times0.1=110$(元)

第二年末 $110+110\times0.1=121$(元)

第三年末 $121+121\times0.1=133.1$(元)

这比用单利法多计息 3.1 元。在计算货币的时间价值时均采用复利法。

2. 利率

利率是指一定时期内利息总额与贷出金额的比率，即

$$利率=\frac{单位时间增加的利息}{原金额}\times100\% \tag{2-1}$$

利率有年利率、月利率和日利率之分，是根据国家客观经济条件有计划规定的。在送、配电线路工程中，建设期货款的利息则按月计算。

3. 名义利率

名义利率是挂名的非有效利率，是以 1 年为基础，每年只计息 1 次的利率，用 r 表示。

名义利率 = 周期利率 × 每年复利周期数

例如，存款 100 元，计息周期为 3 个月，每个利息期的利率为 3%，则年利率为 12%。此处，12% 为名义利率，而 3% 为周期利率，即

$$r=3\%\times4=12\%$$

4. 周期利率

周期利率是将名义利率按同等标准分 n 次计息，即

$$周期利率=\frac{r}{n} \tag{2-2}$$

5. 实际利率

实际利率是按每年计息所得的利率，是有效利率。也就是说，若以周期利率计算年利率，并考虑资金的时间价值，这时的年利率便是实际利率。

通常所说的年利率都是指名义利率，如不对计息时间加以说明，则表示 1 年计息 1 次，这时名义利率等于实际利率。例如，名义利率为 6%，每年计息 1 次，实际利率也是 6%。若计息短于 1 年，如按半年、季、月、周计息，则每年计息次数为 2、4、12、52 次。计息次数越多，实际利率比名义利率越高。就前例而言则有

$$本利和=100\times(1+0.03)^4=112.55(元)$$

$$利息=112.55-100=12.55(元)$$

$$实际利率=\frac{12.55}{100}\times100\%=12.55\%$$

因此，实际利率为 12.55%，大于名义利率 12%。

由此可以得出：①名义利率对资金的时间价值反映得不够完全；②实际利率反映资金的时间价值；③计息周期越短，实际利率与名义利率的差值越大。

如设 i 为实际利率，r 为名义利率，n 为计息期数，P 为年初投资现值，F 为本利和，则

$$F=P\left(1+\frac{r}{n}\right)^n$$

本利和 F 与现金 P 之差为利息，即

$$F-P=P\left(1+\frac{r}{n}\right)^n-P$$

故实际利率

$$i = \frac{P\left(1+\frac{r}{n}\right)^n - P}{P} \times 100\% = \left[\left(1+\frac{r}{n}\right)^n - 1\right] \times 100\% \tag{2-3}$$

三、资金等值计算

在时间因素作用下，不同的时间上绝对不等的资金可能具有相等的价值。如 100 元，利率为 6%（年利率），一年后为 106 元，数量上是不等，但两者是等值的；或者说一年后的 106 元，在目前是 100 元，两者也是等值的。影响资金等值的因素有金额、发生的时间和利率（亦称为折现率或贴现率，其中进行资金等值计算中使用的反映资金时间价值的参数称为折现率）。

利用等值的概念，可以把在一个时间的资金金额换算成另一时间的等值金额，这一过程称为资金等值计算。把将来某一时间的资金金额换算成现在时间的等值金额称为"折现"或"贴现"。将来时点上的资金折现后的资金金额称为"现值"。与现值等价的将来某时间的资金金额称为"终值"或"将来值"。

为了分析电网建设与改造工程项目投资的经济效果，必须对项目寿命期内不同时间发生的全部费用和全部收益进行计算和分析。在考虑资金时间价值的情况下，不同时间发生的收入或支出，其数值不能直接相加或相减，只能通过资金等值计算将它们换算到同一时间点上进行分析。

1. 一次支付类型

一次支付又称整付，是指所分析系统的现金流量，无论是流入还是流出，均在一个时间点上一次发生。

（1）一次支付终值公式。公式如下

$$F = P(1+i)^n \tag{2-4}$$

式中 P——现值；

F——终值；

i——折现率；

n——时间周期数；

$(1+i)^n$——一次支付终值系数，也可用符号 $[P \rightarrow F]_n^i$ 表示。

（2）一次支付现值公式。公式如下

$$P = F\frac{1}{(1+i)^n} \tag{2-5}$$

式中 $\frac{1}{(1+i)^n}$——一次支付现值系数，也可记为 $[F \rightarrow P]_n^i$。

【例 2-1】 如果银行利率为 6%，为在 5 年后获得 10 000 元款项，现在应存入银行多少？

解： 由式（2-5）可得出

$$P = F(1+i)^{-n} = 10\ 000 \times (1+0.06)^{-5} = 7473(元)$$

2. 等额分付类型

等额分付是多次支付形式的一种。多次支付是指现金流入和流出在多个时间上发生，现金流大小可以是不等的，也可以是相等的。当现金流序列是连续的，且数额相等，则称为等额系列现金流。

(1) 等额分付终值公式。从第 1 年末至第 n 年末有一等额的现金流序列，每年的金额均为 A，称为等额年值。设等额年值序列的终值为 F，则等额分付终值公式为

$$F = A\left[\frac{(1+i)^n - 1}{i}\right] \tag{2-6}$$

式中 $\dfrac{(1+i)^n - 1}{i}$——等额分付终值系数，也可记为 $[A \rightarrow F]_n^i$。

【例 2-2】 某供电公司为积累电网改造资金，每年年末存入银行 200 万元，如存款利率为 10%，第 5 年末可得资金多少？

解：由式 (2-6) 可得

$$F = A\left[\frac{(1+i)^n - 1}{i}\right] = 200 \times \left[\frac{(1+0.1)^5 - 1}{0.1}\right] = 1221 (万元)$$

(2) 等额分付偿债基金公式。等额分付偿债基金公式是等额分付终值公式的逆运算，即已知终值 F，求与之等价的等值年值 A。由式 (2-6) 可直接导出

$$A = F\left[\frac{i}{(1+i)^n - 1}\right] \tag{2-7}$$

式中 $\dfrac{i}{(1+i)^n - 1}$——等额分付偿债基金系数，也可用符号记为 $[F \rightarrow A]_n^i$。

【例 2-3】 某供电公司欲积累一笔资金新建一座变电站，此项工程投资为 600 万元，银行利率为 12%。如果 3 年后建造此座变电站，问每年年末至少要存款多少？

解：由式 (2-7) 可得出

$$A = F\left[\frac{i}{(1+i)^n - 1}\right] = 600 \times \left[\frac{0.12}{(1+0.12)^3 - 1}\right] = 177.81 (万元)$$

(3) 等额分付现值公式。在考虑资金时间价值的条件下，n 年内系统的总现金流出等于总现金流入，则第 1 年初的现金流出 P 应与第 1 年到第 n 年的等额现金流出序列等值，P 就相当于等额年值序列的现值。

将式 (2-6) 两边各乘以 $\dfrac{1}{(1+i)^n}$，可得到等额分付现值公式，即

$$P = A\left[\frac{(1+i)^n - 1}{i(1+i)^n}\right] \tag{2-8}$$

式中 $\dfrac{(1+i)^n - 1}{i\,(1+i)^n}$——等额分付现值系数，也可记为 $[A \rightarrow P]_n^i$。

【例 2-4】 某供电公司的某项工程有两种方案，两种方案的生产能力相同。甲方案的自动化程度较低，现在只投资 100 万元，但运行人员多，材料消费定额高，从而每年年末需附加投资 38 万元。乙方案的自动化程度较高，现在需投资 200 万元，但需工作人员少，材料消费总额较低，每年年末的附加投资为 10 万元。投资回收年限为 5 年，年利润 $i = 10\%$，问应选择哪一种方案？

解：因为两种方案的资本回收年限相同，故把两种方案的费用都折合成现在价值进行比较。

甲方案折合现在价值为

$$P = A\frac{(1+i)^n - 1}{i(1+i)^n} = 38 \times \frac{(1+0.1)^5 - 1}{0.1(1+0.1)^5} = 144.05 (万元)$$

故方案甲的总投资为

$$P_1 = 100 + 144.05 = 244.05(万元)$$

乙方案折合现在价值为

$$P = A\frac{(1+i)^n-1}{i(1+i)^n} = 10 \times \frac{(1+0.1)^5-1}{0.1(1+0.1)^5} = 37.91(万元)$$

故乙方案总投资的现在价值为

$$P_2 = 200 + 37.91 = 237.91(万元)$$

比较 P_1 和 P_2 可知，乙方案比甲方案节省现在价值为 6.14 万元，因此决定取用方案乙。

（4）等额分付资本回收公式。等额分付资本回收公式是等额分付现值公式的逆运算，即已知现值，求与之等价的等额年值 A，即

$$A = P\left[\frac{i(1+i)^n}{(1+i)^n-1}\right] \tag{2-9}$$

式中　$\dfrac{i(1+i)^n}{(1+i)^n-1}$ ——等额分付资本回收系数，亦可记为 $[P{\to}A]_n^i$。

对配电网改造项目进行技术经济分析时，它表示在考虑资金时间价值的条件下在项目寿命期内对应于单位投资每年至少应该回收的金额。如果单位投资的实际回收金额小于这个值，在项目寿命期内就不可能将全部投资收回。

【例 2-5】　设现在资金为 100 万元，年利率 $i=10\%$，如果资本的回收年限为 5 年，问每年年末的资金回收年金应为多少？又如，资本的回收年限为 25 年，资金的回收年金为多少？

解：$n=5$ 时，资金回收年金为

$$A = P\frac{i(1+i)^n}{(1+i)^n-1} = 100 \times \frac{0.1(1+0.1)^5}{(1+0.1)^5-1} = 26.38(万元)$$

$n=25$ 时，资金回收年金为

$$A = P\frac{i(1+i)^n}{(1+i)^n-1} = 100 \times \frac{0.1(1+0.1)^{25}}{(1+0.1)^{25}-1} = 11.017(万元)$$

固定资产的折旧显然是一种资本回收，所以应该用式（2-9）计算。由【例 2-5】可见，如果折旧年限为 5 年，则 100 万元的固定资产每年应折旧 26.38 万元。如果折旧年限为 25 年，每年亦应折旧 11.017 万元，而不是一般计算的 4 万元。

将以上 6 个资金等值公式汇总于表 2-1 中。

表 2-1　　　　　　　　　　　　6 个常用资金等值公式

类别		已知	求解	公式	系数名称及符号
一次支付	终值公式	现值 P	终值 F	$F = P(1+i)^n$	一次支付终值系数 $[P{\to}F]_n^i$
	现值公式	终值 F	现值 P	$P = F\left[\dfrac{1}{(1+i)^n}\right]$	一次支付现值系数 $[F{\to}P]_n^i$
等额分付	终值公式	年值 A	终值 F	$F = A\left[\dfrac{(1+i)^n-1}{i}\right]$	等额分付终值系数 $[A{\to}F]_n^i$
	偿债基金公式	终值 F	年值 A	$A = F\left[\dfrac{i}{(1+i)^n-1}\right]$	等额分付偿债基金系数 $[F{\to}A]_n^i$

续表

类别		已知	求解	公式	系数名称及符号
等额分付	现值公式	年值 A	现值 P	$P=A\left[\dfrac{(1+i)^n-1}{i(1+i)^n}\right]$	等额分付现值系数 $[A{\rightarrow}P]_n^i$
	资本回收公式	现值 P	年值 A	$A=P\left[\dfrac{i(1+i)^n}{(1+i)^n-1}\right]$	等额分付资本回收系数 $[P{\rightarrow}A]_n^i$

第三节　贷款偿还和折旧的提取

一、贷款偿还金额和偿还方式

当新建和改造某项送变电工程时，常需要向银行借贷，待工程竣工后，投入生产，则需要安排偿还贷款。要解决的问题是：①如何确定偿还贷款的金额；②以何种方式偿还贷款最好。

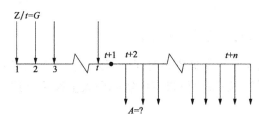

图 2-1　贷款偿还图

1. 贷款偿还金额的确定

现在先来确定偿还贷款的金额。假定贷款总额为 Z，逐年贷出，每次贷款金额为 $G=Z/t$，共贷 t 次，如图 2-1 所示。到第 t 年末工程竣工，投入生产，安排偿还贷款。若偿还年限为 n，需要确定每次偿还金额。由于贷款总额为 Z，$t+1$ 年初企业欠银行贷款的金额为

$$F=\frac{Z}{t}\times\frac{(1+i)^t-1}{i}(1+i)$$

因而工程投资之后，每年平均偿还的年金为

$$A=\frac{Z}{t}\times\frac{(1+i)^t-1}{i}(1+i)\;\frac{i(1+i)^n}{(1+i)^n-1}=\frac{Z}{t}\times\frac{\left[(1+i)^t-1\right](1+i)^{n+1}}{(1+i)^n-1}\quad(2\text{-}10)$$

而全部偿还的金额为

$$nA=\frac{Zn\left[(1+i)^t-1\right](1+i)^{n+1}}{t\left[(1+i)^n-1\right]}\quad(2\text{-}11)$$

【例 2-6】　某电力公司，欲新建送变电工程，向银行贷款为 1000 万元，工期为 5 年，贷款分 5 次支付，形成生产能力之后，在 10 年内均匀偿还，现计算第 5 年末企业欠银行贷款总额和每年应当偿还的金额。

解：根据建设银行当时的规定，10 年以上的基建贷款月利率为 9‰，每季结息一次，故每季的利率为 2.7‰。第 5 年末企业欠银行贷款的总额为

$$F=200\times\frac{0.027(1+0.027)^4}{(1+0.027)^4-1}\times\frac{(1+0.027)^{20}-1}{0.027}$$

$$=200\times\frac{1.112}{0.112}\times0.704=1398(万元)$$

2. 贷款偿还方式的确定

以下仍引用【例 2-6】进行计算。

(1) 按季偿还。因为每年四季，10 年共 40 个季，故每季均匀偿还的金额是（因为 $P=F$）

$$M = P \frac{i(1+i)^n}{(1+i)^n - 1} = \frac{0.027(1+0.027)^{40}}{(1+0.027)^{40} - 1} \times 1398 = 1398 \times \frac{0.027 \times 2.903}{1.903}$$

$$= 57.581 (\text{万元})$$

总偿还额为

$$57.581 \times 40 = 2303.24 (\text{万元})$$

（2）按年等额偿还。每年应偿还的年金为

$$A = 57.581 \times \frac{(1+0.027)^4 - 1}{0.027} = 57.581 \times \frac{0.112}{0.027} = 238.855 (\text{万元})$$

总偿还金额为

$$238.855 \times 10 = 2388.55 (\text{万元})$$

（3）每年偿还 $\frac{1}{10}$ 本金，再加当年利息。由于季度利息为 2.7%，因此，若 10 元钱的债务在 1 年后应偿还金额为

$$S = 10 \times (1+0.027)^4 = 11.125 (\text{元})$$

换句话说，利息为 1.125 元。由此可知，【例 2-6】中的贷款如每年偿还 $\frac{1}{10}$ 本金，则支付利息 $D = B - A = 1.1125A - A = 0.1125A$，其中 $B = 1.1125A$，则还债安排如表 2-2 所示。

表 2-2		还债安排表			万元
年末	年初债务	年末债务	偿还本金	支付利息	尚余债务
	A	B	C	D	E
1	1398.0	1555.275	139.8	157.275	1258.2
2	1258.2	1399.748	139.8	141.548	1118.4
3	1118.4	1244.22	139.8	125.82	978.6
4	978.6	1088.693	139.8	110.093	838.8
5	838.8	933.165	139.8	94.365	699.0
6	699.0	777.638	139.8	78.638	559.2
7	559.2	622.110	139.8	62.910	419.4
8	419.4	466.583	139.8	41.783	279.6
9	279.6	311.055	139.8	31.455	139.8
10	139.8	155.528	139.8	15.728	0
—	—	—	1398	859.615	—

由上可知，总偿还金额为

$$1398 + 859.615 = 2257.615 (\text{万元})$$

（4）每季度末付利息，10 年末再加付本金。每季利息为

$$1398 \times 2.7\% = 37.746 (\text{万元})$$

10 年共付利息为

$$37.746 \times 40 = 1509.84 (\text{万元})$$

总偿金额为

$$1398 + 1509.84 = 2907.84 (\text{万元})$$

（5）每年末支付利息，10 年末付本金。每年末应付利息为

$$1398 \times 0.1125 = 157.275(万元)$$

10 年共付利息为

$$157.275 \times 10 = 1572.75(万元)$$

总偿金额为

$$1398 + 1572.75 = 2970.75(万元)$$

（6）第 10 年末整付本利和。总偿还额为

$$1398 \times (1 + 0.027)^{40} = 4058.12(万元)$$

可见，由于偿还方式不同，其所偿还的金额是不相同的。但是，如果企业投资能得到高于银行的贷款利率时，采用第 6 种还债方式对企业是最为有利的。如果再考虑通货膨胀的影响，利率不变的长期贷款整付本利和的偿还方式总是有利于借方。

二、折旧费用的计算

1. 关于折旧的说明

折旧处理是企业经济活动中一项极为重要的内容。所谓折旧，系指把某一固定资产的价值，在某一时间过程中，以一种合理和系统的方式逐年冲销掉，而每年冲销的费用都是从投资过程每年的付税前收益中提取的，也就是说，折旧费是免交所得税的项目。

提取折旧费是电力企业收回固定资产投资的根本途径。每个供电公司的售电收入，除去扣除经营成本交纳的各种税费，还要保证一定的留利来支付职工的福利基金与奖金，还需留下必要的生产发展基金。此外，还必须留下一笔基金作为投资的回收，即所谓折旧基金。每年提取的折旧费，不一定都能找到投资的机会，因此折旧成为企业闲置资金的主要来源。固定资产折旧，并不是该项资产按其购买价格来进行折旧的，而是指为使该项资产投入运行所花的全部投资乘以固定资产形成率（电力工程可达 95%），所形成的资产额来进行回收的。

折旧基数是以资产货币量表示的价值，因此，当资产的原有价值增加或减少时，折旧基数也随之变化。

残值是指投资过程有效期末，该设备估计的残存价值，它不一定等于该设备在当时的实际价值。无论用何种折旧方法计算折旧费，皆不对残值进行折旧。因此，不对其做折旧计算的设备价值称为残值。

折旧寿命是指将资产价值进行冲销的时间区间，它不一定等于投资的有效使用期，它可以短于或长于投资活动的有效期间。

2. 直线折旧法

设一次投资额为 B，残值为 V，折旧寿命为 N 年，则每年所提取的折旧费用 D_t 为

$$D_t = \frac{B - V}{N} \tag{2-12}$$

其中的 $1/N$ 称为折旧率。

由此可以得出：

（1）直线折旧是一种平均折旧，即在折旧的寿命期内每年提取的折旧费都是相同的。

（2）残值以下不折旧。

（3）折旧费的提取与投资效益无关。

（4）不必知道投资过程中每年的收入。

（5）折旧寿命与投资活动有效期无关。

第 t 年末尚未收回的投资账面值为

$$B_t = B - \left(\frac{B-V}{N}\right)t \tag{2-13}$$

电力行业的现行折旧率见表 2-3。

表 2-3　　　　　　　　　　　　　　　电力行业的现行折旧率

项目	最少使用年限 N（年）	折旧率（%）	项目	最少使用年限 N（年）	折旧率（%）
变电设备	25	3.8	混凝土电杆线路	40	2.4
配电设备	20	4.8	电缆线路	40	2.4
电气及控制设备	25	3.8	砖石建筑物	40	2.4
铁塔线路	50	1.8			

注　折旧率 $= \frac{1}{N} \times 95\%$。

3. 使用年数比例折旧法

使用年数比例折旧法是一种快速折旧法。在折旧寿命期内，前期提得多，后期提得少。当折旧寿命期为 N 年时，则每年所提取的折旧费为

$$每年折旧费 = \frac{折旧年数的逆序数}{折旧年数总和}(初投资-残值) \tag{2-14}$$

而折旧年数总和为

$$SOYD = 1+2+3+\cdots+N = \frac{N(N+1)}{2}$$

折旧年数的逆序数 $= N-(t-1)$

故第 t 年的折旧费为

$$D_t = \frac{N-(t-1)}{SOYD}(B-V) = \frac{N-(t-1)}{N(N+1)/2}(B-V) \tag{2-15}$$

以 10 年折旧为例，使用年数比例折旧法的各年折旧率见表 2-4。其中折旧率为

$$折旧率 = \frac{折旧年数的逆序数}{SOYD}$$

表 2-4　　　　　　　　　　　　　使用年数比例折旧法的各年折旧率

年份	折旧年数逆序数	折旧率（%）	年份	折旧年数逆序数	折旧率（%）
1	10	18.2	7	4	7.1
2	9	16.4	8	3	5.5
3	8	14.5	9	2	3.6
4	7	12.7	10	1	1.8
5	6	10.9	合计	55	100
6	5	9.1			

该种折旧法前 5 年的折旧率大于 10%，而后 5 年则小于 10%，因此，这种折旧法前期提取的折旧费多，后期提取的少。

4. 余额递减法

所谓余额递减法，其特点是第 t 年的折旧费 D_t 总是前一年尚未收回的投资，即余额的一个固定比例数。设 P 为比例常数，B_{t-1} 为第 t 年初尚未收回的投资，则有

$$D_t = PB_{t-1} \tag{2-16}$$

如此，则有

$$D_1 = BP$$
$$B_1 = B - BP = B(1-P)$$
$$D_2 = (B-BP)P = BP(1-P)$$
$$B_2 = B_1 - D_2 = B(1-P) - BP(1-P) = B(1-P)^2$$
$$D_3 = B_2 P = BP(1-P)^2$$
$$B_3 = B_2 - D_3 = B(1-P)^2 - BP(1-P)^2 = B(1-P)^3$$

依此类推，有

$$B_{t-1} = B(1-P)^{t-1} \tag{2-17}$$
$$D_t = BP(1-P)^{t-1} \tag{2-18}$$

余额递减法，在其折算公式中不再指出残值，因为残值总在余额中。P 值越大，则这个方法折旧得越快，但 P 值总不大于 1。

当 $P=2/N$ 时，则称该法为加倍余额折旧法（DRDB），对于它总有

$$每年折旧费 = \frac{余额}{折旧寿命} \times 2 \tag{2-19}$$

若最后折旧到残值，只要使 $B_N = V$，此时

$$B_N = V = B(1-P)^N$$
$$P = 1 - \sqrt[N]{V/B} \tag{2-20}$$

5. 偿还基金折旧法（SF）

假如每年在银行存一笔钱（称为偿还基金）它以年利率 i 获利，当到第 N 年末，将得到一笔资金 $B-V$。那么，每年应存多少钱？

设第 1 年末存钱为 M，即相当提取折旧费 M。第 2 年末可取出的钱数是 M 加上第 1 年所提取的费用所得的利息 $M \cdot i$，即

$$M + M \cdot i = M(1+i)$$

可得，第 3 年末可取出的钱为

$$M + [M + M(1+i)]i = M[1 + i + (1+i)i] = M[i^2 + 2i + 1] = M(1+i)^2$$

现在的问题并不是把钱存入银行，而是每年提取折旧费 M。显然，第 t 年末所提取的折旧费为

$$D_t = M(1+i)^{t-1} \tag{2-21}$$

因此，N 年中总共提取的折旧费为

$$B - V = M[(1+i)^{N-1} + (1+i)^{N-2} + \cdots + (1+i) + 1]$$

使用等比级数的求和公式

$$1 + r + r^2 + \cdots + r^k = \frac{1 - r^{k+1}}{1-r}$$

则有

$$B - V = M \frac{1 - (1+i)^N}{1 - (1+i)} = M \frac{(1+i)^N - 1}{i} \tag{2-22}$$

式（2-22）实际上是由年金 M 求本利和（$B-V$）的公式。反过来，可以由本利和

$(B-V)$求得年金，即

$$M = \frac{(B-V)i}{(1+i)^N - 1} \tag{2-23}$$

因为

$$D_t = M(1+i)^{t-1} = M(1+i)^{t-2}(1+i) = D_{t-1}(1+i)$$

而

$$D_1 = M = (B-V)[F \to A]_n^i$$

这就是说，某一年末所提取的折旧费，总是前一年所提取的折旧费在 1 年内的本利和。如果利率 $i \to 0$，则有

$$M = \lim_{i \to 0} \frac{(B-V)i}{(1+i)^N - 1} = \lim_{i \to 0}(B-V)\frac{\frac{di}{di}}{\frac{d[(1+i)^N - 1]}{di}} = \frac{B-V}{N}$$

这就变成了直线折旧。

按偿还基金折旧法折旧，其折旧费是逐年增加的，与按使用年数比例折旧法折旧刚好相反，因此它比直线折旧还慢。对企业来说，快速折旧是有利的，因为其可以快速收回投资，更新设备，特别是考虑到通货膨胀的影响时。

【例 2-7】 某变电工程总投资为 100 万元，有效期为 5 年，残值为 0，要求投资利率 $i = 12\%$，偿还基金利率也为 12%，按偿还基金折旧。求每年的折旧费与累计折旧费。

解：因为 $i = 0.12$，$N = 5$，则

$$[F \to A]_n^i = \frac{i}{(1+i)^N - 1} = \frac{0.12}{1.12^5 - 1} = 0.15741$$

第 1 年折旧费为

$$D_1 = 100 \times 0.15741 = 15.741(万元)$$

累计折旧费为

$$A_1 = D_1 = 15.741(万元)$$

第 2 年提取折旧费是第一年折旧费在第二年的本利和，即

$$D_2 = 15.741(1+0.12) = 17.63(万元)$$
$$A_2 = 15.741 + 17.63 = 33.371(万元)$$

与此相似，可求得

$$D_3 = 17.63(1+0.12) = 19.745(万元)$$
$$A_3 = 33.371 + 19.745 = 53.116(万元)$$
$$D_4 = 19.745(1+0.12) = 22.115(万元)$$
$$A_4 = 53.116 + 22.115 = 75.231(万元)$$
$$D_5 = 22.115(1+0.12) = 24.769(万元)$$
$$A_5 = 75.231 + 24.769 = 100(万元)$$

【例 2-8】 某变电站主变压器价值 20 万元，有效使用期 20 年，折旧寿命 $N = 20$ 年，具有残值 1 万元，试按下述方法折旧：

（1）20 年内直线折旧；

（2）余额递减折旧；

（3）按偿还基金折旧，偿还基金利率 8%。试确定该设备使用 10 年后的价值。

解：一次投资 20 万元，即 $B=20$ 万元，$V=1$ 万元，则总折旧额 $B-V=20-1=19$（万元）。

（1）按直线折旧，则

$$每年提取折旧费 = \frac{19}{20} = 0.95(万元)$$

10 年后设备的价值为

$$20 - 0.95 \times 10 = 10.5(万元)$$

（2）按余额递减折旧，则

$$每年折旧率 = 1 - \left(\frac{V}{B}\right)^{1/N} = 1 - \left(\frac{1}{20}\right)^{1/20} = 1 - 0.861 = 0.139 = 13.9\%$$

10 年后的设备价值为

$$B(1-P)^{10} = 20(1-0.139)^{10} = 4.478(万元)$$

（3）按偿还基金折旧。则

$$D_1 = \frac{(B-V)i}{(1+i)^N - 1} = \frac{19 \times 0.08}{(1+0.08)^{20} - 1} = \frac{1.52}{3.66} = 0.4153(万元)$$

10 年提取折旧费总和为

$$0.4153 \times \frac{(1+i)^{10} - 1}{i} = 0.4153 \times \frac{1.08^{10} - 1}{0.08} = 6.016(万元)$$

10 年后设备价值为

$$20 - 6.016 = 13.984(万元)$$

第四节　全部投资价值的回收

一、全部投资价值回收的方法

前面所叙述的折旧方法只能收回固定资产的账面值。但是货币具有时间价值，加上通货膨胀所造成的货币贬值，因此如果只收回投资的账面值，在投资过程展开若干年内企业的资金将会越来越少。这就是说，企业要想发展，必须要求收回投资的全部价值，即连本带利一起收回。

要想收回投资的全部价值，可采用两种方法：

（1）用第二节所介绍方法提取折旧费，加上投资过程要求的留利，一起作为投资的回收；

（2）采用拉平折旧，设投资过程开始投资为 B，若在整个投资过程有效期内，把这个投资按年成本回收，则每年的成本是

$$AC = D_t + iB_{t-1} \tag{2-24}$$

式中　AC——年成本；

　　　D_t——第 t 年折旧；

　　　B_{t-1}——第 t 年初尚未收回的投资额；

　　　i——要求投资过程的税后利率。

当要求的税后利率一定时，对于一个投资过程，随着折旧方法的不同，在每年收入中，列为折旧费与投资利润的金额各不相同，年成本也将不同。

【例 2-9】　某变电工程总投资为 700 万元，有效期为 5 年，残值 100 万元，要求的付税后投资收益率为 7%，则怎样才能回收投资的全部价值？

解：（1）使用直线折旧法。使用直线折旧法时，第 1 年初尚未收回的投资为 $B_{t-1}=700$ 万元，投资利润为

$$iB_{t-1} = 700 \times 0.07 = 49(万元)$$

采用直线折旧时　　　$D_t = \dfrac{B-V}{N} = \dfrac{700-100}{5} = 120(万元)$

折旧费加利润　　　$AC = D_t + iB_{t-1} = 120 + 49 = 169(万元)$

回收资本的现价　　　$P = \dfrac{F}{1+i} = \dfrac{169}{1.07} = 157.9(万元)$

其余各年的计算值，列于表 2-5 中。

表 2-5　　　　　　　　　　　　　　**其余各年计算值**　　　　　　　　　　　　　万元

年份	年初未回收投资	投资利润 iB_{t-1}	折旧费	折旧费加利润	$[F{\to}P]^i_n = \dfrac{1}{(1+i)^n}$	回收资本的现价
	(1)	(2)	(3)	(4)=(2)+(3)	(5)	(6)=(4)×(5)
1	700	49	120	169	0.934 58	158
2	580	40.6	120	160.6	0.873 44	140.3
3	460	32.2	120	152.2	0.861 30	124.2
4	340	23.8	120	143.8	0.762 90	109.7
5	220	15.4	120	135.4	0.713 99	96.5

注　全部折旧费加利润的现价为 628.7 万元。

（2）采用年数比例折旧法。采用年数比例折旧法时折旧年数总和

$$SOYD = 1+2+3+4+5 = 15$$

$$折旧年数的逆序数 = N-(t-1)$$

第 t 年的折旧费为　　　$D_t = \dfrac{N-(t-1)}{SOYD}(B-V)$

第 1 年为　　　$D_1 = \dfrac{5-(1-1)}{15}(700-100) = 200(万元)$

第 2 年为　　　$D_2 = \dfrac{5-(2-1)}{15}(700-100) = 160(万元)$

第 3 年为　　　$D_3 = \dfrac{5-(3-1)}{15}(700-100) = 120(万元)$

第 4 年为　　　$D_4 = \dfrac{5-(4-1)}{15}(700-100) = 80(万元)$

第 5 年为　　　$D_5 = \dfrac{5-(5-1)}{15}(700-100) = 40(万元)$

其余计算值列于表 2-6 中。

表 2-6 其余各年计算值 万元

年份	年初未回收投资	投资利润 iB_{t-1}	折旧费	折旧费加利润	$[F \to P]_n^i = \dfrac{1}{(1+i)^n}$	回收资本的现价
	(1)	(2)	(3)	(4)=(2)+(3)	(5)	(6)=(4)×(5)
1	700	49	200	249	0.934 58	232.7
2	500	35	160	195	0.873 44	170.3
3	340	23.8	120	143.8	0.861 30	117.4
4	220	15.4	80	95.4	0.762 90	72.8
5	140	9.8	40	49.8	0.713 99	35.5

注 全部折旧费加利润的现价为 628.7 万元。

由表 2-5、表 2-6 可见，无论是使用直线折旧法还是使用年数比例折旧法，其所提折旧费再加上利润，折算到投资开始时的现价都是相同的，皆为 628.7 万元。

投资残值的现价为 $100\left[F \to P\right]_n^i = 100 \times \dfrac{1}{(1+0.07)^5} = 100 \times 0.713 = 71.3$（万元），投资的全部价值为 $628.7 + 71.3 = 700$（万元），刚好收回了投资的全部价值。

二、用拉平折旧回收投资的全部现值

1. 资本回收系数的定义计算

$$\left[P \to A\right]_n^i = \frac{i\,(1+i)^n}{(1+i)^n - 1}$$

其可以写成

$$\frac{i\,(1+i)^n}{(1+i)^n - 1} = i + \frac{i}{(1+i)^n - 1} = i + \left[F \to A\right]_n^i \tag{2-25}$$

即资本回收率＝投资利率＋减债基金系数＝投资利率＋偿债基金系数

所以，从经济分析的观点来看，偿还基金系数实际上代表了折旧，但它是代表付税后的投资收益率，即利率为标准的拉平折旧，简称拉平折旧，以区别于直线折旧。

2. 每年资本回收值的计算

$$每年资本回收值 = Bi + B\left[F \to A\right]_n^i \tag{2-26}$$

其中的 B 为投资值。

当然，若有残值 V 时，则

$$每年资本回收值 = Bi + (B-V)\left[F \to A\right]_n^i \tag{2-27}$$

因为 $\dfrac{A}{P} = i + \dfrac{A}{F}$，则式（2-27）可以改写为

$$\begin{aligned}
每年资本回收值 &= Bi + (B-V)\,\frac{i}{(1+i)^n - 1} \\
&= Bi + \frac{Bi}{(1+i)^n - 1} - V\,\frac{i}{(1+i)^n - 1} \\
&= \frac{Bi + Bi(1+i)^n - Bi}{(1+i)^n - 1} - V\left[F \to A\right]_n^i \\
&= B\left[P \to A\right]_n^i - V\left[F \to A\right]_n^i
\end{aligned} \tag{2-28}$$

又因为 $\dfrac{A}{F} = \dfrac{P}{F} \times \dfrac{A}{P}$，所以又可以得到

$$每年资本回收值 = B\frac{i(1+i)^n}{(1+i)^n-1} - V\frac{i}{(1+i)^n-1}$$

$$= B\frac{i(1+i)^n}{(1+i)^n-1} - V(1+i)^{-n}\frac{i(1+i)^n}{(1+i)^n-1}$$

$$= B[P \to A]_n^i - V\{[F \to P]_n^i[P \to A]_n^i\}$$

$$= \{B - V[F \to P]_n^i\}[P \to A]_n^i \tag{2-29}$$

【例 2-10】 对于本节 **【例 2-9】** 中的数列，用拉平折旧计算回收投资的现值。

解：

$$每年回收投资 = Bi + (B-V)\frac{i}{(1+i)^n-1}$$

$$= Bi + (B-V)\left[\frac{i(1+i)^n}{(1+i)^n-1} - i\right]$$

$$= Bi + (B-V)[P \to A]_n^i - i(B-V)$$

$$= (B-V)[P \to A]_n^i + Vi = Z$$

$$= (700-100)\frac{0.07 \times (1+0.07)^5}{(1+0.07)^5-1} + 100 \times 0.07$$

$$Z = 600 \times 0.243\,89 + 7 = 153.34（万元）$$

收回现金现价为

$$P = 153.34 \times \frac{(1+0.07)^5-1}{0.07(1+0.07)^5} = 153.34 \times 4.1001 = 628.7（万元）$$

残值 100 万元的现价为

$$100[F \to P]_n^i = 100 \times \frac{1}{(1+0.07)^5} = 100 \times 0.713 = 71.3（万元） \tag{2-30}$$

两者之和为 628.7+71.3=700 （万元）。

所以，用拉平折旧也可回收投资的全部价值。但是值得注意的是，由式（2-26）可知，在每年的资本回收中，有 $Bi = 700 \times 0.07 = 49$（万元）一项，该项是要求的税后利润，因此，每年实际提取的拉平折旧费为 153.3449−49＝104.334 （万元），而 104.334×5＝521.67 （万元）。

可见，折旧费收不回投资的账面值，更不用说收回投资的全部值，事实上是利用拉平折旧费进行再投资，那么，在投资活动的折旧寿命期末，即第 N 年，才能由拉平折旧费收回投资的账面值。应该注意的是，此实折旧费在整个折旧过程中并未用来偿还投资。因此，投资总额常为 B，其每年获利为 Bi。

第三章　电力负荷预测

电力负荷的计算和预测是配电网供电规划的基础，电力负荷的发展水平是确定供电方案、选择电气设备的主要依据。它关系到规划地区的电源开发、网络布局、网络的接线方式、供电设备的装机容量以及电气设备参数的选择等问题的合理确定。

配电系统规划的目的是使配电网有次序的扩展以适应可预见的用电需求量的增长。但是，负荷和电量的预测是一个比较复杂的问题，它涉及用户数量、用户性质、工业用电设备在配电网中所占的比重、年用电量、最大负荷及年最大负荷利用小时数等许多因素。

负荷预测的不准确，不仅影响变压器容量、电网结构、电压等级、导线截面的选择，也会影响整个网络布局的合理性。其结果不是因负荷预测的过大造成资金、设备的积压和浪费，就是因负荷预测的过小而阻碍电网的进一步发展。

配电网中各种电气设备的经济使用年限通常为 10～20 年。因此，电网改造方案不仅要满足现有负荷的需要，还应考虑电网的发展，以满足未来负荷的需要。即使规划阶段能准确预测负荷，也必须对规划区未来负荷的增长做出估计，特别是对那些负荷有快速增长潜力的地区，更应该给予特别的注意。在改革开放时期，我国某些地区的年负荷增长率达到 28％，如果对于这种负荷发展情况估计不足，则会给电网的发展、电气设备的更新带来巨大影响。因此，负荷预测工作要求有一定的准确性，以保证在给定年限内所规划的电网不需再做进一步改造。

然而，应该指出的是，预测数值并不是计划指标，而是给出一定条件下发展趋势的范围，以供近期和远期规划决策时参考。

第一节　概　　述

所谓电力负荷预测就是指对未来时刻的电力需求进行预测，它包括两个方面的含义：一是未来需求量的预测，即功率；二是未来用电量的预测，即能量。由于受到社会、经济、环境等各种不确定性因素的影响，从本质上来讲电力负荷是不可控的，因此无法进行完全准确的负荷预测。

一、负荷分类以及影响负荷的相关因素

一般电力负荷可以分为民用负荷、商业负荷、工业负荷以及其他负荷。以下对各种不同的电力负荷及其特性进行分析和说明。

（1）民用负荷：主要是居民用电负荷，它具有经常的年增长以及明显的季节性波动特点，特别是随着空调、电冰箱等季节性家用电器日益广泛地使用，居民负荷变化对系统峰值负荷变化的影响越来越大。

（2）商业负荷：它也具有季节性变动的特性，这种变化主要是由于商业部门越来越广泛地采用空调、电风扇、制冷设备等季节性电器所致，并且这种变化趋势正在增长。

（3）工业负荷：一般将它看作是受气候影响较小的基础负荷，即使是对气候因素较敏感的工业也可以事先掌握。工业负荷具有两个特点：一是用电量大；二是用电比较稳定。

（4）其他负荷：主要是市政生活用电和交通运输业用电负荷等。其中交通运输业用电比较稳定，而市政生活用电的月不均衡率较高。由于我国经济的快速增长，其市政用电量将有比较大的增长。

电力负荷分类还有其他方法，按使用电力的目的划分为动力用电、照明用电、电热用电、通信用电；按用户的重要性划分为一级负荷、二级负荷、三级负荷；按负荷的大小划分为最大负荷、平均负荷、最小负荷；按负荷预测期的时间长短划分为近期负荷、中期负荷、长期负荷。

在实际环境中影响电力负荷变化的因素很多，对于这些因素可以分为以下4种类型：

（1）经济因素。工业生产水平、政策发展趋势变化、电力系统的管理政策以及经济发展趋势都会对电力负荷变化趋势产生不同程度的影响。在季节变化及年度变化时，根据这些因素对负荷预测值进行相应的修正是十分重要的。

（2）时间因素。它包括季节变化、周循环、法定假日及传统假日。常见的季节时间有日照时间变化、季节需求比率结构变化、学校学年开始及节假日生产大幅度波动（如新年期间）等。负荷周循环是供电区域人口工作—休息模式作用的结果，对于不同的典型季节周，其相应的典型负荷模式也是不同的。法定及传统节日的影响体现在这些日负荷水平比正常值低，而且假日前或后的一些天中，由于趋向于一个长"周末"，电力需求模式也要发生明显变化。

（3）气候因素。气候条件（包括温度、降雨量、云遮或日照强度等）对负荷模式变化有着十分显著的影响，如电热器、空调及农业灌溉等。

（4）随机干扰。由于系统负荷是由大量分散的单独需求组合而成，系统负荷不断受到随机干扰的影响，而且这些干扰的发生是不可预知的，它们对负荷的影响也是未知的。

二、负荷预测的分类及特点

按照负荷预测的周期来分可以将其分为调度预测、短期预测、中期预测和长期预测4种，应用于电网络规划的负荷预测主要有短、中、长期3种。

（1）短期预测。预测周期为1～5年，主要是为电力系统规划，特别是配电网规划服务的，对配电网的增容、规划极为重要。同时由于短期负荷预测的时间较短，与电力系统的近（短）期发展直接相关，因此短期负荷预测的准确性对于电力系统而言是十分重要的。

（2）中期预测。预测周期为6～15年，主要用于电力系统规划，包括发电设备及输变电设备的扩建计划、退役计划和改建计划，同时也影响电力网络的规划。中期负荷预测主要是为系统的增容、规划服务的，它是电力负荷预测中一个重要的研究领域，特别是在进行电力网络规划时其重要性更加明显。

（3）长期预测。预测未来的16～35年，主要用来制订电力工业战略规划，包括燃料需求量、一次能源平衡、系统最终发展目标以及必要的技术更新、科研规划等。但是长期负荷预测的涉及面相当广，因为它牵涉国民经济计划制订与实际发展的各个方面，而这种预测常常不是一个电力系统只依赖本身的信息与资料所能完成的，一般应用于某些大型的电力建设项目的效益论证或电力系统远景规划等。

以上的划分方法并不绝对，实际应用于规划的负荷预测之间也没有明显的界限。由于不同电压等级设备建设的周期长短不同，负荷预测的周期也要做相应的变化。

与一般的经济预测或需求预测相比，电力负荷预测有以下 5 个特点：

1）既要做短期预测，又要做长期预测；

2）既要做电力预测，又要做电量预测；

3）既要有全国的负荷预测，又要有分地区的负荷预测；

4）电力负荷预测是"被动型"预测；

5）电力负荷预测受不确定性因素影响较大。

三、电力负荷预测的一般过程

（1）预测内容的确定。确定合理、可行的预测内容。

（2）相关资料的收集。根据预测内容的具体要求，广泛收集所需的有关资料，资料的收集应尽可能全面、系统和准确。

（3）基础资料的分析。将得到的大量资料进行全面分析，从中选出有代表性的、可用程度高的有关资料，同时将资料中的不良数据进行分析和处理。

（4）经济发展的预测。由于电力系统的发展与国民经济和社会发展密切相关，所以需要对本地区经济和社会发展、人口增长等前景进行分析和预测。

（5）预测模型的选择。根据所确定的预测内容，并考虑本地区实际情况和资料的可利用程度，选择适当的预测模型，求取模型的参数。

（6）预测模型的应用。将模型应用到实际的系统中，对未来时段的情况进行预测。

（7）预测结果的评价。通过对各种方法的预测结果进行比较和综合分析，根据经验和常识判断结果的合理性，对预测结果进行适当的修正，求得最终的预测结果。

（8）预测精度的评价。对所采用预测方法进行可信度分析。

当然在实际的预测应用中，并不是严格地按以上步骤按部就班地进行预测，可根据预测时的实际情况进行灵活的处理。

第二节　负荷预测的一般方法

负荷预测的方法是很多的。本书主要介绍用电单耗法（即单位产品用电量法）、弹性系数法、外推法、年均增长率法、负荷密度法、回归预测法以及灰色预测法。国外，如日本，采用增长曲线法、三点二次式法、回归预测法，并且也采用弹性系数法；欧洲一些国家则采用仿真法、经济模型法和外推法。近期在学术刊物上，又提出了一些方法，诸如多元回归和逐步回归法、模糊预测法、灰色模型预测法、空间负荷预测法等。灰色模型预测法是一种崭新的理论和方法，按灰色系统的理论，系统可分为三类：第一类是内部结构、运行机制、相互关系完全清楚的系统，这种系统称为白色系统；第二类为内部结构未知的系统，如控制理论中的黑箱结构，这种系统称为黑色系统；第三类则是大量存在的一部分参数已知，另一部分参数为未知的系统，例如，5、10 年后的负荷水平是未知的，而现在的负荷是已知的，这种系统称为灰色系统。因此，负荷预测实际上是一个灰色的模型，即用历史的和现在的数据去预测未来的数据。但是，在现存的预测方法中，没有一种方法能够取代其余的方法，只是某一种办法较适合在那种场合，使用单位所希望的是统计工作量小而又准确的方法，且在预测中，常将各种方法的预测结果相互校核。下面介绍几种常用的方法。

一、用电单耗法

用电单耗指单位产品的用电量。用电单耗法是根据产品或产值用电单耗和产品数量来推算电量的，其在有单耗指标的工业部门和部分农业部门中预测用电量，是一种较为有效的方法，预测的准确度取决于对产品产量的准确估计和对用电单耗变化趋势的正确掌握，其较适合于近、中期预测。这种方法计算规划年度用电量的公式是

$$A = DQ + A_f \qquad (3\text{-}1)$$

式中 A_f——不能计算单耗的用电量；

　　Q——产品产量；

　　D——产品用电单耗，即单位产品耗电量。

不能计算单耗的用电量，可按过去的自然增长规律及今后增减趋势估算。使用用电单耗法时，可按整个城市主要产品进行测算，也可按各个用户分别测算后再做行业汇总。

二、弹性系数法

弹性系数法一般用来对远期电量水平预测。所谓弹性系数，是国民经济总产值（Gross National Product，GNP）的增长率与电力负荷增长率的比值，即

$$\rho = \frac{\Delta \beta \%}{\Delta \alpha \%} \qquad (3\text{-}2)$$

式中 ρ——弹性系数；

　　$\Delta \beta \%$——年平均电力消费增长率；

　　$\Delta \alpha \%$——年平均国民经济发展增长率。

弹性系数反映能源消费和国民经济发展的比例关系。因此，电量和负荷预测的准确程度有赖于对国民经济历史资料统计的准确性以及对未来经济结构和技术进步对电力需求的正确估计。

为避免电力弹性系数计算的缺失和年际之间大幅波动，寻求该系数的变化规律，按照国民经济历史发展时期，以每5年或10年为周期来计算我国全国电力弹性系数，见表3-1。

从表3-1可以看出，计算时段越长，电力弹性系数的波动性越小，其值越向1附近靠拢。分析电力弹性系数不能只看两三年的发展变化，必须分析较长时期（5年以上）的发展变化才有意义。

表 3-1　　　　　　　　　　全国电力弹性系数表

时期	四五	五五	六五	七五	八五	九五	十五
电力弹性系数	1.87	1.37	0.60	1.10	0.85	0.7 (0.73)	1.35 (1.46)
年份	1971~1980		1981~1990		1991~2000		2001~2005
电力弹性系数	1.61		0.81		0.8		1.35

注 括号中数字是按全国经济普查前未修订的 GDP 增长率计算的弹性系数。

近8年来，全国电力弹性系数随着宏观经济状况波动起伏，如图3-1所示。从2005~2007年国民经济处于快速增长期，GDP从11.3%增至14.2%，全社会用电量增幅也从13.5%连续上升至14.8%，电力弹性系数大于1。2008~2010年为经济减速、拯救和恢复期，全球经济步入衰退，我国GDP增速也降至10%以下，用电量增速急剧下降，2008

年、2009年电力弹性系数急降至1以下。为了挽救颓势,国家陆续出台了一系列经济刺激政策和投资计划,2010年GDP才重回10%以上,电力弹性系数再次大于1。2011～2012年为经济主动降速和被动减速期。2011年3月,"两会"确定当年GDP增长目标为8%左右,经济结构进一步优化,但从2011年下半年开始,用电量增速急剧下降。2012年1月,美国高调宣布重返亚太,国际政治形势严重恶化,GPD增速下降,2012年电力弹性系数再次回到1以下。

因此,在经济快速增长期(从统计规律看,GDP增速约为10%以上),电力弹性系数大于1,在经济减速期(GDP增速为10%以下),电力弹性系数小于1,从统计规律来看,在0.58～0.78之间,均值为0.69。

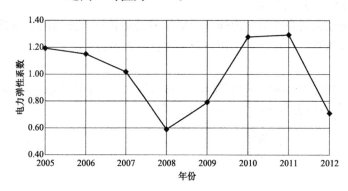

图3-1　近8年电力弹性系数

影响弹性系数的因素如下:

(1) 观察弹性系数的表达式(3-2)可知,如果国民经济发展的速度快,而相对说来电力负荷发展的速度慢,则弹性系数小;反之,若国民经济发展速度慢,电力负荷发展的速度快,则弹性系数大。倘若电力负荷增加,而国民经济的总产值下降,则弹性系数将出现负值。因为弹性系数是表明国民经济总产值发生一个单位的变化时对电力增长的需求,所以电力弹性系数的大小也反映某个国家和某个地区对电能利用情况的好坏。

(2) 生产发展是否正常对电力弹性系数有明显的影响。

(3) 国民经济结构成分的变化,是影响电力弹性系数的重要因素。轻工业,尤其是电子工业的发展,由于其电能单耗低、产值高,使电力弹性系数向小的方向偏移。反之,凡是电能单耗高、产值低的产品,如化肥、铸钢等,在其发展中将使电力弹性系数向大的方向偏移。国民经济和电力建设稳步发展,电力弹性系数将趋于稳定。

(4) 家庭用电发展也影响弹性系数,家庭用电的日益增长使电力弹性系数增大。特别是现在家庭中电视机、洗衣机、抽油烟机、电冰箱发展得很快,这是电力弹性系数上升的重要原因。

(5) 电力供应不足和节电措施得力,对电力弹性系数的影响很显著。近年来,由于节约用电政策的实施,使电力弹性系数有一定减小。

(6) 气候条件对电力弹性系数也有一定的影响。例如,当气候正常时,农村排灌电量减小,农业电力弹性系数会有减小的趋势。

采用弹性系数法预测电量的公式是

或

$$\left.\begin{array}{l} A = E(1+\Delta\beta\%)^n \\ A = E(1+\Delta\alpha\% \cdot \rho)^n \end{array}\right\} \tag{3-3}$$

式中　A——规划年度的供电量,万kWh;

　　　n——规划年度至基准年度的时间间隔,年;

　　　E——基准年度的供电量,万kWh。

改革开放后，由于产业结构的调整，用电构成变化较大，单位产值的用电量有所下降。例如，我国的某工业城市，"九五"期间产值增长率为 7%，用电增长率为 5%，电力弹性系数为 0.71；"十五"期间，产值增长率为 12%，用电增长率为 4.1%，电力弹性系数为 0.34。根据该地区的产业结构、用电性质、各类用电构成，预测该地区在 2000～2010 年的电力弹性系数为 0.3。若在 2005～2010 年内年平均国民经济发展增长率为 10%，2005 年用电量为 430 000 万 kWh，则 2010 年的用电量为

$$A = E(1 + \Delta\alpha\% \cdot \rho)^n = 430\,000(1 + 0.1 \times 0.3)^5 = 500\,000(\text{万 kWh})$$

在确定电网规划年度的总电量后，便可求取规划年度的计算最大负荷为

$$P_{\max} = \frac{A}{T_{\max}} \times 10^4 \tag{3-4}$$

式中　$P_{\max}$——规划年度的计算最大负荷，kW；

$\quad\quad T_{\max}$——年最大负荷利用小时数，h。

各电网的年最大负荷利用小时数，应根据电网用电实际情况，通过数据统计分析而得，地区 $T_{\max} = 5700 \sim 6200\text{h}$，取 6200h，则

$$P_{\max} = \frac{A}{T_{\max}} \times 10^4 = \frac{500\,000}{6200} \times 10^4 \approx 806\,451.6\text{kW} \approx 81(\text{万 kW})$$

三、外推法

外推法是运用历年的时间系列数据加以延伸，来推算各目标年的电量。具体做法是，以各分类电量为因变量，以工农业产值、人均收入为自变量，用回归分析，建立数学模型，反复计算进行预测。

外推法适用于 1～3 年的短期预测，用于长期预测时，其推移趋势常因出现饱和情况而引起较大的误差。

四、年均增长率法

年均增长率法是依据式（3-5）来预测电量的

$$A_n = A(1 + \gamma)^n \tag{3-5}$$

式中　A_n——规划区第 n 年电量；

$\quad\quad A$——规划区基础年的电量；

$\quad\quad \gamma$——年均增长率；

$\quad\quad n$——年份。

例如，规划区各年用电量如表 3-2 所示，试用 2000 年的用电量 $A = 68.3$ 万 kWh，预测 2005 年的电量，$\gamma = 8\%$，此时

$$A_n = A(1 + \gamma)^n = 68.3 \times (1 + 0.08)^5 = 100.3(\text{万 kWh})$$

根据最大负荷利用小时数 $T_{\max} = 5800\text{h}$，则 2005 年的最大负荷是

$$P_{\max} = \frac{A_n}{T_{\max}} \times 10^4 = \frac{100.3}{5800} \times 10^4 = 172.9(\text{kW})$$

利用负荷年均增长率法预测 2005 年的负荷为

$$P_{\max} = P(1 + \gamma)^n = 116.3 \times (1 + 0.09)^5 = 178.9(\text{万 kW})$$

表 3-2 　　　　　　　　　　　电量、用电负荷预测表

项目	年份	1995	1996	1997	1998	1999	2000	2005	2010	2020
用电量增长率法	市区用电量预测（万 kWh）	50.4	52.5	54.49	59.10	63.2	68.3	100.3	140.7	251.9
	增长率（%）	—	4.2	3.8	8.5	7.0	8.0	8.0	7.0	6.0
	最大负荷利用小时数取值（h）	6412	6272	6067	6100	6100	5800	5800	5600	5500
	市区用电负荷（kW）	78.6	83.7	89.8	96.8	103.6	113.8	172.9	251.3	458.1
	增长率（%）	—	6.5	7.3	7.8	7.0	9.8	8.7	7.8	6.2
负荷增长率法	市区用电负荷（kW）	78.6	83.7	89.8	97	105.7	116.3	178.9	256.8	482.0
	增长率（%）	—	6.5	7.3	8	9	10	9	7.5	6.5

五、负荷密度法

负荷密度法是一种比较直观的方法，因为它适宜社会经济和电力负荷跳越式发展的特点。所谓负荷密度则是每平方千米的平均负荷值，单位为 kW/km²，一般并不直接用来预测整个规划区的负荷值，而是按照行政分区和功能分区预测。例如，南部规划区、北部规划区、东部规划区、西部规划区、市政中心区、市郊规划区；又如，城镇工业区、城镇与郊区混合住宅区、农村住宅区、排灌负荷区、家禽牲畜养殖区、作物培育区等。首先计算各分区的历史和现状的负荷密度，然后依据各地区的发展规划和各分区的负荷特点，推算出各分区目标年的负荷密度。分布在各分区中的重要负荷可以单独计算。

表 3-3 给出了某规划区用负荷密度法预测 2005 年、2010 年、2020 年的负荷（万 kW）和密度（万 kW/km²）。在规划各负荷分区时，应该列写出各分区的负荷分布、负荷性质、新增用电容量和预计负荷发展情况，以及工业企业的兴建等。

表 3-3 　　　　　　　　　　　各分区负荷密度表

分区	面积（km²）	项目 \ 年份	1995	1996	1997	1998	1999	2000	2005	2010	2020
A	0.71	密度（万 kW/km²）	3.38	3.38	3.39	3.39	3.45	3.60	3.80	5.0	8.0
		负荷（万 kW）	2.40	2.40	2.45	2.45	2.56	2.56	2.70	3.55	5.68
B	4.02	密度（万 kW/km²）	0.44	0.45	0.46	0.48	0.50	0.55	0.85	1.0	2.0
		负荷（万 kW）	1.78	1.81	1.86	1.93	2.0	2.21	3.42	4.02	8.04
C	13.4	密度（万 kW/km²）	0.045	0.046	0.047	0.048	0.049	0.052	0.07	0.12	0.27
		负荷（万 kW）	0.60	0.61	0.63	0.64	0.65	0.70	0.94	1.61	3.53
D	36.4	密度（万 kW/km²）	0.034	0.036	0.04	0.041	0.043	0.045	0.09	0.14	0.27
		负荷（万 kW）	1.25	1.30	1.45	1.50	1.55	1.65	3.28	5.10	9.83
E	68.4	密度（万 kW/km²）	0.01	0.01	0.011	0.012	0.013	0.014	0.038	0.07	0.15
		负荷（万 kW）	0.67	0.70	0.75	0.85	0.90	0.95	2.60	4.94	10.30
F	4.8	密度（万 kW/km²）	0.30	0.31	0.33	0.34	0.35	0.42	0.8	1.25	1.80
		负荷（万 kW）	1.45	1.50	1.60	1.65	1.70	2.0	3.80	6.0	8.64

第三节　回归预测法

回归这个词是由英国生物学家高尔登提出来的。现在用回归来表明一种现象由于另一种（或几种）现象的变化而变化。根据这种变化关系，从某一自变量（x）的变化情况来预测某

一因变量（y）的变化情况，就是回归预测，它是一种数理统计方法。当变量之间关系的统计规律呈线性关系时称线性回归，否则称非线性回归。在线性回归中，自变量是一个的，称一元回归（或直线回归）；自变量是两个的，称二元回归（曲线回归）；自变量是三个或三个以上时称多元回归。其数学手段是最小二乘法。

一、一元线性回归

一元线性回归的目的是求出一条直线，使直线与实际资料对应点之间的距离最小，将直线向外延伸，可预测未来，因此又称直线外推法。下面结合一个实例说明一元线性回归的基本程序。

（1）收集并整理资料。某电器公司收集并整理该地区 6 年来机械工业总产值与该公司电器产品产值资料见表3-4。

表 3-4　　　　　　　　　某公司机械与电器产值资料　　　　　　　　　10 万元

序号	1	2	3	4	5	6
年份	2009	2010	2011	2012	2013	2014
机械工业总产值 x_i	337	310	342	353	380	414
电器产品产值 y_i	29	26	30	30	33	34

（2）分析变量之间线性关系。在坐标图上打点连线，粗略判断其线性关系，如图 3-2 所示。由图 3-2 可见，各散点之间可粗画出一条直线，与各散点的变化趋势相近，说明两个变量之间具有线性关系。

（3）建立数学模型。既然具有线性关系，这条直线可用一元回归方程表示。其方程式为

$$\hat{y} = a + bx \tag{3-6}$$

式中　$\hat{y}$——因变量，表示预测值；

　　　a、b——回归方程系数；

　　　x——自变量，表示收集的实际数据。

（4）计算回归系数。在图 3-2 中，散点之间可画出许多直线，要求直线 $\hat{y}=a+bx$ 沿着 y 方向到各对应点之间的距离平方和 $S=\sum\limits_{i=1}^{n}(y_i-$

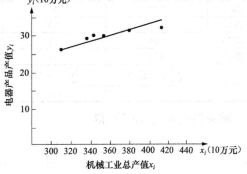

图 3-2　线性关系的判断

$\hat{y}_i)^2 = \sum\limits_{i=1}^{n}(y_i-a-bx_i)^2$ 最小，即 y_i 与 $\hat{y}_i$ 之间偏差平方和 S 最小。要使其最小，就需分别对 a、b 求偏导数，并令其等于零。解下列方程

$$\begin{cases} \dfrac{\partial s}{\partial a} = -2\sum\limits_{i=1}^{n}(y_i-a-bx_i) = 0 \\[2mm] \dfrac{\partial s}{\partial b} = -2\sum\limits_{i=1}^{n}(y_i-a-bx_i)x_i = 0 \end{cases}$$

得

$$\begin{cases} \sum\limits_{i=1}^{n}y_i = na + b\sum\limits_{i=1}^{n}x_i \\[2mm] \sum\limits_{i=1}^{n}y_ix_i = a\sum\limits_{i=1}^{n}x_i + b\sum\limits_{i=1}^{n}x_i^2 \end{cases}$$

移动原点，使 $\sum\limits_{i=1}^{n} x_i = 0$ 得

$$\begin{cases} \sum\limits_{i=1}^{n} y_i = na \\ \sum\limits_{i=1}^{n} y_i x_i = b \sum\limits_{i=1}^{n} x_i^2 \end{cases}$$

则

$$\begin{cases} a = \dfrac{1}{n} \sum\limits_{i=1}^{n} y_i \\ b = \left(\sum\limits_{i=1}^{n} y_i x_i \right) / \sum\limits_{i=1}^{n} x_i^2 \end{cases} \tag{3-7}$$

（5）进行预测。假定 2015 年机械工业总产值为 4340 万元，试预测同时期内该厂电器产品产值。将上述资料按回归系数方程整理得表 3-5。

表 3-5   各预测参数计算结果表   10 万元

年份	机械工业 总产值 x_i'	电器产品 产值 y_i	变动原点后的 $x_i = x_i' - \bar{x}_i'$	x_i^2	$x_i y_i$
2009	337	29	−19	361	−551
2010	310	26	−46	2116	−1196
2011	342	30	−14	196	−420
2012	353	30	−3	9	−90
2013	380	33	24	576	792
2014	414	34	58	3364	1972
$n=6$	$\sum x_i' = 2136$	$\sum y_i = 182$	$\sum x_i = 0$	$\sum x_i^2 = 6622$	$\sum x_i y_i = 507$
	$\bar{x}_i' = 356$	$a = 30.3$	—	—	—

将资料代入式（3-7）得

$$a = \frac{\sum\limits_{i=1}^{n} y_i}{n} = \frac{182}{6} = 30.3 （10 万元）$$

$$b = \frac{\sum\limits_{i=1}^{n} x_i y_i}{\sum\limits_{i=1}^{n} x_i^2} = \frac{507}{6622} = 0.076 （10 万元）$$

则一元线性方程为 $\hat{y} = a + bx = 30.3 + 0.076x$。

现已知 2015 年机械工业部产值为 4340 万元，相应的

$$x_{2015} = x_{2015}' - \bar{x}_i' = 434 - 356 = 78 （10 万元）$$

$$\hat{y} = 30.3 + 0.076 \times 78 = 36.228 （10 万元）$$

（6）相关性检验。在步骤（2）里通过打点连线判断出预测变量之间具有线性关系。这种粗略判断是否可信需要从理论上论证，相关性检验是判明变量间是否有线性关系以及相关程度的数学方法，其主要步骤是依据已知数据计算相关系数 r

2009～2014 年机械工业总产值的平均值 $\bar{x}_i$ 为

$$\bar{x}_i' = \frac{1}{n} \sum\limits_{i=1}^{n} x_i = \frac{1}{6} \times 2136 = 356 \quad （10 万元）$$

$$r = \frac{\Sigma(x_i - \bar{x}_i)(y_i - \bar{y}_i)}{\sqrt{\Sigma(x_i - \bar{x}_i)^2 \cdot \Sigma(y_i - \bar{y}_i)^2}} \left(\text{用 } \Sigma \text{ 代替} \sum_{i=1}^{n}\right)$$

或

$$r = \frac{n\Sigma x_i y_i - \Sigma x_i \Sigma y_i}{\sqrt{[n\Sigma x_i^2 - (\Sigma x_i)^2][n\Sigma y_i^2 - (\Sigma y_i)^2]}} \tag{3-8}$$

可以证明，r 在 -1 与 1 之间。r 越接近 1，y 与 x 的关系越接近线性；$|r|$ 越接近 0，y 与 x 的关系距线性关系越远。从图 3-3 中可看 r 大小反映出 y 与 x 线性密切程度。

可见，只有 $|r|$ 比较大时，才能用直线近似地描述 y 与 x 的相关关系。它的最低数值（临界值）r_α，可通过表 A-7 查得。表中 α 为显著性水平，f 为自由度（即数据的个数减 2，$f = n - 2$）。当选定了一个显著水平后，按照 α、f 在表 A-7 中可以查得 r_α，并将计算出的相关系数 r 与临界值 r_α 比较。若 $|r| \geqslant r_\alpha$，则认为 y 与 x 之间存在线性关系，才可用回归直线近似地描述 y 与 x 之间的相关关系。显著水平 α 可理解为，当 $|r| \geqslant r_\alpha$ 时，y 与 x 的相关关系与直线之间的差异显著程度最多为 100%。例如，取 $\alpha = 0.01$，而 $|r| \geqslant r_{0.01}$，说明在 0.01 水平上，y 与 x 是显著线性相关的，或者说 y 与 x 线性相关的置信度为 99%。图 3-3 说明了 r 值的几种情形。将上述资料代入得

$$\begin{aligned}
r &= \frac{n\Sigma x_i y_i - \Sigma x_i \Sigma y_i}{\sqrt{[n\Sigma x_i^2 - (\Sigma x_i)^2][n\Sigma y_i^2 - (\Sigma y_i)^2]}} \\
&= \frac{6 \times 507 - 0 \times 182}{\sqrt{[6 \times 6622 - 0][6 \times 5562 - 33\,124]}} \\
&= \frac{3042}{\sqrt{39\,732 \times 248}} = 0.9691
\end{aligned}$$

若取 $\alpha = 0.05$，其自由度为 $6 - 2 = 4$，查表 A-7 得相应的 $r_\alpha = 0.8144$。显然有 $r > r_\alpha$，故 y 与 x 线性相关。也就是说，用上面求得的回归直线近似地描述的该地区 6 年来机械工业总产值与该电器公司电器产品之间的相关关系是可信的。

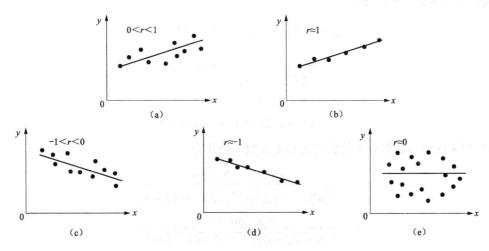

图 3-3 相关系数

(a) $0 < r < 1$ 时的相关系数；(b) $r \approx 1$ 时的相关系数；(c) $-1 < r < 0$ 时的相关系数；

(d) $r \approx -1$ 时的相关系数；(e) $r \approx 0$ 时的相关系数

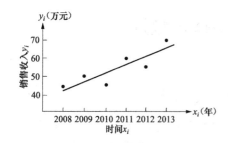

图 3-4　粗略判断相关系数

线性回归不仅用于相关因素预测，还大量地用于时间序列预测。举例如下：

1）收集并整理资料。某电力公司历年营业销售 2008~2013 年的收入依次为 44、50、45、60、55、70 万元。

2）分析变量之间的线性关系。打点连线，在平面直角坐标上粗略判断其线性关系，如图 3-4 所示。

3）建立数学模型。因变量间具有线性关系，其线性方程为

$$\hat{y} = a + bx$$

其中

$$a = \frac{1}{n}\sum_{i=1}^{n} y_i, \quad b = \frac{\sum_{i=1}^{n} y_i x_i}{\sum_{i=1}^{n} x_i^2}$$

4）进行预测。将上述资料整理成表 3-6。

表 3-6 中，资料个数为偶数，中心值为 −1，间隔期为 2，与资料中心的间隔期排列为 −5，−3，−1，1，3，5；如资料期为奇数，则设中心值为 0，间隔期为 1，与资料中心的间隔期排列为 −4，−3，−2，−1，0，1，2，3，4。如此排列的几何意义是移动原点，使 $\Sigma x_i = 0$，运算将大大简化。

表 3-6　　　　　按时间序列销售收入表　　　　　10 万元

年份	销售收入 y_i	与资料中心的间隔期 x_i	间隔期平方 x_i^2	$x_i y_i$
2008	44	−5	25	−220
2009	50	−3	9	−150
2010	45	−1	1	−45
2011	60	1	1	60
2012	55	3	9	165
2013	70	5	25	350
$n=6$	$\Sigma y_i=324$	$\Sigma x_i=0$	$\Sigma x_i^2=70$	—

将资料代入式（3-7）得

$$a = \frac{1}{n}\Sigma y_i = \frac{1}{6} \times 324 = 54$$

$$b = \frac{\Sigma x_i y_i}{\Sigma x_i^2} = \frac{160}{70} = 2.29$$

$$\hat{y} = 54 + 2.29x$$
$$= 54 + 2.29 \times 7 = 70(万元)$$

5）相关性检验。将有关数据代入相关系数 r 公式得

$$r = \frac{n\Sigma x_i y_i - \Sigma x_i \Sigma y_i}{\sqrt{[n\Sigma x_i^2 - (\Sigma x_i)^2][n\Sigma y_i^2 - (\Sigma y_i)^2]}}$$
$$= \frac{6 \times 160 - 0}{\sqrt{(6 \times 70 - 0)(6 \times 17\,986 - 324^2)}}$$
$$= 0.8639$$

若取 $\alpha = 0.05$，$f = 6 - 2 = 4$，查表 A-7 得相应 $r_a = 0.8144$，显然 $|r| > r_a$，故为显著相关。其预测结果是可信的。

在许多实际问题中，和某一变量 y 有关系的自变量不止一个而是多个，这就要求应用多元线性回归来分析预测。

二、回归预测常用的数学模型

1. 一元线性回归数学模型

一元线性回归通常以电量或负荷 y 为纵标，以时间 x 为横坐标，建立 $y=a+bx$ 数学模型，其图形描述如图 3-5 所示。

2. 多元线性回归数学模型

数学模型 $y=a+b_1x_1+b_2x_2+\cdots+b_mx_m$

一元线性回归图形为一条直线；二元线性回归图形为一个平面；而对于三个及以上自变量的线性回归，拟合是一个平面，其所具有的特性与一元回归完全一样，图 3-6 是三维空间平面图形。

3. 指数函数

数学模型 $y=ae^{bx}(b>0)$，$y=ae^{-bx}(b>0)$，其图形如 3-7 所示。

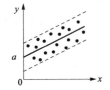   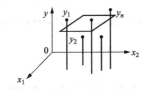   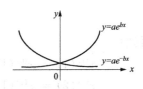

图 3-5　一元线性回归   图 3-6　三维空间平面图形   图 3-7　指数回归图

对于非线性回归问题，可以用数学手段将非线性问题转化成线性问题处理。对于函数 $y=ae^{bx}$ 和 $y=ae^{-bx}$，可令 $y'=\ln y$，$a'=\ln a$。又因为 $\ln e^{bx}=bx$，则指数函数可转化为 $y'=a'+bx$，$y'=a'-bx'$。

4. 幂函数

数学模型 $y=ax^b(b>0)$，$y=ax^{-b}$ $(b>0)$。对于函数 $y=ax^b$ 和 $y=ax^{-b}$，可令 $y'=\ln y$，$x'=\ln x$，$a'=\ln a$。又因为 $\ln ax^b=\ln a+b\ln x$，则可分别转化为 $y'=a'+bx'$，$y'=a'-bx'$，其图形如图 3-8 所示。

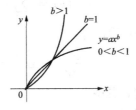   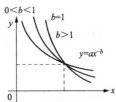

图 3-8　幂函数回归图

第四节　灰 色 预 测 法

灰色系统建模预测是近年来发展起来的预测方法。灰色理论认为，一切随机样本量是在一定范围内变化的灰色量，将随机过程看作是在一定幅区间和一定时区间变化的灰色过程。灰色量不是从统计规律的角度来进行研究的，而是根据过去及现在已知或非确知的信息，用数据生成的处理方法，将原始数据化为规律较强的生成数列再进行研究建模。可在原始数据较少的情况下，可通过累加，在一定程度上相对增强确定性和减弱不确定性，使预测精度达到相当高的程度。

灰色系统理论是现代控制论中的一个新领域，包含已知信息的系统为白色系统，包含未知信息的系统为黑色系统。灰色系统既包含已知信息的白色系统，又包含未知信息的黑色系统。我国配电网的用电量是多种因素的综合体现，这些因素部分是已知的，部分是未知的或不确定的，因此为灰色系统。用灰色理论预测配电网用电量的方法则称为灰色预测法。

一、灰色预测的数学模型

灰色预测既适于短期预测，又适于远期预测。灰色理论认为，预测模型可用一阶微分方程来描述

表 3-7　　　　　各年负荷表

年份 项目	2011	2012	2013	2014
负荷（kW）	1.97	2.486	2.871	3.316
电量（万 kWh）	0.989	1.162	1.343	1.551

$$\frac{\mathrm{d}x}{\mathrm{d}t} + ax = u \qquad (3\text{-}9)$$

其中，x 为以时间为序的原始数据，具体是 $\boldsymbol{x}^{(0)}(t) = \{x^{(0)}(1),\ x^{(0)}(2),\ \cdots x^{(0)}(n)\}$，对于表 3-7 给出的数据，则有

$$\boldsymbol{x}^{(0)}(t) = \{x^{(0)}(1), x^{(0)}(2), \cdots x^{(0)}(n)\} = \{1.97, 2.486, 2.871, 3.316\}$$

为弱化原始数据的随机性，将 $\boldsymbol{x}^{(0)}(t)$ 作一次累加，生成数列 $\boldsymbol{x}^{(1)}(t)$，即

$$\boldsymbol{x}^{(1)}(t) = \{x^{(1)}(1), x^{(1)}(2), \cdots x^{(1)}(n)\} \qquad (3\text{-}10)$$

其中

$$x^{(1)}(1) = x^{(0)}(1) = 1.97$$
$$x^{(1)}(2) = x^{(0)}(1) + x^{(0)}(2) = 1.97 + 2.486 = 4.456$$
$$x^{(1)}(3) = x^{(0)}(1) + x^{(0)}(2) + x^{(0)}(3) = 1.97 + 2.486 + 2.871 = 7.327$$
$$x^{(1)}(4) = x^{(0)}(1) + x^{(0)}(2) + x^{(0)}(3) + x^{(0)}(4) = 7.327 + 3.316 = 10.643$$

如此，写成通式 $x^{(1)}(k)$ 的表达式为

$$x^{(1)}(k) = \sum_{i=1}^{k} x^{(0)}(i) \qquad (3\text{-}11)$$

将 $x^{(1)}(k)$ 代入式（3-9）后，有

$$\frac{\mathrm{d}x^{(1)}}{\mathrm{d}t} + ax^{(1)} = u \qquad (3\text{-}12)$$

称式（3-12）为白化方程，其中

$$\boldsymbol{x}^{(1)}(k) = \{1.97, 4.456, 7.327, 10.634\}$$

a、u 为待定参数，记

$$\boldsymbol{R} = \begin{bmatrix} a \\ u \end{bmatrix} = (\boldsymbol{B}^{\mathrm{T}}\boldsymbol{B})^{-1}\boldsymbol{B}^{\mathrm{T}}\boldsymbol{Y} \qquad (3\text{-}13)$$

公式（3-13）中，$\boldsymbol{B}$ 为下述矩阵

$$\boldsymbol{B} = \begin{bmatrix} -\dfrac{1}{2}\{x^{(1)}(1) + x^{(1)}(2)\} & 1 \\ -\dfrac{1}{2}\{x^{(1)}(2) + x^{(1)}(3)\} & 1 \\ \cdots & \cdots \\ -\dfrac{1}{2}\{x^{(1)}(n-1) + x^{(1)}(n)\} & 1 \end{bmatrix} = \begin{bmatrix} -\dfrac{1}{2}\{1.970 + 4.456\} & 1 \\ -\dfrac{1}{2}\{4.456 + 7.327\} & 1 \\ -\dfrac{1}{2}\{7.327 + 10.463\} & 1 \end{bmatrix}$$

$$= \begin{bmatrix} -3.213 & 1 \\ -5.8915 & 1 \\ -8.985 & 1 \end{bmatrix}$$

而 $\boldsymbol{B}^T$ 为 $\boldsymbol{B}$ 的转置矩阵，其为

$$\boldsymbol{B}^T = \begin{bmatrix} -3.213 & -5.8915 & -8.985 \\ 1 & 1 & 1 \end{bmatrix}$$

设 $\boldsymbol{G} = \boldsymbol{B}^T\boldsymbol{B}$，则

$$\boldsymbol{G} = \begin{bmatrix} -3.213 & -5.8915 & -8.985 \\ 1 & 1 & 1 \end{bmatrix} \begin{bmatrix} -3.213 & 1 \\ -5.8915 & 1 \\ -8.985 & 1 \end{bmatrix} = \begin{bmatrix} 125.7634 & -18.0895 \\ -18.0895 & 3 \end{bmatrix}$$

$$\boldsymbol{G}^{-1} = (\boldsymbol{B}^T\boldsymbol{B})^{-1}$$

$$= \begin{bmatrix} \dfrac{3}{125.7634 \times 3 - 18.0895^2} & \dfrac{18.0895}{125.7634 \times 3 - 18.0895^2} \\ \dfrac{18.0895}{125.7634 \times 3 - 18.0895^2} & \dfrac{125.7634}{125.7634 \times 3 - 18.0895^2} \end{bmatrix} = \begin{bmatrix} 0.0599 & 0.3616 \\ 0.3616 & 2.5122 \end{bmatrix}$$

因为矩阵 $\boldsymbol{Y} = \begin{bmatrix} x^{(0)}(2) & x^{(0)}(3) \cdots x^{(0)}(n) \end{bmatrix}^T$
则

$$\boldsymbol{M} = \boldsymbol{B}^T\boldsymbol{Y} = \begin{bmatrix} -3.213 & -5.8915 & -8.985 \\ 1 & 1 & 1 \end{bmatrix} \begin{bmatrix} 2.486 \\ 2.871 \\ 3.316 \end{bmatrix} = \begin{bmatrix} -54.6963 \\ 8.673 \end{bmatrix}$$

如此，$\boldsymbol{R}$ 矩阵为

$$\boldsymbol{R} = \boldsymbol{G}^{-1}\boldsymbol{M} = \begin{bmatrix} 0.0599 & 0.3616 \\ 0.3616 & 2.5122 \end{bmatrix} \begin{bmatrix} -54.6963 \\ 8.673 \end{bmatrix} = \begin{bmatrix} -0.1402 \\ 2.0101 \end{bmatrix}$$

由于系数 $a = -0.1402$，$u = 2.0101$，于是式（3-12）变为

$$\frac{\mathrm{d}x^{(1)}}{\mathrm{d}t} - 0.1402x^{(1)} = 2.0101 \tag{3-14}$$

式（3-14）有两个解

特解
$$X_1^{(1)}(k+1) = \frac{2.0101}{-0.1402} = -14.3374$$

通解
$$X_2^{(1)}(k+1) = \beta \mathrm{e}^{0.1402k}$$

其中，β 为待定常数，故得

$$X_1^{(1)}(k+1) = \beta \mathrm{e}^{0.1402k} - 14.3374 \tag{3-15}$$

当 $k=0$，$X_1^{(1)}(k+1) = X_1^{(1)}(0+1) = 1.97$ 时，$\beta = 16.3074$。
将 β 值代入式（3-15）中，有

$$X_1^{(1)}(k+1) = 16.3074 \mathrm{e}^{0.1402k} - 14.3374 \tag{3-16}$$

式（3-16）便是灰色预测的数学模型，利用该模型可预测未来的负荷。

二、负荷的预测

1. 模型精度检验

模型精度检验是将式（3-16）的计算值与实际累加值相比较，以检验模型的预测精度，如当 $k=1$ 时，则

$$X_1^{(1)}(k+1) = X_1^{(1)}(2) = 16.3074e^{0.1402 \times 1} - 14.3374 = 4.4243(\text{kW})$$

而实际累加值为 4.456，误差为 0.0317，精度检验见表 3-8。

表 3-8 精度检验表

序号	$X^{(1)}(k+1)$	计算值	累加值	误差	百分值（%）
$k=1$	$X^{(1)}(2)$	4.4243	4.456	0.0317	0.711
$k=2$	$X^{(1)}(3)$	7.2480	7.327	0.079	1.078
$k=3$	$X^{(1)}(4)$	10.4967	10.643	0.1463	1.374

2. 还原检验

精度检验检查的是累加值，而还原检验检查的却是各年的计算负荷值与实际负荷值的差别。计算过程如下：

$$X^{(0)}(2) = X^{(1)}(2) - X^{(1)}(1) = 4.4243 - 1.97 = 2.4543, \quad \text{实际值为 2.486}$$
$$X^{(0)}(3) = X^{(1)}(3) - X^{(1)}(2) = 7.2480 - 4.4243 = 2.8237, \quad \text{实际值为 2.871}$$
$$X^{(0)}(4) = X^{(1)}(4) - X^{(1)}(3) = 10.4967 - 7.2480 = 3.2487, \quad \text{实际值为 3.316}$$

一般情况下可以写成

$$X^{(0)}(k) = X^{(1)}(k) - X^{(1)}(k-1) \tag{3-17}$$

还原检验结果见表 3-9。

表 3-9 还原检验表

年份	计算值	实际值	误差	百分值（%）
2012	2.4543	2.486	0.0317	1.275
2013	2.8237	2.871	0.0473	1.648
2014	3.2487	3.316	0.0673	2.029

3. 未来负荷预测

未来负荷预测如下：

2015 年，	$k=4$，	$X^{(1)}(5)=14.2344\text{kW}$，	$X^{(0)}(5)=3.7377\text{kW}$
2016 年，	$k=5$，	$X^{(1)}(6)=18.5345\text{kW}$，	$X^{(0)}(6)=4.3001\text{kW}$
2017 年，	$k=6$，	$X^{(1)}(7)=23.4819\text{kW}$，	$X^{(0)}(7)=4.9474\text{kW}$
2018 年，	$k=7$，	$X^{(1)}(8)=29.1738\text{kW}$，	$X^{(0)}(8)=5.6919\text{kW}$

4. 预测结果处理

（1）灰色模型成稳定增长趋势。

（2）其实际上受气象因素、自然灾害、政治因素等方面的影响，故应按实际情况加以修正。

第四章 配电网潮流计算

配电网的潮流计算是配电网络各种分析的基础，也是配电网规划的重要依据。配电网的潮流计算方法很多，如牛顿法、前推回代法、利用双方向等效电压降模型计算法、树状链表和递归搜索法、基于集中抄表系统采集数据的线性潮流计算法、不平衡辐射配电网的快速解耦法、基于负荷转移和负荷节点消去的潮流计算法等。

随着配电网电压等级的提高以及对可靠性、电能质量和节能要求的日益提高，配电网中的风电和小水电逐渐增多，而且配电网中的多分段多连接技术的研究力度也在加大，配电网将逐渐成为多电源［含有分布式电源（Distributed Generation，DG)]、多回路的环网，对配电网的潮流计算提出了更高的要求。对于含有大量分支线路、环网及 DG 的配电网，潮流计算量非常大。配电网中常用的前推回代算法在处理多电源和环网时能力较弱。在使用牛顿法时，通过改进方法，给出了适用于配电网的可形成雅可比矩阵的计算公式，但由于配电网的特点，改进牛顿法对并联支路及补偿电容的处理较困难，并且要求相邻两个节点间的电压差要足够小，这使其应用受到了一定的限制。利用多端口补偿技术和基尔霍夫定律，可以有效计算弱环网的潮流，但该方法对网络中的节点和支路编号的要求较高，而且需要形成戴维南等效阻抗矩阵。还有一些配电网潮流计算方法，通过解环的方法可计算单电源环网的潮流。

随着 DG 的应用，通过对含有 DG 的配电网潮流分布的分析，提出了含有 DG 的配电网潮流计算方法，例如，采用叠加原理处理 DG 的配电网潮流计算法、利用网损灵敏度的参与因子处理含有 DG 的配电网潮流计算法、蒙特卡罗（Monte Carlo）法，利用蒙特卡罗法可分析含有 DG 的确定性和随机性的潮流分布。在计算配电网潮流时，接有 DG 的节点可按 PV 节点、PQ 节点或 PQV 节点考虑。

为了提高算法的有效性和灵活性，适应配电网的要求，降低对节点和支路编号的要求，并且不需要解环，本章以网络拓扑技术及基尔霍夫电流定律为基础，同时考虑线路充电效应、PV 节点（接有 DG）、环网、电容器和负荷变化的影响，提出了配电网潮流计算的节点分析方法。该算法提高了节点和支路编号的灵活性，与其他计算方法相比，应用基尔霍夫电流定律可使计算更加简单，且有利于含有环网和多电源配电网的潮流计算。

第一节 网 络 模 型

一、线路

线路采用 π 型等效模型，对于线路 $l(i,j)$，可忽略其电导，其等效模型如图 4-1 所示。图 4-1 的线路用式（4-1）描述为

$$\begin{bmatrix} \dot{I}_i \\ \dot{I}_j \end{bmatrix} = \begin{bmatrix} Z^{-1} + Y/2 & -Z^{-1} \\ -Z^{-1} & Z^{-1} + Y/2 \end{bmatrix} \begin{bmatrix} \dot{U}_i \\ \dot{U}_j \end{bmatrix} \tag{4-1}$$

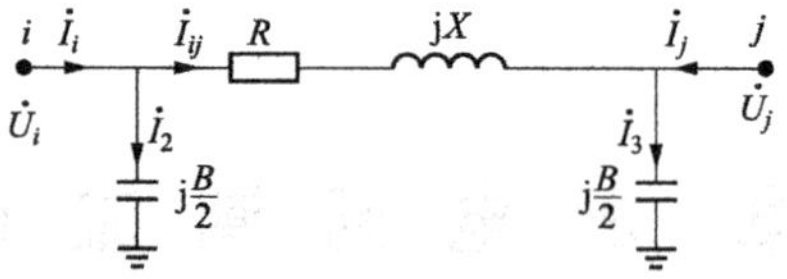

图 4-1　线路的 π 型等效模型

式中　Z——线路 l 的阻抗，$Z=R+jX$，R 和 X 分别为线路 l 的电阻和电抗；

　　　　Y——线路 l 的导纳，$Y=jB$，B 为线路 l 的电纳；

$\dot{I}_i$ 和 $\dot{I}_j$——节点 i、j 的注入电流；

$\dot{U}_i$ 和 $\dot{U}_j$——节点 i、j 的电压。

　　式（4-1）可改写为

$$\begin{bmatrix} \dot{I}_i \\ \dot{I}_j \end{bmatrix} = \begin{bmatrix} Z^{-1} & -Z^{-1} \\ -Z^{-1} & Z^{-1} \end{bmatrix} \begin{bmatrix} \dot{U}_i \\ \dot{U}_j \end{bmatrix} + \begin{bmatrix} Y/2 & 0 \\ 0 & Y/2 \end{bmatrix} \begin{bmatrix} \dot{U}_i \\ \dot{U}_j \end{bmatrix} \tag{4-2}$$

　　为了分析方便，线路 l 的并联支路用注入电流源表示，如图 4-2 所示，式（4-2）可进一步改写为

$$\begin{bmatrix} \dot{I}_i \\ \dot{I}_j \end{bmatrix} = \begin{bmatrix} Z^{-1} & -Z^{-1} \\ -Z^{-1} & Z^{-1} \end{bmatrix} \begin{bmatrix} \dot{U}_i \\ \dot{U}_j \end{bmatrix} + \begin{bmatrix} \dot{I}_{si} \\ \dot{I}_{sj} \end{bmatrix} = Z^{-1} \begin{bmatrix} 1 & -1 \\ -1 & 1 \end{bmatrix} \begin{bmatrix} \dot{U}_i \\ \dot{U}_j \end{bmatrix} + \begin{bmatrix} \dot{I}_{si} \\ \dot{I}_{sj} \end{bmatrix} \tag{4-3}$$

　　即

$$\begin{bmatrix} \dot{I}_i \\ \dot{I}_j \end{bmatrix} = \begin{bmatrix} \dot{I}_{ij} \\ -\dot{I}_{ij} \end{bmatrix} + \begin{bmatrix} \dot{I}_{si} \\ \dot{I}_{sj} \end{bmatrix} \tag{4-4}$$

式中　$\dot{I}_{si}$、$\dot{I}_{sj}$——线路 l 节点 i、j 的等效注入电流源；

　　　　$\dot{I}_{ij}$——线路 l 串联支路的电流。

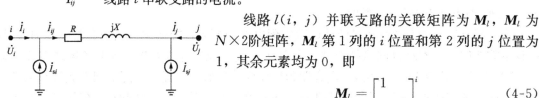

图 4-2　线路的修正 π 型等值模型

线路 $l(i，j)$ 并联支路的关联矩阵为 $\boldsymbol{M}_l$，$\boldsymbol{M}_l$ 为 $N\times 2$ 阶矩阵，$\boldsymbol{M}_l$ 第 1 列的 i 位置和第 2 列的 j 位置为 1，其余元素均为 0，即

$$\boldsymbol{M}_l = \begin{bmatrix} 1 & \\ & 1 \end{bmatrix} \begin{matrix} i \\ j \end{matrix} \tag{4-5}$$

设配电网络有 N 个独立节点，b 条线路，线路 l 并联支路的等效注入电流源对配电网络的影响为

$$\Delta \dot{\boldsymbol{I}}_{sk} = \boldsymbol{M}_l \begin{bmatrix} Y/2 & 0 \\ 0 & Y/2 \end{bmatrix} \boldsymbol{M}_l^{\mathrm{T}} \boldsymbol{U}_N = \begin{bmatrix} \dot{I}_{si} \\ \dot{I}_{sj} \end{bmatrix} \begin{matrix} i \\ j \end{matrix} \tag{4-6}$$

式中　$\Delta \dot{\boldsymbol{I}}_{sk}$——$N\times 1$ 阶电流列矢量，其第 i 个元素为 $\dot{I}_{si}$，第 j 个元素为 $\dot{I}_{sj}$，其余元素均为零；

U_N——$N×1$ 阶节点电压列矢量。

网络中所有线路并联支路的等效注入电流源对配电网络的影响为

$$\Delta \dot{\boldsymbol{I}}_{sl} = \sum_{k \in \Omega} \Delta \dot{\boldsymbol{I}}_{sk} \tag{4-7}$$

式中　Ω——所有不能忽略充电效应线路的集合；

$\Delta \dot{\boldsymbol{I}}_{sl}$——$N×1$ 阶电流列矢量。

二、并联电容器

设电容器的导纳不变，节点 i 并联电容器的导纳为 Y_C，节点 i 的初始电压为 $\dot{U}_{i1}$，电容器的注入电流为 $\dot{I}_{i1}$，$\dot{I}_{i1} = \dot{U}_{i1} Y_C$，并联电容器模型如图 4-3 所示。

则电容器的注入无功功率 Q_{i1} 为

$$Q_{i1} = \dot{U}_{i1} \hat{\dot{I}}_{i1} = \dot{U}_{i1}(\hat{\dot{U}}_{i1} \hat{Y}_C) = U_{i1}^2 \mid Y_C \mid \tag{4-8}$$

式中符号 "~" 表示复数的共轭。

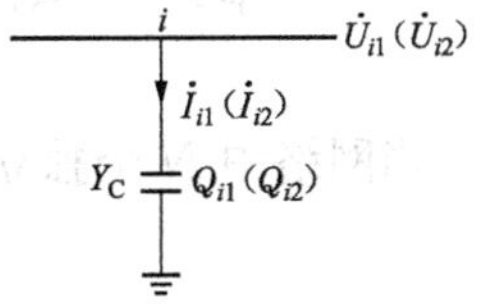

同理，当节点 i 的电压为 $\dot{U}_{i2}$ 时，可得此时无功功率 Q_{i2} 为

$$Q_{i2} = U_{i2}^2 \mid Y_C \mid \tag{4-9}$$

图 4-3　并联电容器模型

用标幺值表示时，假设初始电压 $\dot{U}_{i1}$ 为额定值，则其标幺值为 $U_{i1} = 1.0$，根据式（4-8）和式（4-9）可得

$$Q_{i2} = Q_{i1} U_{i2}^2 \tag{4-10}$$

进一步可得电压为 $\dot{U}_{i2}$ 时，电容器的注入电流 $\dot{I}_{i2}$ 为

$$\dot{I}_{i2} = \hat{\dot{U}}_{i1} \dot{U}_{i2} \dot{I}_{i1} = \alpha_{Ci} \dot{I}_{i1} \tag{4-11}$$

式中　α_{Ci}——节点 i 电容器的注入电流系数，$i = 1, 2, \cdots, N$，根据电压变化情况修改，$\alpha_{Ci} = \hat{\dot{U}}_{i1} \dot{U}_{i2}$。

当网络中有 N 个独立节点时，所有电容器的注入电流 $\dot{\boldsymbol{I}}_{sC}$ 为

$$\dot{\boldsymbol{I}}_{sC} = \begin{bmatrix} \dot{I}_{12} \\ \dot{I}_{22} \\ \vdots \\ \dot{I}_{N2} \end{bmatrix} = \begin{bmatrix} \alpha_{C1} & & & \\ & \alpha_{C2} & & \\ & & \ddots & \\ & & & \alpha_{CN} \end{bmatrix} \begin{bmatrix} \dot{I}_{11} \\ \dot{I}_{21} \\ \vdots \\ \dot{I}_{N1} \end{bmatrix} \tag{4-12}$$

特别地，当节点 j 没有接电容器时，$\alpha_{Cj} = 0$。

三、负荷模型

设节点 i 的负荷在电压 $\dot{U}_{i1}$ 时的有功和无功功率分别为 P_{i1} 和 Q_{i1}，功率因数为 $\cos\varphi_1$，则节点 i 负荷的注入电流为 $\dot{I}_{i1}$ 为

$$\dot{I}_{i1} = (P_{i1} - jQ_{i1})/\hat{\dot{U}}_{i1} = P_{i1}/\hat{\dot{U}}_{i1} \cdot (1 - j\tan\varphi_1) \tag{4-13}$$

设节点 i 的负荷在电压 $\dot{U}_{i2}$ 时的有功和无功功率分别为 P_{i2} 和 Q_{i2}，功率因数为 $\cos\varphi_2$，设

$P_{i2} = \alpha_{iP}P_{i1}$，$Q_{i2} = \alpha_{iQ}Q_{i1}$，则节点 i 负荷的注入电流 $\dot{I}_{i2}$ 为

$$\dot{I}_{i2} = \frac{(\alpha_{iP}P_{i1} - j\alpha_{iQ}Q_{i1})}{\hat{U}_{i2}} = \frac{P_{i1}}{\hat{U}_{i1}} \cdot \frac{\hat{U}_{i1}}{\hat{U}_{i2}}(\alpha_{iP} - j\alpha_{iQ}\tan\varphi_1) \qquad (4\text{-}14)$$

$$= \frac{(\alpha_{iP} - j\alpha_{iQ}\tan\varphi_1)}{(1 - j\tan\varphi_1)} \frac{\hat{U}_{i1}}{\hat{U}_{i2}}\dot{I}_{i1} = \beta_{Li}\dot{I}_{i1}$$

式中　α_{iP} 和 α_{iQ}——有功和无功功率系数；

$\qquad \beta_{Li}$——负荷电流系数，根据负荷变化情况进行修改，$\beta_{Li} = \dfrac{(\alpha_{iP} - j\alpha_{iQ}\tan\varphi_1)}{(1 - j\tan\varphi_1)} \dfrac{\hat{U}_{i1}}{\hat{U}_{i2}}$。

当网络中 N 个独立节点均有负荷时，N 个节点负荷的注入电流列矢量 $\dot{\boldsymbol{I}}_{sL}$ 为

$$\dot{\boldsymbol{I}}_{sL} = \begin{bmatrix} \dot{I}_{12} \\ \dot{I}_{22} \\ \vdots \\ \dot{I}_{N2} \end{bmatrix} = \begin{bmatrix} \beta_{L1} & & & \\ & \beta_{L2} & & \\ & & \ddots & \\ & & & \beta_{LN} \end{bmatrix} \begin{bmatrix} \dot{I}_{11} \\ \dot{I}_{21} \\ \vdots \\ \dot{I}_{N1} \end{bmatrix} \qquad (4\text{-}15)$$

四、PV 节点

PV 节点（接有 DG）可以看作特殊的解环点，如图 4-4（a）所示的 PV 节点 j 可等效为图 4-4（b）所示模型，图中 P^S 和 U^S 分别为节点 j 指定的有功注入功率和电压幅值。节点 j 的无功注入功率 Q 需要满足节点的无功约束。

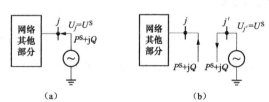

图 4-4　PV 节点及其等效模型
(a) PV 节点；(b) PV 节点等效模型

节点 j 的注入电流 $\dot{I}_{sPV\_j}$ 为

$$\hat{\dot{I}}_{sPV\_j} = (P^S + jQ)/\dot{U}_j \qquad (4\text{-}16)$$

由上面的分析可知，对于 N 个独立节点的配电网络，节点注入电流 $\dot{\boldsymbol{I}}_N$ 为

$$\dot{\boldsymbol{I}}_N = \Delta\dot{\boldsymbol{I}}_{sl} + \dot{\boldsymbol{I}}_{sC} + \dot{\boldsymbol{I}}_{sL} + \dot{\boldsymbol{I}}_{sPV} \qquad (4\text{-}17)$$

式中　$\dot{\boldsymbol{I}}_{sPV}$——所有 PV 节点形成的注入电流列矢量。

第二节　网络拓扑分析方法

一、纯辐射式配电网络

当系统为纯辐射式网络（即没有连支）时，网络的所有支路均为树支，定义 $\boldsymbol{A}$ 为节点—树支关联矩阵，规定节点注入电流以流出节点为正，支路电流以离开首节点为正，则该网络各节点的 KCL 方程表示为

$$\boldsymbol{A}\boldsymbol{i}_b = \boldsymbol{i}_N \qquad (4\text{-}18)$$

式中　b——树支数；N 为节点总数减 1（即独立节点数）；

$\qquad \boldsymbol{A}$——$N \times b$ 阶矩阵；

i_b——$b \times 1$ 阶列矢量；

i_N——$N \times 1$ 阶列矢量。源节点为参考节点。

根据式（4-18）可得到

$$i_b = T i_N \tag{4-19}$$

式中　T——支路—道路（节点）关联矩阵，为 $b \times N$ 阶矩阵，$T = A^{-1}$。

二、有回路的配电网络

当系统含有回路（即有连支）时，根据联络开关的位置可以确定回路。当联络开关全部打开时，即为纯辐射式配电网络，此时的分析同上。当联络开关闭合时，网络中有回路，此处的回路指基本回路即单连支回路，回路电流（即连支电流）为 i_L。设树支数为 b，连支数为 m，定义回路矩阵为 B，则

$$B = [-(A_1 T^T) E_1] \tag{4-20}$$

式中　E_1——m 阶单位阵；

　　　A_1——连支—节点关联矩阵。

则有回路配电网络的 KCL 方程表示为

$$B^T i_L + T' i_N = i_b \tag{4-21}$$

式中　i_b——$b_1 \times 1$ 阶列矢量；

　　　T'——$(b+m) \times N$ 阶矩阵，$T' = [T \tilde{0}]^T$。

　　　$\tilde{0}$——$m \times N$ 阶零矩阵。

回路电流 i_L 为

$$i_L = Z_L^{-1} B (e - Z_b T' i_N) \tag{4-22}$$

式中　$Z_L = B Z_b B^T$——$m \times m$ 阶回路阻抗阵，Z_b 为 $b_1 \times b_1$ 阶元件阻抗阵，是一个对角阵，b_1
　　　　为所有支路数，$b_1 = b + m$；

　　　e——电动势源列向量。

所以，有回路配电网络的支路电流 i_b 为

$$i_b = B^T Z_L^{-1} B (e - Z_b T' i_N) + T' i_N \tag{4-23}$$

三、网络的损耗

设 $\tilde{R}$ 为所有支路电阻组成的对角阵，$\tilde{X}$ 为所有支路电抗组成的对角阵，I 为支路电流组成的对角阵，$\hat{I}_b$ 为支路电流共轭的列矢量，则网络的全部有功损耗 P_{loss} 和无功损耗 Q_{loss} 为

$$\begin{cases} P_{\text{loss}} = \hat{I}_b^T \tilde{R} \hat{I}_b \\ Q_{\text{loss}} = \hat{I}_b^T \tilde{X} \hat{I}_b \end{cases} \tag{4-24}$$

网络中各条支路的有功损耗 P_{loss_b} 和无功损耗 Q_{loss_b} 为

$$\begin{cases} P_{\text{loss}\_b} = \tilde{\boldsymbol{I}}\boldsymbol{R}\hat{\boldsymbol{I}}_b \\ Q_{\text{loss}\_b} = \tilde{\boldsymbol{I}}\boldsymbol{X}\hat{\boldsymbol{I}}_b \end{cases} \tag{4-25}$$

式中　$\boldsymbol{I}$——各条支路电流组成的对角阵，$\boldsymbol{I} = \text{diag}\,(\dot{I}_1,\ \dot{I}_2,\ \cdots,\ \dot{I}_{b1})$，在纯辐射式配电网络中 $b_1 = b$。

四、潮流计算的步骤

根据前面的分析，潮流计算步骤如下：

(1) 输入原始数据，根据网络结构，写出关联矩阵 $\boldsymbol{A}$、$\boldsymbol{T}$、$\boldsymbol{A}_1$ 及回路矩阵 $\boldsymbol{B}$。

(2) 根据初始节点电压初始化各节点电压。

(3) 计算节点注入电流 $\dot{\boldsymbol{I}}_N$，利用式（4-23）计算支路电流 i_b。

(4) 从根节点开始计算各节点电压，对于支路 $l\,(i,j)$，若支路 l 不是变压器支路，则节点 j 的电压为

$$\dot{U}_j = \dot{U}_i - Z_l\dot{I}_l \tag{4-26}$$

若支路 l 是变压器支路，则节点 j 的电压为

$$\dot{U}_j = (\dot{U}_i - Z_l\dot{I}_l)/t_i \tag{4-27}$$

式中　t_i——变压器变比，本书将其放在线路始端。

(5) 若相邻 2 次迭代中各节点电压的误差均不在允许的误差范围内（本书采用 1×10^{-6}），则重复步骤（3）、（4），否则转到步骤（6）。

(6) 若相邻 2 次迭代中 PV 节点电压的误差均不在允许的误差范围内（本书采用 5×10^{-5}），则修改 PV 节点无功功率，重复步骤（3）~（5），否则转到步骤（7）。

(7) 计算并输出相关结果。

五、节点编号

配电网的潮流计算中需要对网络的节点进行编号，甚至进行优化，节点编号的优劣会影响计算结果。目前，节点编号的方法主要有广度优先搜索编号法和深度优先搜索编号法两大类。

由于本文提出的算法采用网络技术，对节点和支路编号的要求不高，采用上述两种方法均可以，所以本文的潮流计算方法提高了节点和支路编号的灵活性。

第三节　算　例　分　析

一、IEEE30 节点系统

IEEE30 节点系统如图 4-5 所示，图中 1~30 为节点编号，L1~L41 为支路编号，系统中支路 L4、L6、L9、L14、L20、L25、L26、L29、L32、L39、L40 及 L41 为连支，其余为树支。利用本文提出的算法，IEEE30 节点系统的潮流及母线数据见表 4-1。

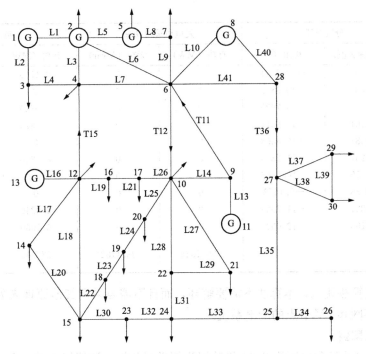

图 4-5　IEEE30 节点系统

表 4-1　　　　　　　　　　**IEEE30 节点系统潮流及母线电压**

母线号	母线电压		发电机输出功率		负荷功率	
	幅值（标幺值）	相角（°）	有功（MW）	无功（Mvar）	有功（MW）	无功（Mvar）
1	1.0500	0	138.1723	−0.2325	0	0
2	1.0338	−2.7263	57.5600	1.7036	0.2170	0.1270
3	1.0310	−4.6691	0	0	0.0240	0.0120
4	1.0259	−5.5926	0	0	0.0760	0.0160
5	1.0058	−8.9763	24.5600	21.9134	0.9420	0.1900
6	1.0222	−6.4597	0	0	0	0
7	1.0077	−8.0201	0	0	0.2280	0.1090
8	1.0230	−6.4448	35.0000	29.6761	0.3000	0.3000
9	1.0563	−8.1565	0	0	0	0
10	1.0723	−9.9298	0	0	0.0580	0.0200
11	1.0913	−6.3024	17.9300	18.6750	0	0
12	1.0542	−9.3093	0	0	0.1120	0.0750
13	1.0883	−8.1270	16.9100	26.6826	0	0
14	1.0396	−10.2200	0	0	0.0620	0.0160
15	1.0352	−10.3328	0	0	0.0820	0.0250
16	1.0433	−9.9200	0	0	0.0350	0.0180
17	1.0395	−10.2551	0	0	0.0900	0.0580
18	1.0267	−10.9478	0	0	0.0320	0.0090
19	1.0248	−11.1208	0	0	0.0950	0.0340
20	1.0292	−10.9235	0	0	0.0220	0.0070

母线号	母线电压		发电机输出功率		负荷功率	
	幅值（标幺值）	相角（°）	有功（MW）	无功（Mvar）	有功（MW）	无功（Mvar）
21	1.0597	−10.3841	0	0	0.1750	0.1120
22	1.0600	−10.3813	0	0	0	0
23	1.0248	−10.7925	0	0	0.0320	0.0160
24	1.0461	−10.8611	0	0	0.0870	0.0670
25	1.0381	−10.8303	0	0	0	0
26	1.0207	−11.2319	0	0	0.0350	0.0230
27	1.0415	−10.5666	0	0	0	0
28	1.0138	−7.1573	0	0	0	0
29	1.0221	−11.7529	0	0	0.0240	0.0090
30	1.0108	−12.6035	0	0	0.1060	0.0190
系统总功率			290.1323	98.4182	283.40	126.20

与前推回代算法相比，本算法不需要解环，而且不需要采用其他原理来处理多电源，很容易处理存在环网和 PV 节点的配电系统。

二、辐射式网络

以某县实际 10kV 配电网络 2008 年数据为例进行分析，该网络首端（节点 1）的最大负荷、中间负荷和最小负荷分别为 $P_{1max}+jQ_{1max}=2612.91kW+j1613.03kvar$、$P_{1med}+jQ_{1med}=1831.71kW+j1189.03kvar$ 和 $P_{1min}+jQ_{1min}=1442.87kW+j1171.45kvar$。其 10kV 网络系统如图 4-6 所示，图中数字为节点编号，各支路编号等于该支路末端节点的编号减 1，如支路 1 末端节点编号为 2，支路 8 末端节点编号为 9。不同负荷情况下的潮流计算结果分别见表 4-2～表 4-4。

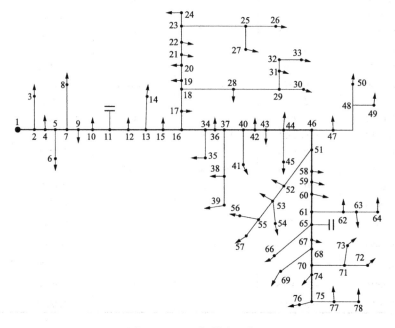

图 4-6 10kV 辐射式网络图

表 4-2　　　　　　　　　　　　辐射式网络母线电压

节点编号	最小负荷节点电压		中间负荷节点电压		最大负荷节点电压	
	幅值（kV）	相角（rad）	幅值（kV）	相角（rad）	幅值（kV）	相角（rad）
1	11	0	11	0	11	0
2	10.951 58	−0.000 94	10.944 73	−0.001 66	10.922 89	−0.002 49
3	10.951 51	−0.000 94	10.944 64	−0.001 65	10.922 76	−0.002 49
4	10.929 57	−0.001 38	10.9196	−0.002 42	10.887 84	−0.003 64
5	10.921 15	−0.001 55	10.91	−0.002 71	10.874 44	−0.004 08
6	10.921	−0.001 54	10.909 82	−0.0027	10.874 19	−0.004 08
7	10.911 67	−0.001 73	10.899 18	−0.003 04	10.859 34	−0.004 58
8	10.911 58	−0.001 73	10.899 06	−0.003 04	10.859 18	−0.004 58
9	10.903 32	−0.0019	10.889 64	−0.003 33	10.846 04	−0.005 02
10	10.892 45	−0.002 12	10.877 23	−0.003 71	10.828 73	−0.0056
11	10.885 23	−0.002 26	10.868 99	−0.003 96	10.817 23	−0.005 98
12	10.873 91	−0.002 45	10.856 14	−0.004 31	10.7995	−0.006 52
13	10.868 64	−0.002 53	10.850 17	−0.004 47	10.791 26	−0.006 78
14	10.868 49	−0.002 52	10.849 98	−0.004 47	10.791	−0.006 77
15	10.861 15	−0.002 65	10.841 67	−0.0047	10.779 53	−0.007 14
16	10.853 71	−0.002 77	10.833 22	−0.004 93	10.767 86	−0.0075
17	10.846 15	−0.002 51	10.824 17	−0.004 71	10.755 23	−0.007 25
18	10.841 71	−0.002 35	10.818 86	−0.004 59	10.7478	−0.007 11
19	10.839 17	−0.002 26	10.815 82	−0.004 52	10.743 55	−0.007 03
20	10.8371	−0.002 19	10.813 34	−0.004 46	10.740 08	−0.006 96
21	10.831 58	−0.002	10.806 74	−0.0043	10.730 86	−0.006 78
22	10.830 17	−0.001 95	10.805 05	−0.004 26	10.728 51	−0.006 74
23	10.829 21	−0.001 91	10.803 91	−0.004 24	10.7269	−0.006 71
24	10.828 89	−0.0019	10.803 51	−0.004 23	10.726 36	−0.006 69
25	10.8287	−0.001 89	10.803 29	−0.004 22	10.726 04	−0.006 69
26	10.828 66	−0.001 89	10.803 24	−0.004 22	10.725 97	−0.006 69
27	10.828 33	−0.001 88	10.802 85	−0.004 21	10.725 43	−0.006 68
28	10.840 87	−0.002 32	10.817 86	−0.004 57	10.7464	−0.007 08
29	10.840 41	−0.002 32	10.817 32	−0.004 57	10.745 66	−0.007 09
30	10.840 27	−0.002 32	10.817 16	−0.004 57	10.745 44	−0.007 09
31	10.8403	−0.002 32	10.817 19	−0.004 57	10.745 48	−0.007 09
32	10.840 27	−0.002 31	10.817 15	−0.004 56	10.745 42	−0.007 08
33	10.840 23	−0.002 31	10.8171	−0.004 56	10.745 36	−0.007 08
34	10.849 47	−0.002 84	10.8284	−0.005 06	10.7612	−0.0077
35	10.848 99	−0.002 84	10.827 85	−0.005 06	10.760 45	−0.007 71
36	10.846 65	−0.002 89	10.825 19	−0.005 15	10.756 77	−0.007 84
37	10.842 99	−0.002 95	10.821 04	−0.005 27	10.751 02	−0.008 03
38	10.839 55	−0.002 93	10.817 04	−0.005 28	10.745 51	−0.008 06
39	10.838 65	−0.002 92	10.816	−0.005 28	10.744 07	−0.008 07
40	10.838 58	−0.003 04	10.816 01	−0.005 42	10.744 03	−0.008 26

续表

节点编号	最小负荷节点电压		中间负荷节点电压		最大负荷节点电压	
	幅值（kV）	相角（rad）	幅值（kV）	相角（rad）	幅值（kV）	相角（rad）
41	10.838 53	−0.003 04	10.815 96	−0.005 42	10.743 96	−0.008 26
42	10.835 27	−0.0031	10.812 25	−0.005 53	10.7388	−0.008 43
43	10.830 93	−0.003 18	10.8073	−0.005 68	10.731 92	−0.008 65
44	10.828 77	−0.003 22	10.804 84	−0.005 75	10.7285	−0.008 77
45	10.817 21	−0.003 13	10.791 45	−0.005 78	10.710 03	−0.008 89
46	10.825 81	−0.0033	10.801 44	−0.005 87	10.7237	−0.008 95
47	10.825 37	−0.003 28	10.800 92	−0.005 86	10.722 97	−0.008 94
48	10.825 22	−0.003 28	10.800 74	−0.005 86	10.722 72	−0.008 93
49	10.825 17	−0.003 28	10.800 68	−0.005 86	10.722 63	−0.008 93
50	10.8252	−0.003 28	10.800 71	−0.005 86	10.722 68	−0.008 93
51	10.819 98	−0.003 41	10.794 65	−0.006 07	10.714 04	−0.009 24
52	10.819 45	−0.003 39	10.794 02	−0.006 06	10.713 15	−0.009 22
53	10.819 19	−0.003 39	10.793 71	−0.006 05	10.712 72	−0.009 22
54	10.819 15	−0.003 38	10.793 66	−0.006 05	10.712 65	−0.009 21
55	10.818 71	−0.003 37	10.793 13	−0.006 04	10.711 91	−0.0092
56	10.8186	−0.003 36	10.793	−0.006 04	10.711 73	−0.0092
57	10.818 64	−0.003 37	10.793 05	−0.006 04	10.711 79	−0.0092
58	10.819 08	−0.003 43	10.7936	−0.006 11	10.712 53	−0.009 29
59	10.817 32	−0.003 47	10.791 54	−0.006 18	10.709 57	−0.009 39
60	10.815 62	−0.003 51	10.789 56	−0.006 24	10.706 72	−0.009 48
61	10.8121	−0.0036	10.785 43	−0.006 39	10.700 77	−0.009 68
62	10.810 44	−0.003 54	10.783 44	−0.006 34	10.697 99	−0.009 63
63	10.808 84	−0.003 49	10.781 53	−0.006 29	10.695 32	−0.009 58
64	10.808	−0.003 46	10.780 52	−0.006 27	10.693 91	−0.009 55
65	10.811	−0.003 64	10.784 12	−0.006 44	10.698 84	−0.009 76
66	10.810 64	−0.003 63	10.783 69	−0.006 43	10.698 24	−0.009 75
67	10.8106	−0.003 64	10.783 67	−0.006 45	10.698 22	−0.009 77
68	10.810 28	−0.003 64	10.783 31	−0.006 45	10.697 72	−0.009 78
69	10.810 26	−0.003 64	10.783 28	−0.006 45	10.697 69	−0.009 78
70	10.809 15	−0.003 73	10.782 14	−0.006 57	10.696 19	−0.009 95
71	10.809 04	−0.003 73	10.782 01	−0.006 57	10.696 01	−0.009 95
72	10.809 01	−0.003 73	10.781 97	−0.006 57	10.695 95	−0.009 95
73	10.808 85	−0.003 72	10.781 78	−0.006 57	10.695 69	−0.009 94
74	10.807 71	−0.003 74	10.780 49	−0.0066	10.693 94	−0.01
75	10.807 42	−0.003 74	10.780 16	−0.0066	10.693 48	−0.010 01
76	10.8074	−0.003 74	10.780 15	−0.0066	10.693 46	−0.010 01
77	10.807 15	−0.003 74	10.779 86	−0.006 61	10.693 07	−0.010 01
78	10.807 08	−0.003 74	10.779 78	−0.006 61	10.692 96	−0.010 02

表 4-3 　　　　　　　　　　　　　**辐射式网络功率分布**

支路编号	最小负荷功率分布		中间负荷功率分布		最大负荷功率分布	
	有功（kW）	无功（kvar）	有功（kW）	无功（kvar）	有功（kW）	无功（kvar）
1	1442.87	1171.45	1831.71	1189.03	2612.91	1613.03
2	19.595 38	18.644 46	24.869 48	18.848 54	35.421 94	24.501 78
3	1418.025	1146.292	1799.593	1161.188	2563.158	1570.747
4	1412.738	1140.583	1792.619	1154.338	2551.429	1559.113
5	4.888 03	4.645 223	6.202 584	4.690 65	8.825 887	6.084 244
6	1406.952	1134.823	1785.176	1148.108	2540.149	1549.984
7	4.884 662	4.640 27	6.197 979	4.683 953	8.816 666	6.071 401
8	1401.06	1128.933	1777.586	1141.697	2528.579	1540.496
9	1397.245	1125.054	1772.646	1137.374	2520.873	1533.859
10	1391.219	1118.999	1764.87	1130.734	2508.934	1523.916
11	1390.687	1218.991	1764.219	1230.215	2507.455	1621.64
12	1384.591	1212.85	1756.378	1223.495	2495.441	1611.606
13	4.869 073	4.618 101	6.176 777	4.654 058	8.774 606	6.014 096
14	1379.155	1207.527	1749.431	1217.885	2485.168	1603.731
15	1370.564	1199.146	1738.462	1209.092	2469.015	1591.487
16	162.4407	153.9934	206.053	155.1084	292.5805	200.2251
17	157.428	149.3205	199.685	150.3813	283.4404	194.0714
18	119.4621	113.3451	151.5239	114.1413	215.035	147.2795
19	116.5112	110.565	147.7786	111.3366	209.6955	143.6477
20	111.6275	105.946	141.5825	106.6814	200.8842	137.6314
21	101.8502	96.703 81	129.177	97.365 44	183.2361	125.5882
22	96.983 04	92.091 69	123.0028	92.719 42	174.4668	119.5895
23	41.212 83	39.136 89	52.269 56	39.402 99	74.135 73	50.820 26
24	55.758 53	52.949 91	70.717 65	53.309 92	100.3013	68.756 82
25	2.908 953	2.762 526	3.689 366	2.781 283	5.232 632	3.587 112
26	52.845 98	50.185 88	67.023 08	50.526 64	95.059 48	65.165 88
27	37.878 23	35.938 69	48.044 17	36.191 14	68.181 84	46.698 38
28	33.018 58	31.329 72	41.880 04	31.549 32	59.431 74	40.707 71
29	9.710 902	9.214 251	12.317 07	9.278 715	17.478 79	11.971 91
30	23.306 17	22.1142	29.560 96	22.268 92	41.9491	28.732 58
31	7.768 617	7.371 357	9.853 514	7.422 914	13.982 77	9.577 415
32	15.537 23	14.742 71	19.707 03	14.845 83	27.965 53	19.154 83
33	1207.328	1044.166	1531.33	1052.644	2174.334	1388.655
34	155.5814	147.47	197.3479	148.5146	280.183	191.6558
35	1051.348	896.2024	1333.44	903.4584	1893.093	1195.69
36	1046.258	891.3108	1326.962	898.4309	1883.728	1188.945
37	210.4179	199.4027	266.8967	200.7669	378.8475	258.9664
38	54.893 85	52.023 05	69.626 84	52.374 05	98.819 67	67.544 07
39	835.5442	691.5419	1059.661	697.1643	1504.091	929.0006
40	2.914 762	2.761 717	3.697 032	2.780 143	5.247 028	3.584 911

支路编号	最小负荷功率分布		中间负荷功率分布		最大负荷功率分布	
	有功（kW）	无功（kvar）	有功（kW）	无功（kvar）	有功（kW）	无功（kvar）
41	832.3464	688.429	1055.576	693.9018	1498.079	924.4665
42	822.4219	678.9652	1042.966	684.2801	1480.025	911.8188
43	817.2927	674.0262	1036.431	679.1846	1470.546	904.9343
44	388.3514	367.8236	492.5516	370.139	698.8369	476.94
45	423.9515	301.4368	537.5366	304.1882	762.6072	421.5782
46	50.960 93	48.259 78	64.633 15	48.557 44	91.692 73	62.5536
47	17.471 36	16.545 81	22.158 66	16.647 73	31.435 06	21.445 93
48	12.617 96	11.949 65	16.003 16	12.023 23	22.702 49	15.488 47
49	4.853 063	4.596 02	6.155 06	4.624 318	8.731 727	5.957 104
50	372.8982	253.0623	472.7725	255.4683	670.6501	358.6967
51	57.730 79	54.658 39	73.215 87	54.9825	103.8454	70.799 91
52	55.786 53	52.819 57	70.749 87	53.132 28	100.3453	68.416 12
53	9.701 693	9.185 882	12.303 91	9.240 222	17.450 56	11.898 12
54	46.083 04	43.632 94	58.443 56	43.891 05	82.890 15	56.516 07
55	30.558 48	28.934 75	38.754 84	29.105 67	54.964 55	37.477 11
56	15.521 77	14.697 02	19.685	14.783 83	27.9185	19.035 99
57	314.9951	198.2253	399.3106	200.2306	566.3047	287.3781
58	310.122	193.6097	393.1265	195.5777	557.5136	281.3618
59	300.3786	184.3821	380.7622	186.2769	539.9393	269.3387
60	290.6393	175.1595	368.4037	176.9829	522.377	257.3291
61	77.094 33	72.963 78	97.7655	73.3708	138.6212	94.420 01
62	74.169 67	70.203 98	94.055 63	70.593 47	133.3508	90.8405
63	35.381 37	33.493 36	44.866 75	33.6779	63.606 77	43.334 63
64	213.4654	102.1132	270.5223	103.4919	383.5169	162.6613
65	96.966 83	91.764 55	122.9658	92.272 16	174.344	118.7326
66	116.8457	110.5769	148.1738	111.1879	210.0845	143.0728
67	92.600 67	87.632 34	117.428	88.115 39	166.4901	113.381
68	4.848 034	4.587 909	6.147 882	4.613 183	8.716 415	5.935 818
69	87.750 04	83.041 74	111.2767	83.498 62	157.7671	107.4383
70	17.452 61	16.513 14	22.131 96	16.603 02	31.378 31	21.360 45
71	9.695 766	9.173 912	12.295 36	9.223 827	17.432 06	11.866 78
72	7.756 613	7.339 13	9.836 288	7.379 062	13.945 65	9.493 422
73	70.295 88	66.511 85	89.142 63	66.873 27	126.3849	86.035 15
74	50.897 59	48.157 18	64.5429	48.4165	91.503 51	62.284 15
75	4.847 206	4.586 213	6.146 777	4.610 924	8.714 304	5.931 495
76	46.049 08	43.569 62	58.394 39	43.803 77	82.785 88	56.349 21
77	15.5107	14.675 51	19.669 21	14.754 46	27.884 85	18.979 83

表 4-4　　　　　　　　　　　　　　　　　**辐射式网络功率损耗分布**

支路编号	最小负荷功率分布		中间负荷功率分布		最大负荷功率分布	
	有功（kW）	无功（kvar）	有功（kW）	无功（kvar）	有功（kW）	无功（kvar）
1	3.030 902	3.760 792	4.184 576	5.192 29	8.273 733	10.266 18
2	0.000 109	0.000 046	0.000 145	0.000 061	0.000 278	0.000 116
3	1.358 409	1.685 536	1.876 42	2.328 293	3.711 69	4.605 525
4	0.518 416	0.643 259	0.716 163	0.888 626	1.416 715	1.757 883
5	0.000 053	0.000 022	0.000 07	0.000 029	0.000 135	0.000 056
6	0.581 702	0.721 785	0.803 692	0.997 234	1.590 045	1.972 953
7	0.000 035	0.000 014	0.000 046	0.000 019	0.000 088	0.000 037
8	0.511 216	0.633 582	0.7064	0.875 485	1.397 717	1.732 277
9	0.663 232	0.822 95	0.916 528	1.137 243	1.813 611	2.250 358
10	0.438 854	0.544 537	0.606 536	0.7526	1.200 342	1.489 404
11	0.707 19	0.877 493	0.959 42	1.190 464	1.867 154	2.316 795
12	0.327 629	0.406 91	0.444 512	0.552 076	0.865 129	1.074 475
13	0.000 055	0.000 023	0.000 073	0.000 031	0.000 14	0.000 059
14	0.464 637	0.576 529	0.630 437	0.782 257	1.227 059	1.522 555
15	0.459 214	0.5698	0.623 144	0.773 208	1.212 983	1.505 089
16	0.088 778	0.037 13	0.118 313	0.049 483	0.226 293	0.094 644
17	0.050 629	0.021 172	0.067 473	0.028 216	0.129 053	0.053 967
18	0.022 019	0.009 206	0.029 344	0.012 268	0.056 125	0.023 465
19	0.017 488	0.007 313	0.023 306	0.009 746	0.044 576	0.018 64
20	0.044 62	0.018 663	0.059 464	0.024 871	0.113 735	0.047 571
21	0.010 413	0.004 355	0.013 877	0.005 803	0.026 543	0.0111
22	0.006 746	0.002 821	0.008 99	0.003 76	0.017 195	0.007 191
23	0.000 975	0.000 408	0.0013	0.000 543	0.002 486	0.001 039
24	0.002 077	0.000 867	0.002 768	0.001 156	0.005 295	0.002 211
25	0.000 092	0.000 004	0.000 012	0.000 005	0.000 023	0.000 098
26	0.001 42	0.000 594	0.001 893	0.000 791	0.003 62	0.001 514
27	0.002 296	0.000 96	0.003 06	0.001 28	0.005 853	0.002 448
28	0.000 873	0.000 73	0.001 163	0.000 973	0.002 224	0.001 86
29	0.000 076	0.000 063	0.000 101	0.000 084	0.000 192	0.000 161
30	0.000 181	0.000 076	0.000 242	0.000 101	0.000 462	0.000 193
31	0.000 018	0.000 008	0.000 024	0.000 01	0.000 046	0.000 019
32	0.000 081	0.000 034	0.000 107	0.000 045	0.000 205	0.000 086
33	0.229 998	0.284 794	0.312 882	0.387 424	0.610 457	0.755 895
34	0.004 242	0.003 384	0.005 654	0.004 509	0.010 814	0.008 625
35	0.132 418	0.164 307	0.180 702	0.224 218	0.353 58	0.438 728
36	0.170 748	0.211 428	0.233 034	0.288 553	0.456 026	0.564 672
37	0.041 793	0.033 311	0.055 697	0.044 392	0.106 53	0.084 908
38	0.002 846	0.002 269	0.003 793	0.003 023	0.007 255	0.005 783
39	0.163 434	0.202 792	0.224 438	0.278 487	0.441 669	0.548 03
40	0.000 003	0.000 011	0.000 004	0.000 015	0.000 007	0.000 029

续表

支路编号	最小负荷功率分布		中间负荷功率分布		最大负荷功率分布	
	有功（kW）	无功（kvar）	有功（kW）	无功（kvar）	有功（kW）	无功（kvar）
41	0.121 837	0.150 972	0.167 332	0.207 347	0.329 323	0.408 074
42	0.158 242	0.196 35	0.217 412	0.269 768	0.428 023	0.531 098
43	0.078 134	0.096 95	0.107 369	0.133 226	0.211 416	0.262 328
44	0.258 81	0.206 186	0.344 91	0.274 779	0.659 698	0.525 561
45	0.053 387	0.066 233	0.075 595	0.093 786	0.152 615	0.189 34
46	0.001 618	0.000 677	0.002 157	0.000 902	0.004 125	0.001 725
47	0.000 19	0.000 08	0.000 254	0.000 106	0.000 485	0.000 203
48	0.000 046	0.000 019	0.000 061	0.000 026	0.000 117	0.000 049
49	0.000 009	0.000 004	0.000 012	0.000 005	0.000 023	0.000 01
50	0.099 475	0.103 172	0.142 082	0.147 362	0.288 737	0.299 468
51	0.002 224	0.000 929	0.002 964	0.001 238	0.005 67	0.002 367
52	0.001 04	0.000 435	0.001 386	0.000 58	0.002 652	0.001 11
53	0.000 028	0.000 012	0.000 038	0.000 016	0.000 072	0.000 03
54	0.001 609	0.000 673	0.002 145	0.000 897	0.004 102	0.001 716
55	0.000 242	0.000 102	0.000 322	0.000 136	0.000 616	0.000 261
56	0.000 081	0.000 034	0.000 107	0.000 045	0.000 205	0.000 086
57	0.012 739	0.013 213	0.018 438	0.019 123	0.037 828	0.039 234
58	0.024 59	0.025 504	0.035 638	0.036 962	0.073 182	0.0759
59	0.022 861	0.023 711	0.033 225	0.034 459	0.068 358	0.070 897
60	0.045 908	0.047 615	0.066 918	0.069 406	0.137 953	0.143 081
61	0.009 279	0.003 881	0.012 366	0.005 172	0.023 651	0.009 893
62	0.008 592	0.003 594	0.011 45	0.004 789	0.0219	0.009 16
63	0.002 163	0.000 904	0.002 882	0.001 205	0.005 512	0.002 305
64	0.010 315	0.010 698	0.015 531	0.016 108	0.032 637	0.033 85
65	0.002 516	0.001 052	0.003 353	0.001 402	0.006 414	0.002 682
66	0.002 384	0.002 473	0.003 177	0.003 295	0.006 077	0.006 303
67	0.001 498	0.001 553	0.001 996	0.002 07	0.003 817	0.003 959
68	0.000 006	0.000 003	0.000 008	0.000 004	0.000 016	0.000 007
69	0.000 895	0.009 672	0.001 193	0.012 889	0.002 282	0.024 653
70	0.000 136	0.000 057	0.000 181	0.000 076	0.000 346	0.000 145
71	0.000 025	0.000 011	0.000 034	0.000 014	0.000 064	0.000 027
72	0.000 107	0.000 045	0.000 143	0.000 06	0.000 273	0.000 114
73	0.005 178	0.005 368	0.006 901	0.007 154	0.013 199	0.013 683
74	0.000 754	0.000 782	0.001 005	0.001 042	0.001 921	0.001 993
75	0.000 005	0.000 002	0.000 007	0.000 003	0.000 013	0.000 006
76	0.000 617	0.000 64	0.000 822	0.000 853	0.001 573	0.001 631
77	0.000 057	0.000 059	0.000 076	0.000 079	0.000 146	0.000 151

第五章　电　源　规　划

第一节　发　电　厂　规　划

发电厂规划是一项政策性强、涉及面广的综合性工作，是地区动力发展规划的重要环节。其规划步骤和要求完成的内容大致归纳如下：

（1）根据规划地区电力负荷的发展水平、分布及现有地方电站和国家电网的供电能力进行初步电力电量平衡，估算出规划期内电力电量余缺情况，以及在规划年限内需要增加的发电设备总容量或需要国家电网以及地方电站向该地区供电的容量。

（2）根据国家的能源政策，结合本地区动力资源情况和现有区域电力系统的分布，提出几个电源布点方案，进行技术经济比较。

（3）根据推荐的电源布点方案，再进行电力电量平衡，以便按照逐年的负荷发展确定电站装机容量、进度和建设规模。在电力电量平衡中，国家电网供电方案以电力平衡为主，电量平衡为辅；地方电站供电方案均应进行电力电量平衡。

（4）在电力电量平衡的基础上，进行无功电力平衡，确定无功需求容量，选择无功电源。

在配电网中，按照使用能源的种类，发电大致分为水力发电、火力发电和其他新能源发电。另外，在能源需求与环境保护的双重压力下，出现了分布式发电系统，分布式电源（Distributed Generation，DG）逐渐接入配电网中，而且 DG 接入配电网的比例不断增加。

一、水力发电

水力发电站就其性能来看，可分为自流式和水库式，它们在运行上有下列特性。

1. 自流式

在自流式中还可分为径流式与调节水库式。

（1）径流式。因为没有调节水库，而是直接使用河流中的水发电，所以直接受其流量的影响。因其流量呈季节性变化，且每个年度有所变动，不能按照负荷的变化来调节出力，所以这种水电站主要用来负担基荷以便有效地利用来水。

（2）调节水库式。用调节水库可对来水流量进行时间上的调节，故能调节出力。能够适应调节容量较大的水电站，还可随着负荷的微小变化来改变出力，用作调频或者作为备用。

2. 水库式

这是一种可长期进行流量调节的方式，具有在丰水期蓄水和在枯水期放流的功能，大多数是按照每年的水库运用计划运行。与调节水库式相比，该方式很少因流入量的变化而直接影响发电。

调节水库式、水库式这两种方式与径流式不同，它们容易起停和调节出力，在应付负荷变化方面有优越性。

二、火力发电

火力发电如果以其消耗的燃料种类来看，可分为煤炭、液化天然气、液化石油气，其他还有可燃气、石油（重油和原油）。目前使用燃料发电有下列特点：

（1）燃煤发电。因其运行费用低廉，考虑到经济性，这种发电方式主要是担负基荷。

（2）液态气体发电。这种发电方式必须要考虑到每年燃料资源的局限性，因此必须按燃料资源来运行。

（3）燃油发电。目前，这种发电方式仍占火力发电的一部分，但是有其局限性。从摆脱石油的观点来看，这种发电方式应尽可能减少，其方向应是其他电源供不应求时，才用它来加以补充。

此外，火力发电还有下列特点：①在保证设备安全方面，必须进行定期检修（汽轮机每两年一次，锅炉每年一次），检修时间较长，对电力供应影响颇大；②计划外停机的可能性要比水力发电大，在保持供需平衡，决定设备容量时，它是一个很重要的因素；③在出力变化速度和幅度上均有限制，起停机时需要时间，且伴有热能损失；④最小出力限制，一般为最大出力的 $1/5 \sim 1/2$。

三、新能源发电

目前已经开始使用或正在开发使用的新能源有海洋能发电、地热发电、太阳能发电、风能发电、生物质能发电和其他能源发电。新能源属于可再生能源，普遍具有污染小、储量大的特点，对于解决当今世界严重的环境污染问题和资源（特别是化石能源）枯竭问题具有重要意义，对于解决由能源引发的战争也有着重要意义。随着新能源的不断开发，小型、分散的风力发电、太阳能发电、潮汐发电、地热发电以及生物质能发电等发展迅速，为我国电力事业的发展注入了新鲜的血液，同时也为我国解决偏远地区（比较缺乏矿物资源和水利资源）、广大农村、牧区和众多的山峦及岛屿的供用电问题提供了好途径。

2010 年仍是可再生能源快速增长的一年。2011 年 6 月 8 日 BP 公司发布的《2011 年世界能源统计报告》称，2010 年全球生物质燃料的产量同比增长 13.8%，主要来自于美国和巴西。可再生能源电力（包括风能、太阳能、地热能和生物质能）同比增长 15.5%，其中经合组织（OECD）国家占据了大多数的增量，而中国可再生能源电力同比增长 75%，增量仅次于美国。

2010 年可再生能源电力在全球能源消费中的贡献达 1.3%，高于 2000 年的 0.6%。2010 年可再生能源约占 OECD 国家能源消费的 2.2%，而非经合组织国家的数据为0.6%。整体来看，可再生能源所占份额仍然较小，但是在一些国家可再生能源发电在一次能源消费中占了很大比例。有 8 个国家可再生能源电力在能源消费中占比超过 5%，其中丹麦更以 13.1% 的比例领先。图 5-1 为 1990～2010 年世界各地区水力以外其他可再

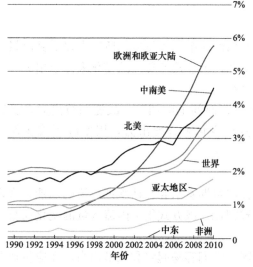

图 5-1　1990～2010 年世界各地区水力以外其他可再生能源发电所占份额

生能源发电所占份额。

表 5-1 是 2010 年世界各国水力以外其他可再生能源消费量统计。能源消耗趋势也反映了在推进可再生能源方面，发展中国家越来越重要。总的来说，发展中国家现在占促进可再生能源发电推行某些政策的国家近一半，总发电能力已经超过全球可再生能源发电能力的一半。当前，中国在市场增长几个方面已领先于世界。印度的总风力发电能力在世界上排名第五，并且正在迅速扩大多种形式的农村可再生能源，如沼气和光伏发电；而巴西已经成为全球第一大乙醇燃料生产国，并且还在增加新的生物质和风力发电设施。阿根廷、哥斯达黎加、埃及、印度尼西亚、肯尼亚、坦桑尼亚、泰国、突尼斯和乌拉圭等国可再生能源市场也在快速增长。

表 5-1 2010 年世界各国水力以外其他可再生能源消费量统计

地区/国家	消费量/百万吨油当量	所占份额（%）	地区/国家	消费量/百万吨油当量	所占份额（%）
美国	39.1	24.7	瑞典	4.3	2.7
德国	18.6	11.7	欧洲和欧亚大陆合计	69.6	43.9
西班牙	12.4	7.8	北美合计	44.2	27.9
中国	12.1	7.6	亚太地区合计	32.6	20.5
巴西	7.9	5.0	中南美洲合计	11.1	7.0
意大利	5.6	3.5	非洲合计	1.1	0.7
日本	5.1	3.2	中东合计	0.1	—
印度	5.0	3.2	世界总计	158.6	100.0
英国	4.9	3.1			

联合国政府间气候变化专门委员会（IPCC）2011 年 6 月在阿联酋首都阿布扎比发布《可再生能源特别报告》称，到 2050 年，生物能、太阳能、风能、水能、地热能及海洋能等六大可再生能源，将有望满足全球近八成的能源需求。联合国气候变化秘书处负责人菲格雷斯表示，报告强调了可再生能源在减少温室气体排放以及改善全球人类生活方面的潜能是不可替代的。

据统计，至 2010 年 9 月，至少有 83 个国家（41 个发达国家/转型期国家和 42 个发展中国家）拥有促进可再生能源发电的相关政策。10 个最常见的政策类型是上网电价（FiTs）、可再生能源使用标准、投资补贴或拨款、投资税收抵免、销售税或增值税优惠减免、绿色证书交易、直接能源生产付款或税收抵免、净计量、直接公共投资或融资，以及公开竞争性招标。

联合国环境规划署 2011 年 7 月初发布报告，称全球可再生能源投资 2010 年同比增长 32% 达 2110 亿美元，中国风电和欧洲太阳能大发展是其推动因素。中国可再生能源行业总投资已从 2002 年的 1.63 亿美元上升到 2009 年的 114.8 亿美元，年均增长率为 84%。预计政府的支持将会拉动中国可再生能源部门的未来投资，到 2015 年将达 422.5 亿美元。

联合国于 2011 年 5 月 7 日发布 2050 年世界能源结构预估报告，认为来自太阳能、风能、水力和生物质能的可再生电力将是 2050 年地球上能源供应的重要组成部分。

1. 风力发电

风能不仅可作为一次动力资源利用，而且还可利用风能发电，来解决人口稀少、居民分散、用电负荷小的沿海、岛屿以及内地牧区居民的用电问题。

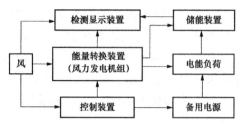

图 5-2　典型风力发电系统图

风力发电系统是将风能转换为电能的机械、电气及其控制设备的组合。典型风力发电系统如图 5-2 所示。

（1）风力发电现状。我国并网型风力发电自上世纪 80 年代开始起步，到 2002 年底，装机已达到 470MW。自 2005 年 2 月 28 日全国人大通过了《可再生能源法》后，我国风电进入了一个新的发展时期。至 2005 年底，有 15 个省、市、自治区建设了 61 个风电场，总装机容量达到 126 万 kW，其中在我国国内生产的 600kW 和 750kW 风电机组占当年新装机容量的 28％。2006 年，《可再生能源法》开始正式实施，为风电的发展提供了法律保障。

2003 年以来，我国风电装机容量年均增长率达到 70％以上。到 2009 年底，全国风电建设总容量为 2268 万 kW，已并网运行容量为 1767 万 kW，总吊装容量达到 2412 万 kW。

我国在海上风电工程实践和并网技术方面具有一定基础。2010 年 6 月 8 日，亚洲第 1 个海上风电项目——上海东大桥海上风电场，34 台 3MW 机组全部投运，采用常规交流技术并网。2010 年 6 月，采用中国电科院自主研发技术的南汇海上风电场 VSC-HVDC 并网工程开工建设，该工程也是欧洲以外首个采用 VSC-HVDC 技术的海上风电并网工程。

目前，风电的最新发展目标是到 2015 年全国风电规划装机 9000 万 kW，其中海上风电 500 万 kW，到 2020 年全国风电规划装机 1.5 亿 kW，其中海上风电 3000 万 kW。未来出台的规划将强调电网输配能力与风电发展规划协调发展，在建设风电电源时，必须考虑电网配套建设。

在近海建设大型风电场，也是充分利用风能的重要途径。根据国家气象科学院的估算，中国陆地地面 10m 高度层风能的理论可开发量为 16 亿 kW，实际可开发电量约为 2.53 亿 kW。海上风能储量是陆地风能储量的 3 倍。同等容量装机，海上比陆上成本增加 60％，但电量增加 50％以上。并且，每向海洋前进 10km，风力发电量增加 30％左右。

欧洲是海上风电的主要市场，占全球海上风电装机总容量的 90％。2010 年，欧洲海上风电快速发展，全年新增海上风电装机达 88.3 万 kW，占欧洲全年风电总装机容量的 9.5％，同比增长 51％。截至 2010 年年底，欧洲各国海上风电装机达 294.6 万 kW，英国 Thanet 风电场（装机容量 30 万 kW）是全球最大的海上风电场。

2010 年是海上风电加快发展的一年。2010 年 1 月，英国 CrownEstate 公司的三期项目投运。通过位于北海的海上风电场与英国电网并网，增加 32GW 的发电量，其中 Dogger Bank 9GW、Norfolk Bank7.2GW 和 Irish Sea4.2GW，成为 2010 年最大的海上风电项目。2010 年 E.ON 能源公司在丹麦现有海上风电场的基础上投运了 Rfdsand II 海上风电项目，装机容量为 207MW；2010 年 4 月 E.ON 公司再次建成 Robin Rigg 海上风电场，装机容量为 180MW。

近年来，欧洲海上风电发展迅猛，在并网技术、工程建设、政策构建等方面积累了大量经验，对我国未来海上风电的有序开发、合理消纳具有良好的借鉴意义。

我国海上风能资源丰富，有关省市开发热情高，政府积极推动，我国近海 10m 水深的风能资源约 1 亿 kW，近海 20m 水深风能资源约 3 亿 kW，近海 30m 水深风能资源约 4.9 亿 kW。江苏、浙江等东部沿海地区距负荷中心近，具备大规模发展的资源条件和市场需求。国家能源局也通过特许权招标方式积极推动我国海上风电的发展。根据江苏千万千瓦级海上风电基地规划，到 2020 年，江苏近海风电将达到 700 万 kW，占全省总装机容量的 3.5%，远期将建成 1800 万 kW。

2010 年 11 月，美国投运了 Roscoe 陆地风力发电场，总装机容量 781.5MW，超过了之前最大陆地风电场 Horse Hollow 风电场的 735.5MW，成为世界最大的陆地风电场。

(2) 国外的主要发展趋势。主要如下：①更大的规模；②高度优化的叶片空气动力学和结构；③更多的变速类型；④海上风场市场份额增加；⑤直驱和混合传动系统；⑥向更加智能化系统方向发展，特别是系统载荷和振动的主动控制。

(3) 国内的主要发展趋势。主要如下：①单机容量不断增大，利用效率提高；②机组桨叶增长，具有更大捕捉风能的能力，在风机尤其是叶片设计和制造过程中，广泛采用新技术和材料，既可减轻重量、降低费用，又可提高效率；③塔架高度上升，在 50m 高度捕捉的风比 30m 高处多 20%；④变桨距调节方式迅速取代失速功率调节方式；⑤海上风力发电技术取得进展。

我国风电开发要实现大中小、分散与集中、陆地与海上开发相结合，通过风电开发和建设，促进风电技术进步和产业发展，实现风电设备制造自主化，尽快使风电具有市场竞争力，力争 2020 年我国风电技术达到世界领先水平。在"三北"（西北、华北北部和东北）等风资源富集地区，建设大型和特大型风电场，同步开展电力外送和市场消纳研究。发展海上风电坚持海洋规划先行，避免无序发展，充分利用各地的风能资源，因地制宜地发展中小型风电场，发展低速风机，就近上网本地消纳。在偏远地区，因地制宜发展离网风电。规划 2015 年和 2020 年风电装机分别为 1 亿 kW 和 1.8 亿 kW。

(4) 国际上建立大规模且稳定的风电市场的经验。国际上建立大规模且稳定的风电市场的经验见表 5-2。

表 5-2　　　　　　　　　　国际上建立大规模且稳定的风电市场的经验

国家	用什么政策启动了市场	目前用什么政策推动市场继续发展	国家	用什么政策启动了市场	目前用什么政策推动市场继续发展
德国	固定上网电价	固定上网电价	意大利	固定上网电价	配额值
西班牙	固定上网电价	固定上网电价	荷兰	固定上网电价	补贴
美国	固定上网电价	税收优惠＋配额值	日本	混合政策	配额值
印度	税收优惠＋固定上网电价	混合政策	英国	招标＋配额值	配额值
丹麦	固定上网电价	补贴	中国	混合政策	特许权＋上网电价

表 5-2 中，配额制能有确定的目标，但必须建立配套的绿色证书交易体系，管理复杂，可操作性差。

固定电价的方式虽然在确定合理电价方面比较困难，但是对投资者有相当的吸引力，可以促进风电市场迅速增长，带动风电设备产业发展和技术进步，使风电成本下降。到目前为止，固定上网电价最为成功，其他方法效果稍差。

2. 太阳能发电

巨大的太阳能是地球上万物生长之源，充分利用太阳能具有持续功能和环保双重的意义。我国西藏、青海、新疆、甘肃、宁夏和内蒙古属太阳能资源丰富地区，除四川盆地和贵州省稍差外，东部和南部及东北等其他地区为资源较丰富的中等地区。在"8·14"美国、加拿大停电以及美国"9·11"事件后，提醒人们不能过分依赖常规能源集中供电这种方式，太阳能的分布能源系统受到重视。"到处阳光到处电"是倡导利用绿色能源的主题。

我国规划 2020 年太阳能发电容量达到 25000MW 左右。

太阳能发电的方式主要有通过太阳能热发电的塔式发电、抛物面聚光发电、太阳能烟囱发电、热离之发电、热光伏发电、温差发电等，以及不通过热过程发电的光伏发电、光感应发电、光化学发电及光生物发电等。

下面主要介绍太阳能光伏发电和太阳能热发电。

(1) 太阳能光伏发电。太阳能光伏电源的基本原理是利用太阳能光伏电池板将太阳能转换为电能。由于太阳能取之不尽，到处可得，且不需要燃料，系统无传动部件，使用、维护管理方便，不需架设输电线路，建设周期短，组装后便可送电及发电时不用水等特点，所以非常适合沙漠、干旱、丘陵、山区及远离电网的农村使用。

世界主要发达国家光伏产业发展迅速，都是依靠结合本国实际情况的相关政策推动的。主要发达国家都制定了优惠上网电价，对发电企业和安装太阳能发电设备的居民提供补贴等，提高了企业和居民安装太阳能的积极性，使光伏产业进入高速发展期。这些在以德国、美国、西班牙、希腊、日本为代表的发达国家的能源政策中有具体体现。

我国正处于光伏产业的快速发展阶段，到 2010 年，我国光伏电池制造业已经在全球范围内占据半壁江山，但是我国光伏发电装机规模还很小，与我国光伏电池制造业的快速发展不成比例。目前，我国光伏发电主要用于解决偏远地区无电人口的用电问题。我国生产的光伏电池九成以上都出口到国外市场，例如，2008 年光伏电池产量的绝大部分（约 98%）都用于出口。以 1MW 光伏电池需多晶硅 10～11t 计算，2007 年国内多晶硅需求达 1.2 万 t 左右，而 2007 年国内多晶硅产量不足 1000t，原料自给率不足 10%。但是一直以来，我国的光伏产业始终受到"两头在外"的制约，光伏电池严重依赖海外市场，内需严重不足，制约了我国光伏产业的进一步提升，为此，国家应制定相关产业政策扶持光伏产业健康、快速发展。

发电成本过高是制约国内光伏发电市场快速发展的主要原因。目前，我国光伏发电成本为 1.3～2.0 元/kWh，远高于普通火电 0.30 元/kWh 左右的发电成本。在如此高昂的成本下，只有依靠政府的大规模补贴才能推动光伏产业的发展。2011 年 7 月，国家发展和改革委员会公布光伏发电上网电价 1.15 元/kWh，这将促进光伏发电的快速发展。

全球光伏发电产业成长速度惊人，从 1998 年开始，世界光伏市场出现了供不应求的局面，光伏电池产量年增长率保持在 30%～40%，2004 年更是创造历史新高，增长率达到 67%，年产量达到 1253MW。世界光伏电池产量由 1997 年的 12.58 万 kW 增加到 2007 年的 400 万 kW，年均增长率为 41.3%，2002～2007 年的年均增长率达到 49.5%。2008 年，全球光伏电池产量达到 500 万 kW，较 2007 年增长了 25%。

2010 年欧洲有大量光伏项目开工建设，但最大的前 8 个项目均建在意大利、德国和西班牙。随着税收优惠减免政策的推动，最大的光伏电站于 2010 年在加拿大安大略省建成，Sarnia 光伏发电的装机容量扩大到 97MW。

国际研究机构 iSuppli 公司 2011 年初发布的光伏行业研究报告称，2010 年全球光伏装机量同比 2009 年增速超过 100%，达到 15.7GW，高于业内普遍预计的 15GW，2011 年增幅将达到 22.6%。大力发展光伏产业已成为世界各国的共识，主要发达国家都制定了相应的政策扶持本国光伏产业发展。

（2）太阳能热发电。太阳能发电的基本工作原理是利用太阳能集热器收集太阳能，加热工质，产生过热蒸汽驱动热动力装置带动发电机发电，从而将太阳能转换为电能。典型的太阳能热发电热力循环系统原理如图 5-3 所示。

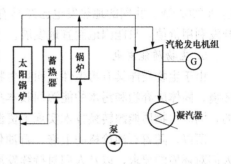

图 5-3　太阳能热发电热力
循环系统原理图

我国太阳能热发电技术的研究开发工作开始于 20 世纪 70 年代末，但由于工艺材料部件及相关技术问题未得到根本解决，加上经费不足，热发电项目先后停止。热发电的项目，总体水平与国外差距很大。考虑到国外的技术现状，预测在 2000～2010 年期间进行研制及示范，2010～2030 年期间进行 10～100MW 级商业性示范，2030～2050 年期间进行 1000MW 级商业化推广应用。

（3）太阳能光伏电站运行管理。太阳能电站地处偏远，孤立运行，为防止重建轻管设备使用不当而损坏的情况发生，对其运行管理建议由地方政府指定专职部门直接管理，主管部门定期检查、集中大修。

为保证太阳能电站安全运行，运行维护费用问题至关重要，从目前的情况看，仅靠电站供电区有限的电费收入是远远不够的，所以必须建立相应的资金补助机制，由政府主管部门统一管理使用。

3. 海洋能发电

海洋能发电包括潮汐发电、潮流发电、波浪能发电、海水温度差发电、海水浓度差发电。潮汐发电是海洋能发电方法中的一种。潮汐是由天体运行引起的海水运动，这种运动具有巨大的能量，其中包括海面周期性的垂直涨落和海水周期性的水平流动。前者具有势能，后者具有动能。利用前者发电一般叫作潮汐发电；利用后者发电叫作潮流发电。我国目前正在运行的潮汐电站共有 8 座，例如，位于浙江省温岭县西部沙山乡乐清湾的江厦潮汐电站，是国内目前的双向潮汐电站，从规模上仅次于法国的朗期潮汐电站，居世界第 2 位。小型潮汐电站的发电与综合利用效益可与常规能源发电相竞争。

我国试点研究海洋能发电，规划 2015 年海洋能发电装机容量达到 10MW，2020 年装机容量达到 20MW，积极推进海洋能试点开发研究。

4. 地热发电

地球是一个庞大的热库，蕴藏着无穷无尽的热量，地热资源是指陆地地表下 3000m 深度内的岩石和淡、咸水的总含热量。最大限度地利用自地下喷出来的热能是最经济的。所以其发电运转小时数要高，一般出力不变动。这种发电方式主要担负基荷以便充分利用热能。2010 年地热发电继续增长，据地热能协会发表的报告，2005～2010 年地热发电量增长了 20%。

2010 年建成的最大的地热项目位于新西兰 Rotokawa，由 Mighty River 电力公司投资建设的 132MW Nga Awa Purua 项目，成为最大的单一地热发电项目。2010 年建成的第二大地热发电项目位于 Larderello 地热田，该地热田可开发 80 余年。非洲于 2010 年建成世界第三大地热项目，位于肯尼亚，Olkaria II 地热发电项目扩能 35MW，使整个项目新增地热发电能力 105MW，成为非洲最大的地热发电项目。

我国试点研究地热能发电，规划 2015 年地热能装机容量达到 50MW，2020 年装机容量达到 200MW。我国的地热发电已经具有一定的技术基础和生产能力，但由于地热还有其他开发利用价值，只能因地制宜地发展。

5. 生物质能发电

由于生物质能具有再生性，而且生物质能在开发利用过程中，可主动治理已经破坏了的环境，固体废弃物和污水的能源回收本身就是污染的治理过程，生物质能的利用是环境友好的，同时生物质能源转换技术实现了资源循环利用。

所以，随着石油价格的上涨、石油供应越来越紧张，化石燃料的开采难度与贮量减少，人们对环境的要求，以及人们对持续发展与循环经济的要求，生物质能将越来越备受青睐。

我国要因地制宜发展生物质能发电。生物质能发电包括农林生物质发电、垃圾发电和生物质燃气发电。规划 2015 年生物质发电装机容量达到 5000MW，其中，农林生物质发电 2400MW、垃圾发电 2400MW、生物质燃气发电 200MW；2020 年生物质发电装机容量达到 10000MW，其中，农林生物质发电 4800MW、垃圾发电 4800MW、生物质燃气发电 400MW。

2010 年是藻类生物质燃料加快发展的一年。据 2010 年 10 月派克研究（Pike Research）公司发布的报告，藻类生物质燃料在今后 10 年内将会加快发展，2020 年将达到约 23.1 万 m^3/a，市场价值将达 13 亿美元，复合年增长率为 72%，达到生物柴油工业开发初期的增速。

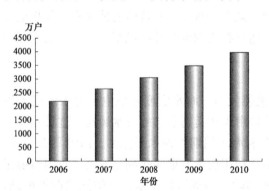

图 5-4 农村户用沼气池发展现状

生物柴油方面，Tyson 公司旗下的 Dynmic 燃料公司在美国路易斯安那州建设了生物柴油厂，其生物柴油装置已投运，利用动物油脂可年产 7500 万加仑生物柴油。2010 年 11 月，芬兰耐斯特石油公司在新加坡建成世界上最大的生物柴油装置，以棕榈油、菜子油和食品工业废弃油脂为原料，可年产生物柴油 2.4 亿加仑。

（1）我国沼气发展现状。农村户用沼气池是沼气技术中重要的一项，农村户用沼气池发展现状如图 5-4 所示。沼气发展现状见表 5-3。

表 5-3   沼气发展现状

名 称	发展现状
大中型沼气工程	2004 年末达 2671 处，总池容 268.27 万 m^3，年处理有机废液 190 万吨
生活污水沼气净化工程	2003、2004 年新建 2.2 万处，累计 137013 处，总池容 574.35 万 m^3，处理生活污水 5 亿多吨
沼气发电工程	200 多座沼气发电站，装机 15MW，发电成本为火电的 1.5 倍，发电机组国产化

全国适宜发展沼气的农户约有 1.8 亿户（71%），从综合适宜性分析，有 1.46 亿户适宜发展（58%），考虑到人口增加、农村城镇化、畜牧养殖集约化等因素，到 2020 年全国适宜发展沼气的农户将为 1.2 亿户。规划至 2020 年，沼气普及率为 1.2 亿户的 70%，则每年需新建 440 万户。

我国生物质气化技术发展主要包括各种户用型气化炉（灶）、集中供气生物质气化系统以及生物质气化发电/供热系统。

我国生物柴油发展也较快，从事该行业的公司有海南正和生物能源公司（2001）、四川古杉油脂化工公司（2002）以及福建卓越新能源发展公司（2004），年产量 1 万～2 万 t。

以上介绍的这 5 种新能源发电方式的共同特点如下：所利用的资源均属再生能源资源，因此运行费用低；若与其他发电方式联网供电时主要担负基荷；当用千瓦投资去比较新能源资源开发和常规能源资源开发时，就会觉得开发新能源资源千瓦投资比较高。于是，人们就会选择千瓦投资较低的常规能源资源。但是，往往具有新能源资源的一些地区，缺乏常规能源资源。

按照上述各种电源的运行特性，可分为承担负荷曲线基荷部分的基荷电源；承担尖峰负荷的尖峰负荷电源和承担这两部分负荷之间部分的腰荷电源。不同电源所承担负荷情况如下：

（1）基荷电源：水力（径流式、调节水库的不变部分），火力（热效率高、利用率高的大容量机组），海洋能，地热；

（2）腰荷电源：火力（比基荷火电厂热效率差些的中等容量混合型发电机组）；

（3）尖峰电源：水力（调节水库式调整部分、水库式），火力（经常起停、低效率的小容量燃气轮机发电机组）。

四、分布式发电

在能源需求与环境保护的双重压力下，国际能源界已将更多目光投向了既可提高传统能源利用率又能充分利用各种可再生能源的分布式发电供能技术的相关研究领域，其相关技术将成为国际上一项重要的技术增长点，是 21 世纪电力工业的技术发展方向之一。分布式发电将成为未来一种重要的电能生产方式，它与微网和智能配电网一起将改变电力系统在中低压层面的结构与运行方式，即以智能配电网为平台，有效地整合分布式发电技术与微网技术，发挥它们的技术优势，真正实现电力系统的安全、环保与高效运行。

传统的电力系统是由发、输、供、用四个部分组成的，在过去五十多年里，由大电厂通过大电网给用户供电，这些大电厂距离负荷比较远，但是新的电力系统除了发、输、供、用四个部分外，还包括 DG，因此一部分电能由传统的大电厂提供，另一部分由 DG 提供，DG 在世界能源供应系统起着越来越重要的作用。

DG 是一种分散配置在配电系统中的小规模发电系统。DG 包括再生能源发电（如风能、太阳能、海洋能等）和不可再生能源发电（如内燃机、微型燃气轮机、燃料电池等），目前国际上主要采用再生能源发电。国家能源局对 DG 界定的标准：50MW 以下的小水电；接入 110kV 以下的风能、太阳能和其他可再生能源发电；规模较小的、分散型的天然气、冷热电联供等。DG 可以直接连接到变电站、配电线路或用户。目前，欧美等发达国家在 DG 方面取得了突破性进展，分布式发电设备制造技术日趋成熟，DG 接入电网的比例较高，欧洲部分国家分布式电源的装机容量已接近或超过其总装机容量的 50%，而且出现了分布式能源入网的标准。我国已经明确提出了开展 DG 供能技术方面的研究工作，包括 DG 系统与大电网的并网，以及并网运行后 DG 系统的优化、协调和控制等方面的研究。

对 DG 的研究始终是各国关心的问题，提出了利用进化算法研究 DG 的位置和容量对网络故障状态时的影响，建立了考虑 DG 的负荷模型，分析了含有 DG 的配电网的负荷模型对节点电价和收益的影响，并研究了配网中接有 DG 的电价策略。

DG 的应用可以提高配电网的电压质量、可靠性、经济性、能源使用效率，降低线路损耗。但是，DG 在配电网中的应用影响了配电网的电压分布及调节、继电保护、潮流分布、对配电网规划设计及商业运营、自动重合闸等，给配电网的运行带来一系列新的技术问题。而 DG 的优化配置对配电网的各项指标及运行情况起到决定性的作用，很显然在 DG 优化配置时需要考虑技术上的可行性、DG 的安装位置和容量、电压及短路电流等限制条件。

1. 我国分布式电源的发展现状及趋势

我国分布式电源起步相对较晚。分布式可再生电源以小型太阳能光伏发电和小型风力发电为主，主要包括城市建筑光伏系统和为解决偏远地区用电问题的离网型风电、太阳能发电系统。近年来，利用化石燃料的分布式电源以天然气分布式能源系统为主，安装在商业楼宇、医院、居民小区和大学城等地实现冷、热、电三联供的燃气分布式能源系统，主要分布在北京、上海和广州等大城市。截至 2010 年年底，国家电网公司经营范围内接入 35kV 及以下配电网的分布式发电装机容量为 4593 万 kW。

我国城乡发展具有二元结构的特点，这使得我国城乡的能源需求、供应方式和特点都具有很大的差异性。因此，根据我国城市和农村的特点，采取因地制宜的发展方式，将是实现我国分布式电源发展合理、必然与现实的选择。

我国分布式发电未来将以资源为依托，在负荷中心重点发展热电联产和热电冷分布式发电；在农村地区和边远地区重点发展小水电、小风电和太阳能光伏发电，解决农村及无电地区用电问题。在有资源的负荷中心，建设的分布式风电及建筑光伏发电就近接入配电网。分布式电源的发展为广大无电农村地区提供电力，也作为城镇集中供电的补充，提高了供电可靠性。

2. DG 类型的选择

我国地域辽阔，具有丰富的清洁能源，利用清洁能源的 DG 在配电网中接入是必然的。DG 的容量以及与电力系统的连接方式见表 5-4。

表 5-4 分布式电源的容量以及与电力系统的连接

种类	典型容量范围（MW）	与电力系统的连接	种类	典型容量范围（MW）	与电力系统的连接
太阳能	$10^{-3}\sim1$	DC-AC 转换	联合循环发电	$10\sim1000$	同步发电机
风能	$10^{-4}\sim10$	异步/同步发电机	燃气轮机	$1\sim1000$	同步发电机
地热	$10^{-4}\sim10$	同步发电机	微型燃气轮机	$0.01\sim10$	AC-AC 转换
海洋能	$10^{-4}\sim10$	四级，同步发电机	燃料电池	$0.01\sim100$	DC-AC 转换

我国西藏、新疆、青海、宁夏和内蒙古等地区属风能或太阳能资源丰富地区，因此适合中国配电网 DG 的主要能源是风能及太阳能。另外，在天然气丰富的地方可以采用微型燃气轮机。

在应用 DG 时，为了减小 DG 对网络潮流、电压分布、馈线热极限和继电保护等方面的影响，需要考虑 DG 的持续运行时间。

3. DG 接入配电网电压等级选取

DG 一般接入配电网，但接入何种电压等级需要经过充分论证。分布式电源接入配电网电压等级选取时需要考虑技术以及经济两个方面的内容。

电源接入系统的前提是技术可行，主要包括线路潮流（正常方式、线路检修方式等）、安全稳定、短路电流、无功补偿、工频过电压、潜供电流等。只有这些技术条件满足要求，进行经济比选来确定电源接入系统方案才有意义。

不同容量、不同类型的分布式电源接入不同电压等级的配电网时，由于其接入点不同、升压并网设备不同，接入配电网的初始投资也不同，因此应对不同的电源接入系统方案进行技术经济比较（详见第二章），从而得到合理的不同电源接入配电网电压等级选取原则，也为配电网升压改造时分布式电源改接到何电压等级提供参考依据。分布式电源接入配电网电压等级选取分析可采用年费用比较法，将各方案的投资和运行成本费用按照等支出的方法折算为年费用进行比较。各方案经济性的指标主要为建设费用、运行维护费用和线损费用。

经济评价流程如下：

（1）根据电厂的类型和容量，给出初步的不同电厂接入不同电压等级的方案。

（2）根据电厂发电特性以及年发电利用小时数，选出相应的经济电流密度，计算得到导线的截面，并按照"靠大不就小"的原则，选出最接近的标称导线截面（国家统一规格的导线截面）。

（3）进行方案选取校验：①校验导线截面是否合理，计算导线截面过大的或者过小的方案不予考虑；②校验"N−1"方式下每回出线的最大送电容量，超过线路持续极限传输容量的方案不予考虑；③校验线路电压损失，对中压配电网（35、20、10kV）送出的线路只考虑在其经济供电半径范围之内的送电线路长度。

（4）依据上述确定的各种方案，结合给定的造价水平计算工程投资。

（5）结合各电压等级的线损率计算不同方案的线损电量和线损费用。

（6）依据电网建设规模，结合相关的运行维护成本的构成，估算电网运行维护费。

（7）计算建设投资和年费用，并通过建设投资和年费用评价各种配置方案的优劣。

4. 配置 DG 的数学模型

根据中国配电网的结构及运行特点，以独立树干或干线为单位配置 DG，设干线的独立节点总数为 N。在确定 DG 的安装位置及容量时，需要综合考虑 DG 对电压分布、降损效果、短路电流以及负荷不确定性的影响。

（1）DG 影响的综合评价模型。本书定义描述各节点所配置 DG 对电压分布、降损效果、短路电流的综合影响程度为节点的优先等级，优先等级高的节点优先考虑安装 DG。

设干线各节点安装单位容量的 DG，Z_i 为干线节点 i 安装 DG 的优先等级，节点 i 安装 DG 对干线电压分布的影响用 VZ_i 表示，对干线损耗的影响用 LZ_i 表示，对短路电流的影响用 SZ_i 表示，则

$$Z_i = w_1 VZ_i + w_2 LZ_i + w_3 SZ_i \tag{5-1}$$

$$VZ_i = \frac{1}{N}\Big(\sum_{k=1}^{N} \frac{V_k^i - V_k^0}{V_N}\Big) \tag{5-2}$$

$$LZ_i = \frac{\Delta P_0 - \Delta P_i}{\Delta P_0} \tag{5-3}$$

$$SZ_i = 1 - \frac{\max\limits_{1 \leqslant k \leqslant N}\{I_k^i / I_k^0\}}{I_* / I_*^0} \tag{5-4}$$

式中　　w_1、w_2、w_3——权系数，w_1、w_2、$w_3 \geqslant 0$；

V_N——干线的额定电压，kV；

V_k^0——未安装 DG 前节点 k 的电压，kV；

V_k^i——节点 i 安装 DG 后节点 k 的电压，kV；

ΔP^0——未安装 DG 前干线的总损耗，kW；

ΔP_i——节点 i 安装 DG 后干线的总损耗，kW；

I_k^i——节点 i 安装 DG 后节点 k 的三相短路电流，A；

I_k^0——未安装 DG 前节点 k 的三相短路电流，A；

I_*——节点 i 安装 DG 后节点 k 的最大三相短路电流，A；

I_*^0——未安装 DG 前节点 k 的最大三相短路电流，A，$I_*/I_*^0 = \max\limits_{1 \leqslant i \leqslant N} \{ \max\limits_{1 \leqslant k \leqslant N} \{I_k^i/I_k^0\}\}$。

显然，根据式（5-1）～式（5-4）确定的优先等级越高的节点，安装 DG 后越利于网络运行。VZ_i 和 LZ_i 根据第四章中所提出方法计算。

（2）DG 的安装位置及容量的数学模型。

1）目标函数。配置 DG 后，可以改变潮流分布，影响网损，在确定节点 i 的 DG 安装容量时首先要满足年电能损失 ΔA 最小的原则，目标函数如下

$$\min\Delta A = \sum_{m=1}^{level} \Delta P_{DG.m} \cdot T_m \cdot \beta_1 \tag{5-5}$$

式中　$level$——年负荷水平的数量；

T_m——负荷水平为 m 时的年运行时间，h；

$\Delta P_{DG.m}$——增设 DG 后负荷水平 m 时的网络有功损耗，kW；

β_1——有功电价，元/kWh。

在确定 DG 的最佳安装容量时，还需要考虑经济效益，以年经济效益最高为基础来确定 DG 的最佳安装容量，综合考虑安装费用、运行维护费用及电能损失，目标函数如下

$$\max C = C_E - C_{DG} \tag{5-6}$$

式中　C——配置 DG 后每年的收益，元；

C_{DG}——配置 DG 每年所消耗的费用，元；

C_E——每年因配置 DG 后电能损失减少所节省的电能费用，元。

C_{DG} 和 C_E 如下式所示

$$\begin{cases} C_{DG} = \sum_{i \in \Omega} P_{DG.i} \cdot K_{DG} \cdot K_e + \sum_{i \in \Omega} P_{DG.i} \cdot K_{aDG} \cdot K_{DG} \\ C_E = \sum_{m=1}^{level} [(\Delta P_{0.m} - \Delta P_{DG.m})T_m\beta_1 + (\Delta Q_{0.m} - \Delta Q_{DG.m})T_m\beta_2] \end{cases} \tag{5-7}$$

式中　$P_{DG.i}$——节点 i 安装 DG 的容量，kW；

Ω——按照优先等级的高低排列的节点集合；

K_{DG}——单位容量 DG 的综合投资，元/kW；

K_e——年投资回收率；

K_{aDG}——DG 的年运行维护费用率；

$\Delta P_{0.m}$、$\Delta P_{DG.m}$——增设 DG 前后负荷水平 m 时的网络有功损耗，kW；

$\Delta Q_{0.m}$、$\Delta Q_{DG.m}$——增设 DG 前后负荷水平 m 时的网络无功损耗，kvar；

β_2——无功电价，$\beta_2 = \beta_1/\tan\varphi$，元/（kvar·h）；

φ——网络的功率因数角。

2）约束条件。在确定 DG 容量时，需要考虑功率平衡、节点电压、线路传输功率、DG 容量的限制，具体数学模型如下

$$
\begin{cases}
\Sigma P_L + \Sigma \Delta P - P_S - \Sigma P_{DG} = 0 \\
\Sigma Q_L + \Sigma \Delta Q - Q_S - \Sigma Q_{DG} = 0 \\
U_{min.\,i} \leqslant U_i \leqslant U_{max.\,i} \\
I_{l.\,m} \leqslant I_{l.\,max} \\
\sum_{i \in \Omega} P_{DG.\,i} \leqslant P_{DG\Sigma.\,max} \\
P_{DGmin.\,i} \leqslant P_{DG.\,i} \leqslant P_{DGmax.\,i}
\end{cases}
\tag{5-8}
$$

式中　P_{DG} 和 Q_{DG}——DG 所发出的有功（kW）和无功功率（kvar）；

$\quad\quad P_L$ 和 Q_L——负荷的有功（kW）和无功功率（kvar）；

$\quad\quad P_S$ 和 Q_S——系统输送的有功（kW）和无功功率（kvar）；

$\quad\quad \Delta P$ 和 ΔQ——有功（kW）和无功功率损耗（kvar）；

$\quad\quad\quad\quad U_i$——节点 i 的电压，kV；

$U_{min.\,i}$ 和 $U_{max.\,i}$——节点 i 允许的最小电压和最大电压，取值同第三章，kV；

$I_{l.\,m}$ 和 $I_{l.\,max}$——支路 l 在负荷水平 m 时的电流和支路 l 的最大电流，A；

$\quad\quad P_{DG\Sigma.\,max}$——安装 DG 的总容量，kW；

$P_{DGmin.\,i}$、$P_{DGmax.\,i}$——节点 i DG 可安装容量的最小和最大容量，kW。

5. DG 安装位置及容量的确定

（1）各节点配置 DG 的容量范围。

1）各节点 DG 的最大安装容量。在满足式（5-8）的前提下，求解式（5-5）所示目标函数，根据下式确定节点 i 安装 DG 的最大容量 $P_{DGmax.\,i}$

$$
\frac{\partial \Delta A}{\partial P_{DG.\,i}} = 0 \quad (i \in \Omega)
\tag{5-9}
$$

并根据 Ω 中各节点的顺序，形成集合 $B = \{P_{DGmax.\,i}\}$。

2）各节点 DG 的最佳安装容量。在满足式（5-8）的前提下，求解式（5-6）所示目标函数，利用下式确定各节点安装 DG 的最佳容量 $P_{DGO.\,i}$

$$
\begin{cases}
\dfrac{\partial C}{\partial P_{DG.\,i}} = 0 \\
\dfrac{\partial C_E}{\partial P_{DG.\,i}} \geqslant \dfrac{\partial C_{DG}}{\partial P_{DG.\,i}}
\end{cases}
(i \in \Omega)
\tag{5-10}
$$

并根据 Ω 中各节点的顺序，形成集合 $D = \{P_{DGO.\,i}\}$。

设节点 i 安装 DG 的容量为 $P_{DG.\,i}$，显然，$P_{DGO.\,i} \leqslant P_{DG.\,i} \leqslant P_{DGmax.\,i}$。

（2）DG 的安装位置及容量。根据系数 λ_1 将 Ω 划分为 Ω_1 和 Ω_2，使得任意的节点 $i \in \Omega_2$，其优先等级 $Z_i \geqslant \lambda_1$。同理根据 λ_2、λ_3 将 B 划分为 B_1 和 B_2，将 D 分为 D_1 和 D_2，使得任意的节点 $i \in B_2$ 时，$P_{DGmax.\,i} \geqslant \lambda_2 P_{DG\Sigma.\,max}$，节点 $i \in D_2$ 时，$P_{DGO.\,i} \geqslant \lambda_3 P_{DG\Sigma.\,max}$，则可以配置 DG 的节点集合为 $U = \Omega_2 \bigcap B_2 \bigcap D_2$。第一个配置 DG 的节点 j 选择为

$$
\frac{\partial C}{\partial P_{DG.\,j}} K_j = \max\left\{\frac{\partial C}{\partial P_{DG.\,i}} K_i, i \in U\right\}
\tag{5-11}
$$

式中 K_i 和 K_j——节点 i 和 j 允许的配置 DG 的系数；

$\quad\quad P_{DG.j}$——节点 j 安装 DG 的容量，kW。

依次可选择其他的配置 DG 的节点，设配置 DG 的节点集合为 O_{DG}。

在各节点配置 DG 的容量范围内，根据各节点的安装 DG 的年经济效益 C 相等的原则确定 DG 的配置容量，即

$$C = \frac{\partial C}{\partial P_{DG.i}} P_{DG.i} (i \in O_{DG}) \tag{5-12}$$

（3）计算步骤。利用上面的分析，在配电网中配置 DG 的计算步骤如下：

1）进行潮流分析，确定配电网络的初始节点电压及潮流分布；

2）根据式（5-1）～式（5-4）确定网络各节点的优先等级；

3）确定各节点安装 DG 的最大容量及最佳容量；

4）形成集合 Ω_2、B_2、D_2 及 U；

5）根据式（5-11）确定配置 DG 的节点；

6）根据式（5-12）确定配置 DG 节点的 DG 安装容量；

7）重新分析配电网的电压降和电能损失，进行结果比较。

6. 算例分析

以第四章图 4-6 所示 10kV 配电网络以及其 2008 年数据为例进行分析，负荷曲线采用三阶梯曲线，即年负荷水平的数量 $level$ 取为 3。在 $P_{DG\Sigma.max}$ 相同的条件下，分别分析了单个节点集中配置 DG、2 个节点及 3 个节点分散配置 DG，以下分别简称为单点配置 DG、2 点配置 DG 及 3 点配置 DG。

有功电价 β_1 取为 0.5 元/（kWh），DG 的单位容量的综合投资 K_{DG} 取为 6020 元/kW，DG 的年运行维护费用率 K_{aDG} 取为 0.003，年投资回收率 K_e 取为 0.05；年运行小时数 T 取为 8760h，DG 的功率因数取为 0.9。

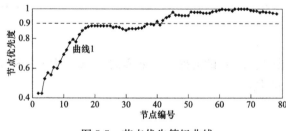

图 5-5 节点优先等级曲线

网络各节点的优先等级如图 5-5 中曲线 1 所示，节点 42～78 的优先等级大于 0.9，$\lambda_1 = 0.9$，图中虚线上方曲线对应的节点形成集合 Ω_2。

网络中的节点 i 安装 DG 的最大容量 $P_{DGmax.i}$ 和最佳容量 $P_{DGO.i}$ 分别如图 5-6 中曲线 1 和曲线 2 所示。$P_{DG\Sigma.max}$ 取为最大有功负荷的 30%，即 783.873kW，$\lambda_3 = 1/6$，单点配置 DG 时 $\lambda_2 = 1$，其他情况 $\lambda_2 = 1/2$。图 5-6 中直线 1、直线 2、直线 3 分别对应 $P_{DG\Sigma.max}/6$、$P_{DG\Sigma.max}/2$ 和 $P_{DG\Sigma.max}$。显然，直线 1 上方曲线 1 对应节点集为 D_2，直线 2 或直线 3 上方曲线 1 对应节点集为 B_2，于是可以确定配置 DG 的节点集合 U。

所分析网络的 DG 安装位置及容量见表 5-5，不同配置方式时降损效

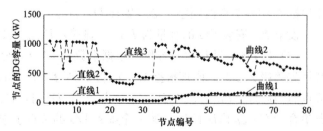

图 5-6 各节点配置 DG 的容量曲线

果及电压改善程度的结果、配置 DG 后与配置 DG 前的最小节点电压、有功和无功损耗的结果比较见表 5-6、表 5-7。

表 5-5　DG 安装位置及容量（2008 年）

名称	节点编号	DG 容量（kW）
单点配置 DG	59	783.8730
2 点配置 DG	65	375.2273
	51	408.6457
3 点配置 DG	65	258.9045
	61	261.5319
	46	263.4366

表 5-6　最小节点电压的比较

类型	干线的最小节点电压（kV）			
	配置 DG 前	配置 DG 后		
		单点配置 DG	2 点配置 DG	3 点配置 DG
最小负荷	10.807 08	10.939 31	10.939 34	10.939 37
中间负荷	10.779 78	10.913 84	10.913 86	10.913 89
最大负荷	10.692 96	10.836 95	10.836 99	10.837 02

表 5-7　有功和无功损耗及费用分析（2008 年）

类型	配置 DG 前干线的功率损耗		配置 DG 后干线的功率损耗					
			单点配置 DG		2 点配置 DG		3 点配置 DG	
	$\sum\Delta P$(kW)	$\sum\Delta Q$(kvar)	$\sum\Delta P$（kW）	$\sum\Delta Q$（kvar）	$\sum\Delta P$（kW）	$\sum\Delta Q$（kvar）	$\sum\Delta P$（kW）	$\sum\Delta Q$（kvar）
最小负荷	10.983 44	13.223 64	2.604 420	2.677 439	2.334 111	2.397 104	2.153 490	2.209 809
中间负荷	15.095 29	18.186 06	3.146 330	3.249 868	2.833 092	2.924 787	2.664 650	2.749 866
最大负荷	29.722 12	35.829 65	8.796 739	9.854 258	8.374 317	9.415 236	8.236 593	9.271 698
总损耗	55.800 85	67.239 35	14.547 489	15.781 565	13.541 520	14.737 154	13.054 733	14.231 373
电能损失/元	77 631.2733	45 303.8887	19 374.7318	10 092.9913	17 930.2001	9366.7049	17 212.7245	9005.7064
电能损失率/%	100	100	24.957	22.278	23.097	20.675	22.172	19.878

从表 5-6、表 5-7 可以看出配置 DG 改善了网络的节点电压，降低了有功和无功损耗，而且在 DG 容量相同的情况下，3 点配置 DG 优于 2 点配置 DG，2 点配置 DG 优于单点配置 DG，但是降损效果及电压改善程度降低了。

第二节　配电变压器最佳容量的确定

一、配电变压器容量的确定

1. 装设单台配电变压器

对配电网中综合用电负荷的配电变压器，一般以额定容量能满足实际所需要的最大负荷为原则，对季节性专用的单台配电变压器，则按平均负荷的 2 倍左右来确定配电变压器容量。具体选择方法有"最佳负荷系数法""综合费用分析法""主变压器容量与配电变压器容量比值法"等，这些方法有其各自的要求及适用条件，这里将着重介绍最基本的方法"最佳负荷系数法"。

单台配电变压器在运行中所带实际负荷 P 与额定负荷 P_N 之比为变压器的负荷率（或称负荷系数）。设不同的负荷下，功率因数近似不变，则有

$$\beta = \frac{P}{P_N} = \frac{S}{S_N} \tag{5-13}$$

$$P = \beta S_N \cos\varphi \tag{5-14}$$

式中 S_N——变压器额定容量，kVA；

$\cos\varphi$——变压器负荷功率因数。

变压器总有功损耗 ΔP 包括变压器空载损耗 P_0 及变压器负荷损耗 $\beta^2 P_k$，P_k 为变压器的短路损耗。

$$\Delta P = P_0 + \beta^2 P_k \tag{5-15}$$

变压器功率损失率 $\Delta P\%$ 为损失功率 ΔP 与输入功率之比。

$$\Delta P\% = \frac{\Delta P}{P+\Delta P} \times 100\% = \frac{P_0 + \beta^2 P_k}{\beta S_N \cos\varphi + P_0 + \beta^2 P_k} \times 100\% \tag{5-16}$$

变压器工作效率 η 为

$$\eta = \frac{P}{P+\Delta P} = 1 - \Delta P\% \tag{5-17}$$

功率损失率反映变压器传递单位电功率时所消耗的功率，显然在功率损失率最低时效率最高，变压器运行最经济；变压器最高工作效率时的负荷率称为最佳负荷率，最佳负荷率下所对应的变压器容量称为最佳容量。对式（5-16）进行求导，并令 $\dfrac{\mathrm{d}\Delta P\%}{\mathrm{d}\beta} = 0$，则可得到 $\Delta P\%$ 的最小值。与此时最高效率相对应的负荷率为最佳负荷率 β_0。

$$\beta_0^2 P_k = P_0 \quad\quad 则 \quad \beta_0 = \sqrt{\frac{P_0}{P_k}} \tag{5-18}$$

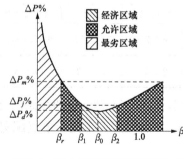

图 5-7　配电变压器三种运行区域

式（5-18）说明变压器在运行中，空载损耗与负荷损耗相等时效率最高，变压器处在最经济运行状态。

β_0 为变压器负荷系数中的一个值，运行中变压器的负荷是经常变动的，不可能保持在经济负荷情况下运行。因而将变压器的负荷系数划分为经济运行区域、允许运行区域和最劣运行区域，如图 5-7 所示。图中 β_1、β_2 分别为变压器在经济运行下负荷率的极限值，分别处在经济负荷点 β_0 两侧。根据经验选经济运行区占整个运行区的 30% 左右为宜，范围过大会使功率损失率增大，而处于不经济运行

状态；范围过小，难以达到经济运行状态，失去实用意义。令 $\Delta P_j\%$ 为变压器在 β_1 与 β_2 情况下的功率损失率，因其负荷率为极限值，故此功率损失率为最大值；$\Delta P_d\%$ 为变压器在 β_0 情况下的功率损失率，为变压器功率损失率的最小值。

$$\Delta P_j\% = \psi \Delta P_d\%$$

$$\frac{P_0 + \beta_{1,2}^2 P_k}{\beta_{1,2} S_N \cos\varphi + P_0 + \beta_{1,2}^2 P_k} = \psi \frac{2P_0}{\beta_0 S_N \cos\varphi + 2P_0}$$

考虑到 $\beta_{1,2} S_N \cos\varphi \geqslant P_0 + \beta_{1,2}^2 P_k$ 及 $\beta_0 S_N \cos\varphi \geqslant 2P_0$，则有

$$\frac{P_0 + \beta_{1,2}^2 P_k}{\beta_{1,2} S_N \cos\varphi} \approx \frac{2P_0 \psi}{\beta_0 S_N \cos\varphi} \quad 化简得$$

$$P_k \beta_0 \beta_{1,2}^2 - 2P_0 \psi \beta_{1,2} + \beta_0 P_0 = 0$$

解得

$$\beta_1 = (\psi - \sqrt{\psi^2 - 1})\beta_0 \tag{5-19}$$

$$\beta_2 = (\psi + \sqrt{\psi^2 - 1})\beta_0 \tag{5-20}$$

令 $\lambda = \beta_2 - \beta_1$，则

$$\psi = \sqrt{\frac{\lambda^2}{4\beta_0^2} + 1} \tag{5-21}$$

根据各系列配电变压器的损耗特性表明，经济运行区域的功率损失率最大值 $\Delta P_j\%$ 为最小值 $\Delta P_d\%$ 的 $1.04 \sim 1.07$ 倍，即

$$\psi = \frac{\Delta P_j\%}{\Delta P_d\%} = 1.04 \sim 1.07 \tag{5-22}$$

图 5-7 中，变压器的功率损失率曲线是一条二次曲线，即抛物线，在不同的负荷率下，其对应功率损失率为同一数值，如在负荷率 $\beta=1$ 及 $\beta=\beta_r$ 时，在图 5-7 的曲线上的功率损失率各有一个对应点，而此点的功率损失率为一个相同的数值，即 $\Delta P_m\%$；变压器在负荷率 β_r 或 β_m 运行时，与之相对应的功率损失率为 $\Delta P_d\%$ 的 $115\% \sim 140\%$。一般变压器在满载运行时，损耗虽增大，但因功率因数有所改善，折旧费用率及维修费用有所降低，属于允许区域；考虑负荷波动及与 β_m 所对应的变电单耗，$\beta_r \sim \beta_1$ 仍可以为允许运行区域。

$$\frac{P_0 + \beta_r^2 P_k}{\beta_r S_N \cos\varphi + P_0 + \beta_r^2 P_k} = \frac{P_0 + P_k}{S_N \cos\varphi + P_0 + P_k}$$

化简　　　　　　　$$P_k \beta_r^2 - (P_0 + P_k)\beta_r + P_0 = 0$$

解得　　　　　　　$$\beta_r = \frac{P_0}{P_k} = \beta_0^2 \tag{5-23}$$

式中　β_r——最劣运行区域与允许运行区域的临界点，即临界负荷系数。

现将 JB500-64 系列、JB1300-73 组 I、组 II 系列、SL7（S7）、S9 及 S11 系列配电变压器的经济运行区，允许运行区及最劣运行区的临界点列于表 5-8。

由表 5-8 可知，单台配电变压器的经济负荷率 β_0 约为 $0.36 \sim 0.6$。对于高能耗配电变压器其 β_0 在 $0.5 \sim 0.6$ 之间，而低损耗配电变压器 β_0 在 $0.36 \sim 0.5$ 之间。因此，单台配电变压器的最佳容量确定应根据下列原则：①配电变压器只作为照明电源且日负荷波动超过 50% 时，其容量应根据满足最大负荷的需要来考虑，即 $S_N \geqslant S_{max}$（S_{max} 为综合最大负荷）；②日负荷曲线为二阶梯且波动范围在 30% 左右时，其容量应根据 $S_N \geqslant 1.43 S_{max}$ 来选择；③日负荷比较平稳且波动范围在 30% 以内时，其容量应根据 $S_N \geqslant 2 S_{max}$ 来选择。

以上确定变压器容量的原则，是以变压器在最佳负荷系数下运行最为经济为依据的。此时变压器所带的负荷仅为它额定出力的 β_0 倍，尚有部分容量未被利用。这部分容量为

$$S_s = (1 - \beta_0) S_N \tag{5-24}$$

若 $\beta_0 = 0.5$，尽管变压器处于经济运行状态，单耗最低、效率最高，对降损节能、节省运行费用极为有利，但此时剩余容量却高达额定容量的一半左右，这从投资及增容费用角度衡量，却又很不理想，此问题给确定变压器最佳容量带来很大的影响。因此，须比较变压器经济运行时节省的电量对剩余容量的抵偿年限。

令 ΔP_m 为变压器满载时功率损失（kW），T 为变压器年利用小时数（h），b 为电价（元/kWh），这里 $\Delta P_m = P_0 + P_k$。

P_0 为变压器铁损，P_k 为变压器铜损。当其负荷率 $\beta = \beta_0$ 时，有

表 5-8　六种系列、四种容量配电变压器经济运行参数表

标准或系列	额定容量 S_N(kVA)	空载损耗 P_0(W)	短路损耗 P_k(W)	经济负荷系数 β_0(%)	容许区域负荷系数 β_r(%)	经济区临界单耗系数 ψ	经济区临界负荷数下限 β_1(%)	经济区临界负荷数上限 β_2(%)	经济运行区负荷 (kVA) S_N ($\beta_1 \sim \beta_2$)	允许运行区负荷 (kVA) S_N ($\beta_r \sim \beta_1$)	S_N ($\beta_2 \sim 1.0$)
JB500-64 系列	30	300	850	59.41	35.29	1.031	46.53	75.8	13.96~22.74	10.59~13.96	22.74~30
	50	440	1325	57.63	33.21	1.031	45.10	73.5	22.55~36.75	16.6~22.55	36.75~50
	75	590	1875	56.10	33.47	1.034	43.2	72.8	32.4~54.6	23.6~32.4	54.6~75
	100	730	2400	55.15	30.42	1.037	42.0	72.4	42~72.4	30.4~42	72.4~100
JB1300-73 组 I 系列	30	270	850	56.36	31.76	1.034	43.4	73.1	13.02~21.93	9.53~13.02	21.93~30
	50	380	1260	54.92	30.16	1.037	41.8	72.0	20.9~36.00	15.08~20.9	36.0~50
	80	530	1800	54.26	29.45	1.037	41.3	71.2	33.04~56.96	23.56~33.04	56.96~80
	100	620	2250	52.49	27.56	1.039	39.7	69.3	39.7~69.3	27.56~39.7	69.3~100
JB1300-73 组 II 系列	30	240	810	54.43	29.63	1.038	41.2	71.9	12.36~21.57	8.89~12.36	21.57~30
	50	350	1200	54.01	29.17	1.038	41.0	70.2	20.5~35.1	14.58~20.5	35.1~50
	80	470	1700	52.58	27.65	1.039	39.8	69.0	31.84~55.2	22.12~31.84	55.3~80
	100	540	2100	50.71	25.72	1.042	38.0	67.7	38.0~67.7	25.71~38.0	67.7~100
SL7 或 S7 系列	30	150	800	43.3	18.75	1.063	30.0	62.5	9.0~18.75	5.63~9.0	18.75~30
	50	190	1150	40.65	16.52	1.068	27.4	59.8	13.7~29.9	8.26~13.7	29.9~50
	80	270	1650	40.45	15.36	1.070	27.1	59.7	21.68~47.76	13.09~21.68	47.76~80
	100	370	2450	38.86	15.10	1.076	26.79	56.37	26.79~56.37	15.10~26.79	56.37~100
S9 系列	30	130	600	46.55	21.67	1.052	33.7	64.2	10.11~19.26	6.50~10.11	19.26~30
	50	170	870	44.20	19.54	1.064	31.0	63.1	15.5~31.55	9.77~15.5	31.55~50
	80	240	1250	43.82	19.20	1.064	30.7	62.5	24.56~50.0	15.36~24.56	50.0~80.0
	100	290	1500	43.97	19.33	1.064	31.0	62.7	31.0~62.7	19.53~31.0	62.7~100
S11 系列	30	90	600	38.73	15	1.072	26.6	56.5	7.98~16.95	4.5~7.98	16.95~30
	50	130	870	38.66	14.94	1.073	26.4	56.5	13.2~28.25	7.47~13.2	28.25~50
	80	175	1250	37.41	14	1.077	25.3	55.3	20.24~44.24	11.2~20.24	44.24~80
	100	200	1500	36.51	13.33	1.081	24.5	54.5	24.5~54.5	13.33~24.5	54.5~100

$$\Delta P'_m = \beta_0^2 P_k + P_0$$

于是节省的功率损失为

$$\Delta P_m - \Delta P'_m = (1 - \beta_0^2) P_k \qquad (5\text{-}25)$$

每年节电折成费用为

$$F_j = (1 - \beta_0^2) P_k Tb \times 10^{-3} \quad (\text{元／年}) \qquad (5\text{-}26)$$

剩余容量折成费用为

$$F_s = (1 - \beta_0) S_N G = (1 - \beta_0) B_2 \quad (\text{元}) \qquad (5\text{-}27)$$

式中　G——变压器单位容量综合费用，其中包括变压器及其附加装置的价格；

　　　B_2——变压器及附属设备的综合投资，$B_2 = S_N G$；

　　　S_N——变压器的额定容量。

抵偿年限为　　　　　　$N = F_s / F_j \times 10^3 \quad (\text{年}) \qquad (5\text{-}28)$

此比值表示剩余容量的投资以节省电量耗费的资金抵偿所需年限。在经济运行下，此年限的标准值一般为 5 年，如抵偿年限大于 5 年，虽变压器是在最佳负荷率下运行，但因其占用的剩余容量过大，也仍然是不经济的。

2. 装设两台配电变压器

波动较大的季节性负荷，采用两台配电变压器供电较为适宜。这样，根据负荷的变化，相应地改变其运行方式，使变压器始终沿着功率损耗最小的曲线运行，即可获得可观的节能效果，如图 5-8 所示。由功率损耗曲线可知，当实际负荷小于第一个临界负荷时（$S \leqslant S'$），为小容量变压器经济运行区；当实际负荷大于第一个临界负荷而小于第二个临界负荷时（$S' < S \leqslant S''$），为大容量变压器经济运行区；当实际负荷大于第二个临界负荷时（$S'' < S$）为大、小两台变压器并联运行经济区。

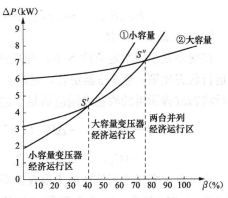

图 5-8　不同容量变压器运行功率损耗

因此，选择两台配电变压器时应根据运行经济的观点来确定各台变压器的容量及其总容量，其原则如下：

（1）要求变压器有备用容量时，选择变压器的容量应满足下列条件：

1）全年负荷比较均匀或年负荷曲线接近于二阶梯且波动范围约在 50％以下时，应选择两台同容量变压器。每台变压器的额定容量为

$$S_{N1,2} = 0.7 S_{max} \qquad (5\text{-}29)$$

即每台变压器的容量按最大负荷的 70％来选择，总安装容量为

$$\Sigma S_N = 2 \times 0.7 S_{max} = 1.4 S_{max} \qquad (5\text{-}30)$$

这样，在高峰时段当一台变压器停运时，可保证对 70％的负荷供电，考虑变压器的事故过负荷能力，则在规定的时间内可保证 90％以上的负荷供电。

2）年（或月）负荷曲线接近于三阶梯或年（或月）负荷波动范围超过 70％时，则应选择两台不同容量的变压器。各变压器的容量分别为

$$S_{N1} = 0.4 S_{max} \qquad (5\text{-}31)$$

$$S_{N2} = S_{max} \tag{5-32}$$

总安装容量为

$$S_{N\Sigma} = S_{N1} + S_{N2} = 1.4S_{max}$$

（2）不要求变压器有备用容量时，根据负荷变动情况可以选择两台相同容量，也可以选择不同容量的变压器。当一台变压器故障时，不需保证全部用户的供电，因此变压器容量可选为

$$\Sigma S_N = S_{N1} + S_{N2} = S_{max} \tag{5-33}$$

式中　S_{N1}、S_{N2}——两台不同容量或相同容量变压器的额定容量，kVA。

二、按年最小支出费用确定变压器经济容量

设 C_Z 为变压器技术寿命期限内考虑利率后的投资年金；C_w 为变压器年维护费；ΔP_0 和 ΔP_k 为变压器空载和短路有功损耗；τ 为最大负荷损耗小时数；T_0 为变压器年平均运行小时数；C_0 和 C_k 为空载和短路损失的电价。根据上述假设，综合各种因素的影响，现在来讨论变压器各级容量间的经济分界线问题。为了使问题容易叙述，今假设各台变压器额定容量为

$$S_{N1}、S_{N2}、\cdots S_{Ni}、S_{N,i+1}、\cdots、S_{N,n}，且 S_{N,n} > S_{N,n-1} > S_{N2} > S_{N1}$$

1. 变压器效益方程

在规划期限内给定负荷 S 下，变压器 $S_{N,i}$ 已失去最佳运行状态，而变压器 $S_{N,i+1}$ 所获得的运行状态比第 i 台变压器更佳，这时，因增加变压器容量所花费的投资年金和维护费与因运行状态改善所得的收益之间应满足下述关系

$$\Delta C = -(\Delta P_{0,i+1} - \Delta P_{0,i})T_0 C_0 + \left[\Delta P_{k,i}\left(\frac{S}{S_{N,i}}\right)^2 - \Delta P_{k,i+1}\left(\frac{S}{S_{N,i+1}}\right)^2\right]\tau C_k \\ - (C_{z,i+1} - C_{z,i}) - (C_{w,i+1} - C_{w,i}) \tag{5-34}$$

在这里，考虑变压器在技术寿命期限内需要检修和系统停电等因素。变压器年平均运行小时数 T_0 取 8600h；C_0 为变压器空载损耗电价，在国外为了取得电能损耗在货币价值中的平衡，采用提高变压器空载损耗的电价。在美国空载损耗每千瓦时的价格为短路损耗价格的 3~5 倍、日本为 5~7 倍、塞浦路斯为 5 倍、加拿大为 2~3 倍、约旦多达 11 倍。而在我国目前多数地区空载损耗与短路损耗的电价没有差异，故取 $C_0 = C_k = 0.45$ 元。ΔC 则是所要求的变压器年效益公式。

2. 效益公式的讨论

（1）式（5-34）中第一项是因变压器容量增加而增加空载损耗的电费，从经济观点来看，它是一个消耗量，因此，前面冠以负号。

（2）式（5-34）中第二项是因变压器容量增加而获得运行状态的改善所节省短路损失的电费，从经济观点来看，它是一个收益量，故其前冠以正号。

（3）式（5-34）中第三项是因变压器容量增加而增加的投资年金，从经济观点来看，它是一个消耗量，故其前冠以负号。

（4）式（5-34）中第四项是因变压器容量增加，每年所增加的维护费，从经济观点来看，它是一个消耗量，故其前冠以负号。

可见 ΔC 有下列三种情况：

第一种情况：$\Delta C > 0$，表明因选择大容量变压器，由短路损失节约所得的收益，足以补

偿因选择大容量变压器所增加的空载损失费用和年投资、维护费用；

第二种情况：$\Delta C < 0$，与第一种情况相反，说明选择大容量变压器是不经济的；

第三种情况：$\Delta C = 0$，说明选择大容量变压器因短路损失节约所得的收益，刚好能抵偿因空载损失增加和辅助投资所消耗的费用。在这种情况下，无论以第 i 台变压器运行，还是以第 $i+1$ 台变压器运行，在经济上是没有差别的。

第三种情况向我们提出一个很重要的结论：在负荷 S 一定的条件下，选择变压器容量时，存在着一条年支出费用最小的经济分界线。在这条分界线上，选择 S_{Ni} 或 $S_{N,i+1}$ 在年支出费用上是没有差别的。由此可见，在各级容量之间皆存在这种经济分界线。这些分界线把各级容量变压器划分为许多经济区，这就是变压器经济容量选择间距。

3. 临界经济容量的确定

能满足 $\Delta C = 0$ 的负荷容量称为临界容量，即 $S_{cr} = S$，由式（5-34）解出 S_{cr} 得

$$S_{cr} = \left[(\Delta P_{0,i+1} - \Delta P_{0,i})T_0 C_0 + (C_{z,i+1} - C_{z,i}) + (C_{w,i+1} - C_{w,i}) \right]^{1/2}$$

$$\bigg/ \left[\left(\frac{\Delta P_{k,i}}{S_{N,i}^2} - \frac{\Delta P_{k,i+1}}{S_{N,i+1}^2} \right) \tau C_k \right]^{1/2} \tag{5-35}$$

式中　τ——年最大负荷损耗小时数。

设 $\gamma = 1/\sqrt{\tau C_k}$，则式（5-35）变成

$$S_{cr} = \gamma \left[(\Delta P_{0,i+1} - \Delta P_{0,i})T_0 C_0 + (C_{z,i+1} - C_{z,i}) + (C_{w,i+1} - C_{w,i}) \right]^{1/2}$$

$$\bigg/ \left(\frac{\Delta P_{k,i}}{S_{N,i}^2} - \frac{\Delta P_{k,i+1}}{S_{N,i+1}^2} \right)^{1/2} \tag{5-36}$$

由式（5-36）可见，对特定的变压器而言，括号内所有数据全为已知数，其中唯有空载损耗电价 C_0 与地区电价取值有关。因此，对特定地区而言，临界容量 S_{cr} 是 γ 的函数，且与 γ 成线性关系。把各级容量 S_{N1}、$S_{N2}\cdots S_{N,n}$ 划分成许多直线族，即经济容量区域。

γ 值与地区电价 C_k 有关，而且随 τ 值变化。为使用方便，表 5-9 中给出了 τ 从 $500 \sim 5000h$，C_k 从 $0.25 \sim 0.80$ 元的数据。这样，依据 τ 和 C_k 值，可查表 5-9 得 γ 值。

表 5-9　　　　　　　　　　　　　γ 与 τ 和 C_k 的关系表

$\tau(h)$	0.25	0.30	0.35	0.40	0.45	0.50	0.55	0.60	0.65	0.70	0.75	0.80
500	0.089	0.082	0.076	0.070	0.066	0.063	0.060	0.058	0.055	0.053	0.052	0.050
750	0.073	0.067	0.062	0.058	0.054	0.052	0.049	0.047	0.045	0.044	0.042	0.040
1000	0.063	0.058	0.053	0.050	0.047	0.045	0.043	0.040	0.039	0.038	0.037	0.035
1250	0.058	0.052	0.049	0.045	0.042	0.040	0.038	0.037	0.035	0.034	0.033	0.032
1500	0.052	0.047	0.044	0.040	0.038	0.037	0.035	0.033	0.032	0.031	0.030	0.029
1750	0.048	0.044	0.040	0.038	0.036	0.034	0.032	0.031	0.030	0.029	0.028	0.027
2000	0.045	0.041	0.038	0.035	0.033	0.032	0.030	0.029	0.028	0.027	0.026	0.025
2250	0.042	0.038	0.036	0.033	0.031	0.030	0.028	0.027	0.026	0.025	0.024	0.023
2500	0.040	0.037	0.034	0.032	0.030	0.028	0.027	0.026	0.025	0.024	0.023	0.022
2750	0.038	0.035	0.032	0.030	0.028	0.027	0.026	0.025	0.024	0.023	0.022	0.021
3000	0.037	0.033	0.031	0.029	0.027	0.026	0.025	0.024	0.023	0.022	0.021	0.020
3250	0.035	0.032	0.030	0.028	0.026	0.025	0.024	0.023	0.022	0.021	0.020	0.019
3500	0.034	0.031	0.029	0.027	0.025	0.024	0.023	0.022	0.021	0.020	0.020	0.019

τ(h)	0.25	0.30	0.35	0.40	0.45	0.50	0.55	0.60	0.65	0.70	0.75	0.80
3750	0.033	0.030	0.028	0.026	0.024	0.023	0.022	0.021	0.020	0.020	0.019	0.018
4000	0.032	0.029	0.027	0.025	0.024	0.022	0.021	0.020	0.020	0.019	0.018	0.018
4250	0.031	0.028	0.026	0.024	0.023	0.022	0.021	0.020	0.019	0.018	0.018	0.017
4500	0.030	0.027	0.025	0.023	0.022	0.021	0.020	0.019	0.018	0.018	0.017	0.017
4750	0.029	0.026	0.025	0.022	0.022	0.021	0.020	0.019	0.018	0.017	0.017	0.016
5000	0.028	0.026	0.024	0.021	0.021	0.020	0.019	0.018	0.018	0.017	0.016	0.016

第三节 无 功 电 源 规 划

一、无功电源规划的意义

无功电源规划与有功电源规划具有同等重要的作用。在规划工作中，甚至在电力系统设计和运行中，对于无功功率的平衡和无功电源规划，必须予以重视，避免影响电力系统安全运行，并且保证电压质量。

我国配电网无功平衡工作主要是从 80 年代初开始，现已初见成效。但是，目前配电网仍存在着功率因数低、电压质量差、无功缺额大等问题。这就要求在配电网规划中必须做好无功功率的平衡和无功电源的选择，以期将来配电网络安全可靠运行，并保证合格电压质量。

二、无功电源结构的选择

无功电源有发电厂的发电机、同步补偿机、移相电容器，此外还有静止补偿器和用户的同步电动机等。如何选择和配置无功电源，对于电力系统，需要全面分析和比较才能合理决定。但是对配电网络就简单得多，选择原则作如下。

1. 同步发电机是最基本的无功电源

同步发电机既能为用户提供有功功率，也能同时为用户提供相应的无功功率。因此要尽量利用其固有能力。但是仍需依靠其他无功电源配合。

发电机是否可以牺牲一定有功来增供无功，或者作调相运行，需从配电系统的实际情况出发。对于小型配电系统无功负荷最大时，常是有功负荷消耗最大时，当小型水电站处于枯水季节，恰又是排灌负荷最重时，通过减少发电机有功输出来增加无功输出，也就成为不现实。当系统有功经常处于富裕状态则可例外。所以在规划工作中进行无功功率平衡时，不宜考虑发电机降低功率因数运行，而应以在额定功率因数下所能提供的有功功率为准。

2. 移相电容器

对于配电网，移相电容器是一种最有效的无功电源，电容器向电力系统提供感性的无功功率。它既廉价，运行维护又方便，并可针对无功负荷的需求，达到就地平衡的目的，因此是解决配电网无功补偿电源的主要手段。电容器的容量可大可小，既可集中使用，又可分散使用，并且可以分相补偿，随时投入、切除部分或全部电容器组，运行灵活。电容器的有功损耗小（约占额定容量的 0.3%～0.5%）。

3. 同步调相机和静止补偿器

对于同步调相机，由于投资较大，综合经济效益又不明显，因而在配电网中尽量少采用为宜。同步调相机可视为不带有功负荷的同步发电机或是不带机械负荷的同步电动机。因此充分利用用户所拥有的同步电动机的作用，使其过励运行，对提高电力系统的电压水平也是有利的。静止补偿器，投资和维护量较大，综合效益不明显，在配电网使用较少。

4. 分布式电源（DG）

随着新能源发电的发展和应用，大量分布式电源（DG）接入了配电网，一些分布式电源（DG）也成为重要的无功电源，合理地配置 DG 可以减小配电网的损耗，调节无功分布，DG 已经成为重要的无功电源。在一些风力发电厂，会专门安排几台风电机组发无功功率。在采用光伏电池发电的网络，可以利用电力电子接口设备的调节、控制输出无功功率。

5. 无功电源补偿方式及配置原则

配电网无功电源平衡所采取的补偿方式主要为移相电容器。而无功补偿容量的配置原则是"全面规划，合理补偿，分级安装，就地平衡"。具体如下：①既要满足全规划区域总的无功电源平衡，又要满足分区、分线路的无功平衡，以便最大限度地减少功率和电能损耗；②集中补偿与分散补偿相结合，以分散补偿为主；③降损与调压相结合，以降损为主；④供电部门补偿与用户补偿相结合。

无功电源规划包括两个方面：一是通过网内无功电力平衡计算，掌握系统无功电源、无功负荷分布，确定无功电力的需求量；二是根据已知的无功缺额进行计算，制订最优补偿方案。

三、无功电力需求量的确定

1. 应用综合系数法确定无功需求量

综合系数法是根据电力网的实际运行资料，利用统计的方法确定系数，再以系数值来确定网内的无功需求量。综合系数定义

$$K = Q_{\max}/P_{\max} \tag{5-37}$$

式中　$Q_{\max}$——规划地区最大无功负荷，kvar；

　　　$P_{\max}$——规划地区最大有功负荷，kW。

K 值的大小与负荷结构有关。由于用户的功率因数、电网的运行方式都是在不断变化的，所以利用 K 值计算无功负荷会有一定的误差，但对无功电力规划，此误差是可以允许的。

据全国无功资料统计分析，K 值约在 1.2～1.4 范围内。但对于农村电力网，由于企业用电比例大、自然功率因数又较低，所以应根据其特点，予以修正。据有关资料分析，在农村电力网中农业用电量占 30%～60%，负荷自然功率因数为 0.5～0.6，经计算最高 K 值为 1.73，最低 K 值为 1.08，平均 K 值为 1.36。因此取 $K=1.3～1.4$ 是比较合适的。这样，配电网中最大无功功率即为

$$Q_{\max} = KP_{\max} = (1.3 \sim 1.4)P_{\max} \tag{5-38}$$

2. 依无功负荷的平衡条件确定补偿容量

配电网无功电力的平衡条件是

$$\Sigma Q_{\mathrm{S}} + \Sigma Q_{\mathrm{F}} + \Sigma Q_{\mathrm{B}} + \Sigma Q_{\mathrm{C}} = \Sigma Q_{\mathrm{H}} + \Sigma Q_{\mathrm{T}} + \Sigma Q_{\mathrm{L}} \tag{5-39}$$

式中　ΣQ_{S}——电力系统输入的无功功率，kvar；

　　　ΣQ_{F}——网内所有发电机无功可调出力，kvar；

　　　ΣQ_{B}——网内现有无功补偿装备容量，kvar；

　　　ΣQ_{C}——网内现有 35kV 及以上线路的充电功率，kvar；

ΣQ_H——网内各变电站二次侧所带的无功负荷，kvar；

ΣQ_T——网内所有主变压器、配电变压器的无功功率总损失，kvar；

ΣQ_L——网内配电线路上的无功功率总损失，kvar。

当规划地区的无功电源不能与无功消耗平衡时，需要增加的无功容量为

$$Q_{ad.max} = Q_{max} - (\Sigma Q_S + \Sigma Q_F + \Sigma Q_B + \Sigma Q_C) \qquad (5-40)$$

没有 35kV 及以上电压等级时，式（5-39）、式（5-40）中的 ΣQ_C 可以略去。

由电力系统供电的农村电网，确定其无功负荷平衡与补偿容量应以 SD325—1989《电力系统电压和无功电力技术导则》要求为依据。规定：高压供电的工业用户和高压供电装有带负荷调整电压装置的电力用户，功率因数为 0.90 以上；其他 100kVA（kW）及以上电力用户和大、中型电力排灌站，功率因数为 0.85 以上；趸售和农业用电，功率因数为 0.80以上。

以上对功率因数的要求是电力部门考核的标准值，使之达到此值所需增加的无功补偿容量可用下式计算

$$\Delta Q_B = P_{av}(\tan\varphi_1 - \tan\varphi_2) \qquad (5-41)$$

式中 P_{av}——最大负荷月的月平均负荷；

$\tan\varphi_1$——补偿前自然功率因数角的正切值；

$\tan\varphi_2$——应达到的功率因数角的正切值。

为计算方便，依考核标准每千瓦负荷所需的无功电源补偿容量可参见表 5-10。

表 5-10　　　　　为得到所需 $\cos\varphi_2$ 每千瓦负荷所需的电容量　　　　　kvar/kW

补偿前	补偿后 $\cos\varphi_2$											
$\cos\varphi_1$	0.70	0.75	0.80	0.82	0.84	0.86	0.88	0.90	0.92	0.94	0.96	0.98	1.00
0.60	0.31	0.45	0.58	0.64	0.69	0.74	0.80	0.85	0.91	0.97	1.04	1.13	1.33
0.62	0.25	0.39	0.52	0.57	0.62	0.67	0.73	0.78	0.84	0.90	0.97	1.06	1.27
0.64	0.18	0.32	0.45	0.51	0.56	0.61	0.67	0.72	0.78	0.84	0.91	1.00	1.20
0.66	0.12	0.26	0.39	0.45	0.49	0.55	0.60	0.66	0.71	0.78	0.85	0.94	1.14
0.68	0.06	0.20	0.33	0.38	0.43	0.49	0.54	0.60	0.65	0.72	0.79	0.88	1.08
0.70		0.14	0.27	0.33	0.38	0.43	0.49	0.54	0.60	0.66	0.73	0.82	1.02
0.72		0.08	0.22	0.27	0.32	0.38	0.43	0.48	0.54	0.60	0.67	0.76	0.97
0.74		0.03	0.16	0.21	0.26	0.32	0.37	0.43	0.48	0.55	0.62	0.71	0.91
0.76			0.11	0.16	0.21	0.26	0.32	0.37	0.43	0.50	0.56	0.65	0.86
0.78			0.05	0.11	0.16	0.21	0.27	0.32	0.38	0.44	0.51	0.60	0.80
0.80				0.05	0.10	0.16	0.21	0.27	0.33	0.39	0.46	0.55	0.75
0.82					0.05	0.10	0.16	0.21	0.27	0.33	0.40	0.49	0.70
0.84						0.05	0.11	0.16	0.22	0.28	0.35	0.44	0.65
0.86							0.06	0.11	0.17	0.23	0.30	0.39	0.59
0.88								0.06	0.11	0.17	0.25	0.33	0.54
0.90									0.06	0.12	0.19	0.28	0.43

应该指出，按以上方法计算所得补偿容量并非无功平衡容量，也不一定是最经济的补偿容量，而经济功率因数主要取决于电力系统的供电方式，见表 5-11。经济补偿容量及其最优分布要在具体工程中计算确定。

表 5-11   经济功率因数指标

供电方式	用户端的经济功率因数
发电厂直配供电	0.8~0.85
经过 2-3 级变压	0.9~0.95
经过 3-4 级变压	0.95~0.98

四、最佳补偿容量的确定

确定最佳补偿容量的出发点，主要如下：按补偿后网损最小的原则来确定；按补偿后电力网年运行费最小来确定；按补偿后电力网的年支出费用最小来确定；按最优网损微增率来确定及按经济功率因数来确定。由于各方法的出发点不同，因此所确定的补偿容量和补偿的经济效益也不一致。

1. 按网损最小来确定补偿容量

无功负荷曲线如图 5-9 所示。设电力网补偿容量 Q_c，则全年的电能损耗与负荷的关系如式（5-42）所示。

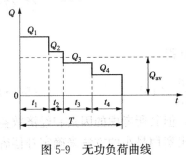

图 5-9 无功负荷曲线

$$\Delta A = \Delta P_c Q_c T + \frac{R}{U^2}\big[(Q_1 - Q_c)^2 t_1 + (Q_2 - Q_c)^2 t_2 + (Q_3 - Q_c)^2 t_3 + (Q_4 - Q_c)^2 t_4\big] \times 10^{-3} \quad (5\text{-}42)$$

式中 ΔP_c——补偿装置每千乏的有功损耗，kW/kvar；

T——年运行时间；

R——补偿点至电源的等值电阻，Ω；

U——补偿点的电网额定电压，kV。

取 $\dfrac{\mathrm{d}\Delta A}{\mathrm{d}Q_c}=0$，得

$$\Delta P_c T - 2\big[(Q_1 - Q_c)t_1 + (Q_2 - Q_c)t_2 + (Q_3 - Q_c)t_3 + (Q_4 - Q_c)t_4\big] \times \frac{R}{U^2} \times 10^{-3} = 0$$

其中 $Q_1 t_1 + Q_2 t_2 + Q_3 t_3 + Q_4 t_4 = Q_{av} T = Q_{max} \tau_{max}$

式中 Q_{av}——最大负荷月的平均无功负荷，kvar；

τ_{max}——年最大负荷损耗小时数，h。

又因 $Q_c t_1 + Q_c t_2 + Q_c t_3 + Q_c t_4 = Q_c T$

故有 $Q_c - Q_{av} = -\Delta P_c \dfrac{U^2 \times 10^3}{2R}$

令 Q_{c1} 为按网损最小确定的补偿容量，则

$$Q_{c1} = Q_{av} - \Delta P_c \frac{U^2 \times 10^3}{2R} \quad (5\text{-}43)$$

或 $$Q_{c1} = Q_{max} \frac{\tau_{max}}{T} - \Delta P_c \frac{U^2 \times 10^3}{2R} \quad (5\text{-}44)$$

这种方法计算比较简单，但没有计入电容器投入所需的费用。尽管网损小，但不是最经济的。

2. 按年运行费用最小确定补偿容量

在前一种方法的基础上，不但计入了网损，而且还考虑了补偿装置的运行、维护费用，即按年运行费用最小来确定补偿容量。

年运行费用

$$F = \Delta A \beta + K_a K_c Q_c \tag{5-45}$$

式中　ΔA——年电能损耗，kwh；

　　　β——电价，元/kwh；

　　　K_c——补偿装置单位容量的综合投资，元/kvar；

　　　K_a——补偿装置的运行维护费用率。

令 Q_{c2} 为按年运行费最小确定的补偿容量，取 $\dfrac{dF}{dQ_c} = 0$ 得

$$Q_{c2} = Q_{av} - \left[\frac{K_a K_c}{\beta T} + \Delta P_c \right] \frac{U^2 \times 10^3}{2R} \tag{5-46}$$

3. 按年计算支出费用最小来确定补偿容量

这种方法是按补偿后经济效益最高来确定补偿容量，即同时考虑了年运行费和投资回收。

年计算支出费用

$$Z = F + K_e K_c Q_c \tag{5-47}$$

式中　K_e——投资回收率。

令 Q_{c3} 为按年计算支出费用最小确定补偿容量，取 $\dfrac{dZ}{dQ_c} = 0$ 得

$$Q_{c3} = Q_{av} - \left[\frac{(K_a + K_e) K_c}{\beta T} + \Delta P_c \right] \frac{U^2}{2R} \times 10^3 \tag{5-48}$$

上述三种方法的基本思想和计算公式的形式是很相似的，但其所考虑的因素和经济效益却各不相同。通过上述分析，可以清楚地看出，按年计算支出费用最小的方法来确定补偿容量，其经济效果是最好的。

以上方法适用于带有集中负荷的简单电力网，对于复杂的电力网，其计算是比较复杂。

4. 按最优网损微增率准则确定补偿容量

最优网损微增率准则是以年经济效益最高为基础来确定补偿容量的。

在网络中设置无功电源的先决条件是由无功电源设备所节省的电能费用（C_e）应大于设置无功电源所消耗的费用（C_c），即

$$C_e - C_c > 0$$

而寻求的目标是最优补偿条件，则

$$\left.\begin{array}{l} \max \quad C = C_e - C_c \\ C_e = \beta (\Delta P_{\Sigma 0} - \Delta P) \tau_{max} \\ C_c = (K_a + K_e) K_c Q_{ci} + \Delta P_c \beta T Q_{ci} \end{array}\right\} \tag{5-49}$$

式中　　　β——电价，元/kWh；

$\Delta P_{\Sigma 0}$、ΔP_Σ——补偿前后最大负荷下的有功网损；

　　　C_e——补偿前后的电价差，即补偿后节省电能费用；

　　　C_c——安装电容器所消耗的费用；

　　　Q_{ci}——节点 i 点安装无功补偿设备容量。

于是　　　　$C = \beta (\Delta P_{\Sigma 0} - \Delta P) \tau_{max} - (K_a + K_e) K_c Q_{ci} - \Delta P_c \beta T Q_{ci}$

令 $\dfrac{\partial C}{\partial Q_{ci}} = 0$，得

$$-\beta\tau_{max}\frac{\partial\Delta P_{\Sigma}}{\partial Q_{ci}}=-(K_a+K_e)K_c-\Delta P_c\beta T=0$$

这是因为，补偿前的网损 $\Delta P_{\Sigma 0}$ 与装设 Q_{ci} 无关，而补偿后的网损 ΔP_{Σ} 与装设 Q_{ci} 有关。于是

$$\frac{\partial\Delta P_{\Sigma}}{\partial Q_{ci}}=-\frac{(K_a+K_e)K_c+\Delta P_c\beta T}{\beta\tau_{max}}=\gamma_{eq} \tag{5-50}$$

或

$$\frac{\partial\Delta P_{\Sigma av}}{\partial Q_{ci}}=-\frac{(K_a+K_e)K_c+\Delta P_c\beta T}{\beta T}=\gamma_{eq} \tag{5-51}$$

方程式（5-50）和式（5-51）的等式左部为供电点增加单位容量电容器所引起的电网损耗变化量，故称为网损的微增率。右半部称为最优网损微增率，其值通常为负值，称为无功经济当量。

确定 i 点最优补偿的具体条件是

$$\frac{\partial\Delta P_{\Sigma av}}{\partial Q_{ci}}\leqslant\gamma_{eq}=-\frac{(K_a+K_e)K_c+\Delta P_c\beta T}{\beta T} \tag{5-52}$$

式（5-52）说明，只有在网损微增率为负值且小于 γ_{eq} 的节点设置无功补偿设备才是合理的，即补偿后网损应该下降，且经济效益最高。

最小网损微增率准则是按经济效益最高来研究补偿容量的，即可直接求出最优补偿容量和容量的最优分布。因此适用于确定开式电网最佳补偿容量总值和各节点的补偿容量值。各节点补偿容量确定如下

因为

$$\Delta P_{\Sigma av}=\left[\frac{(Q_1-Q_{c1})^2R_1}{U^2}+\cdots+\frac{(Q_n-Q_{cn})^2R_n}{U^2}\right]\times10^{-3}$$

$$\frac{\partial\Delta P_{\Sigma av}}{\partial Q_{c1}}=-2(Q_1-Q_{c1})\frac{R_1}{U^2}\times10^{-3}=\gamma_{eq}$$

又

$$\gamma_{eq}=-\frac{(K_a+K_e)K_c+\Delta P_c\beta T}{\beta T}$$

所以

$$Q_{c1}=Q_1-\frac{(K_a+K_e)K_c+\Delta P_c\beta T}{\beta T}\cdot\frac{U^2}{2R_1}\times10^3 \tag{5-53}$$

同理可得 Q_{ci}，$i=2$，3，$\cdots$，n。

5. 按经济功率因数和补偿标准确定补偿容量

设补偿前的功率因数为 $\cos\varphi_1$，补偿后达到考核标准的功率因数为 $\cos\varphi_2$，计算如式（5-41），即

$$Q_c=P_{av}(\tan\varphi_1-\tan\varphi_2)$$

若设 K_Q 为补偿装置每千瓦时的计算费用，ΔP 为装设补偿装置后减少的功率损失，β 仍为电价。补偿后的经济效益最大，为

$$\max\quad C=\beta\Delta A-K_QTQ_c=\beta\Delta PT-K_QTQ_c$$

$$\Delta P=\Delta P_{\Sigma 0}-\Delta P_{\Sigma}$$

由上式可知，$\Delta P_{\Sigma 0}$ 与 Q_c 无关。若忽略补偿装置的有功损耗，则

$$C=\beta T\Delta P_{\Sigma 0}-\beta T\Delta P_{\Sigma}-K_QTQ_c=\beta T\Delta P_{\Sigma 0}-\beta\big[(Q_1-Q_c)^2t_1$$

$$+\cdots+(Q_n-Q_c)^2t_n\big]\frac{R}{U^2}\times10^{-3}-K_QTQ_c$$

取 $\frac{\partial C}{\partial Q_c}=0$，得

$$\frac{\partial C}{\partial Q_c} = K_Q T - \beta [(Q_1 - Q_c)t_1 + \cdots + (Q_n - Q_c)t_n] \frac{2R}{U^2} \times 10^{-3} = 0$$

$$K_Q T - 2\beta \frac{R}{U^2} Q_{av} T \times 10^{-3} + 2\beta \frac{R}{U^2} Q_c T \times 10^3 = 0$$

$$Q_c = Q_{av} - \frac{K_Q U^2}{2R\beta} \times 10^3 \qquad\qquad (5\text{-}54)$$

将公式（5-41）代入（5-54）于是

$$Q_{av} - \frac{K_Q U^2}{2R\beta} \times 10^3 = P_{av}(\tan\varphi_1 - \tan\varphi_2)$$

因为

$$\frac{Q_{av}}{P_{av}} = \tan\varphi_1$$

所以

$$\tan\varphi_2 = \frac{K_Q U^2}{2R\beta P_{av}} \times 10^3 \qquad\qquad (5\text{-}55)$$

上述 5 种确定无功电源容量的方法，归纳其适用范围如下：

方法 1：这种方法适用于网络末端为集中负荷，当补偿容量较小时，作近似计算用。

方法 2：适用于线路末端为集中负荷的电力用户。当补偿设备容量较大、利用率较高时，补偿效益显著。在功率因数受奖励的电费比例较大，可以不考虑投资回收时采用这种方法。

方法 3：适用于确定大中型电力用户或电力网中变电站的最优补偿容量，但总补偿容量在整个供电范围内的分配，需另外计算。

方法 4：适用于各种简单和复杂的开式网的最优补偿容量及各负荷节点补偿容量的最优分配。

方法 5：适用于电力规划对补偿容量的概算，或各类型电力用户为功率因数达到标准而确定的经济补偿容量。

五、各种补偿容量计算方法的比较

现用典型配电线路为例来比较计算各种补偿容量计算方法。

配电线图形示于图 5-10 中。已知 $P_1 = 200\text{kW}$，$P_2 = 150\text{kW}$，$P_3 = 100\text{kW}$，$Q_1 = 250\text{kvar}$，$Q_2 = 200\text{kvar}$，$Q_3 = 150\text{kvar}$。今拟定在 S_1、S_2、S_3 处进行补偿，试确定补偿容量。

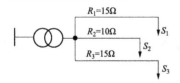

图 5-10　配电线路图

1. 按网损最小进行计算

因为

$$Q_{ci} = Q_i - \Delta P_c \frac{U^2}{2R_i} \times 10^{-3} \quad (i = 1, 2, 3)$$

故

$$Q_c = \Sigma Q_{ci} = \Sigma Q_i - \frac{\Delta P_c U^2}{2}\left(\Sigma \frac{1}{R_i}\right) \times 10^3$$

如果 $\Delta P_c = 0.003\text{kW/kvar}$，则

$$Q_{c1} = Q_1 - \frac{\Delta P_c U^2}{2R_1} \times 10^3$$

$$= 250 - 0.003 \frac{10^2}{2 \times 15} \times 10^3$$

$$= 240\text{kvar}$$

同理　　　　　$Q_{c2} = 185\text{kvar}$　　$Q_{c3} = 140\text{kvar}$　　$Q_c = \Sigma Q_{ci} = 565\text{kvar}$

补偿度　　　　　$$K = \frac{Q_c}{Q} = \frac{\Sigma Q_{ci}}{\Sigma Q_i} = \frac{565}{600} = 94.2\%$$

补偿后的总功率因数

$$\tan\varphi = \frac{\Sigma Q_i - \Sigma Q_{ci}}{\Sigma P_i} = \frac{35}{450}$$

$$\cos\varphi = 0.997$$

$$\Delta P = \Sigma \Delta P_i = \left[(\Sigma Q_i - \Sigma Q_{ci})^2 R_i \right] \frac{1}{U^2} \times 10^{-3}$$

$$= (250 - 240)^2 \times 15 \times \frac{1}{10^2} \times 10^{-3} + (200 - 185)^2 \times 10 \times \frac{1}{10^2} \times 10^{-3}$$

$$+ (150 - 140)^2 \times 15 \times \frac{1}{10^2} \times 10^{-3}$$

$$= 0.0525\text{kW}$$

2. 按年运行费用最小计算

$$Q_{ci} = Q_i - \left[\frac{K_a K_c}{\beta T} + \Delta P_c \right] \frac{U^2}{2R_i} \times 10^3$$

故

$$Q_c = \Sigma Q_{ci} = \Sigma Q_i - \left[\frac{K_a K_c}{\beta T} + \Delta P_c \right] \frac{U^2}{2} \left(\Sigma \frac{1}{R_i} \right) \times 10^3$$

若取 $K_c = 30$ 元/kvar, $K_a = 0.1$, $\beta = 0.045$ 元/kWh, 则

$$Q_{c1} = Q_1 - \left[\frac{K_a K_c}{\beta T} + \Delta P_c \right] \frac{U^2}{2R_1} \times 10^3$$

$$= 250 - \left[\frac{0.1 \times 30}{0.045 \times 8760} + 0.003 \right] \frac{10^2 \times 10^3}{2 \times 15}$$

$$= 214.64\text{kvar}$$

同理

$$Q_{c2} = 146.96\text{kvar}$$

$$Q_{c3} = 114.64\text{kvar}$$

$$Q_c = \Sigma Q_{ci} = 476.24\text{kvar}$$

补偿度　　　　　$$K = \frac{Q_c}{Q} = 79.4\%$$

$$\tan\varphi = \frac{\Sigma Q_i - \Sigma Q_{ci}}{P} = 0.275$$

$$\cos\varphi = 0.964$$

$$\Delta P = \Sigma \Delta P_i = 0.656\text{kW}$$

3. 按年计算支出费用最小计算

$$Q_c = \Sigma Q_{ci} = \Sigma Q_i - \left[\frac{K_a + K_e}{\beta T} K_c + \Delta P_c \right] \left(\Sigma \frac{1}{R_i} \right) \frac{U^2}{2} \times 10^3$$

取抵偿年限 $N = 5$ 年, 则 $K_e = 1/N = 0.2$, 于是

$$Q_{c1} = 250 - \left[\frac{0.1 + 0.2}{8760 + 0.045} \times 30 + 0.003 \right] \frac{10^2 \times 10^3}{2 \times 15} = 163.9\text{kvar}$$

$$Q_{c2} = 70.85\text{kvar}$$

$$Q_{c3} = 63.9\text{kvar}$$

$$Q_c = \Sigma Q_{ci} = 298.65\text{kvar}$$

补偿度 $\quad K = \dfrac{Q_c}{Q} = 49.8\%$

$$\tan\varphi = \frac{\Sigma Q_i - \Sigma Q_{ci}}{P} = 0.669$$

$$\cos\varphi = 0.831$$

$$\Delta P = \Sigma \Delta P_i = 3.89\text{kW}$$

4. 按最优网损微增率准则计算

$$\gamma_{eq} = -\frac{(K_a + K_e)K_c + \Delta P_c \beta T}{\beta T}$$

$$= -\frac{(0.1 + 0.2) \times 30}{0.045 \times 8760} - 0.003$$

$$= -0.025$$

依据 $\dfrac{\partial \Delta P}{\partial Q_{ci}} = \gamma_{eq}$ ，求得

$$Q_{c1} = 163.9\text{kvar}$$

$$Q_{c2} = 70.85\text{kvar}$$

$$Q_{c3} = 63.9\text{kvar}$$

$$Q_c = \Sigma Q_{ci} = 298.65\text{kvar}$$

其结果与方法三的结果相同。

5. 按补偿标准计算

补偿前的功率因数为

$$\tan\varphi_1 = \frac{Q}{P} = 1.333$$

$$\cos\varphi_1 = 0.6$$

补偿后的功率因数为 $\cos\varphi_2 = 0.85$ ，则

$$\tan\varphi_2 = 0.619$$

$$Q_c = P(\tan\varphi_1 - \tan\varphi_2) = 321\text{kvar}$$

补偿度 $\qquad K = \dfrac{Q_c}{Q} = \dfrac{321}{600} = 53.5\%$

令 S_1 、 S_2 、 S_3 处补偿后的功率因数均为 0.85，则

$$\tan\varphi_{s1} = \frac{Q_1}{P_1} = 1.25$$

$$Q_{c1} = P_1(\tan\varphi_{s1} - \tan\varphi_2) = 125\text{kvar}$$

$$\tan\varphi_{s2} = \frac{Q_2}{P_2} = 1.333$$

$$Q_{c2} = P_2(\tan\varphi_{s2} - \tan\varphi_2) = 107.15\text{kvar}$$

$$\tan\varphi_{s3} = \frac{Q_3}{P_3} = 1.5$$

$$Q_{c3} = P_3(\tan\varphi_{s3} - \tan\varphi_2) = 88.1\text{kvar}$$

$$\Delta P = \Sigma\Delta P_i = 3.78\text{kW}$$

各年的年计算费用列于表 5-12 中。

表 5-12 不同方法的年计算费用表

序号	方法名称	补偿容量 (kvar)	补偿度 (%)	补偿后 $\cos\varphi$	年计算费用（元）				合计
					投资回收	网损	电容损耗	折旧维修	
1	网损最小	565	94.2	0.997	3390	20.7	668.2	1695	5773.9
2	年运行费最小	476.2	79.4	0.964	2857.2	258.8	572.3	1428.6	5116.9
3	年支出费最小	298.7	49.8	0.831	1792.2	1532.7	359	896.1	4580
4	最优网损微增率	298.7	49.8	0.831	1792.2	1532.7	359	896.1	4580
5	补偿标准	321	53.5	0.85	1926	1314.1	385.8	963	4588.9

六、无功电源的最优分布

1. 按等网损微增率合理分配无功电源

在所需总无功电源容量确定以后，为使输送无功功率所引起的网损最小，获得最佳的经济效益，因此必须研究解决无功电源设备的最优分布。采用的方法是等网损微增率准则。等网损微增率是非线性规划问题，亦是多元函数极值的问题。方法是在确定目标函数和约束条件后，应用拉格朗日乘数法求得最优分布条件。

这里，目标函数是与补偿装置有关部分的电力总有功功率损耗 ΔP_Σ。

$$\Delta P_\Sigma = f(Q_{ci})$$

电力系统输入的无功功率 ΣQ_S，网内所有发电机无功可调出力 ΣQ_F，补偿装置的总容量 ΣQ_{ci}，网络总无功负荷 ΣQ_i，以及网络无功损耗 ΔQ_Σ 应保持平衡，这就构成了无功电源最优分布的等约束条件

$$\Sigma Q_S + \Sigma Q_F + \Sigma Q_{ci} - \Sigma Q_i - \Delta Q_\Sigma = 0 \tag{5-56}$$

此外，在分析无功电源分布时，还应考虑以下两个不等式约束条件。

$$Q_{cimin} < Q_{ci} < Q_{cimax} \tag{5-57}$$

$$U_{imin} < U_i < U_{imax} \tag{5-58}$$

运用拉格朗日乘数法求解最优分布条件时，必须引进参数 λ，构成与真正目标函数有关的辅助目标函数。这样，才能将一个约束极值问题化为无约束的极值问题。辅助目标函数是

$$C = \Delta P_\Sigma - \lambda(\Sigma Q_S + \Sigma Q_F + \Sigma Q_{ci} - \Sigma Q_i - \Delta Q_\Sigma) \tag{5-59}$$

为求 C 的最小值，取 $\dfrac{\partial C}{\partial Q_{ci}} = 0$ 及 $\dfrac{\partial C}{\partial \lambda} = 0$，即

$$\frac{\partial C}{\partial Q_{ci}} = \frac{\partial\Delta P_\Sigma}{\partial Q_{ci}} - \lambda\left(1 - \frac{\partial\Delta Q_\Sigma}{\partial Q_{ci}}\right) = 0$$

$$\frac{\partial C}{\partial \lambda} = \Sigma Q_S + \Sigma Q_F + \Sigma Q_{ci} - \Sigma Q_i - \Delta Q_\Sigma = 0$$

如此有

$$\left.\begin{aligned}\frac{\partial \Delta P_{\Sigma}}{\partial Q_{ci}} \cdot \frac{1}{1 - \frac{\partial \Delta Q_{\Sigma}}{\partial Q_{ci}}} &= \lambda \\ \Sigma Q_S + \Sigma Q_F + \Sigma Q_{ci} - \Sigma Q_i - \Delta Q_{\Sigma} &= 0\end{aligned}\right\}\tag{5-60}$$

当不考虑无功损失时，则有

$$\left.\begin{aligned}\frac{\partial \Delta P_{\Sigma}}{\partial Q_{ci}} &= \lambda \\ \Sigma Q_S + \Sigma Q_F + \Sigma Q_{ci} - \Sigma Q_i &= 0\end{aligned}\right\}\tag{5-61}$$

（1）补偿容量在典型辐射式分支线路中的最佳分配。图 5-11 所示为配电网典型辐射式配电线路，其中共有 n 条支路，无功负荷在网络中产生的有功损耗为

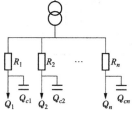

图 5-11　辐射式配电线路

$$\begin{aligned}\Delta P_{\Sigma} &= \frac{(Q - Q_c)^2 R}{U^2} \\ &= \frac{(Q_1 - Q_{c1})^2}{U^2}R_1 + \frac{(Q_2 - Q_{c2})^2}{U^2}R_2 + \cdots \\ &\quad + \frac{(Q_n - Q_{cn})^2}{U^2}R_n = \sum_{i=1}^{n} \frac{(Q_i - Q_{ci})^2}{U^2}R_i\end{aligned}$$

取 $\dfrac{\partial \Delta P_{\Sigma}}{\partial Q_{ci}}$，得

$$\frac{\partial \Delta P_{\Sigma}}{\partial Q_{c1}} = -2(Q_1 - Q_{c1})\frac{R_1}{U^2} = \lambda$$

$$\frac{\partial \Delta P_{\Sigma}}{\partial Q_{c2}} = -2(Q_2 - Q_{c2})\frac{R_2}{U^2} = \lambda$$

$$\vdots$$

$$\frac{\partial \Delta P_{\Sigma}}{\partial Q_{cn}} = -2(Q_n - Q_{cn})\frac{R_n}{U^2} = \lambda$$

如有

$$(Q_1 - Q_{c1})R_1 = (Q_2 - Q_{c2})R_2 = \cdots = (Q_n - Q_{cn})R_n = (Q - Q_c)R \tag{5-62}$$

公式（5-62）是无功电源在典型辐射电网中的最佳分配公式，通常称为无功补偿的反比例原则，即每条线路的补偿容量与其等值电阻的乘积为一常数。这个公式也可写成下列形式

$$\left.\begin{aligned}Q_{c1} &= Q_1 - \frac{(Q - Q_c)}{R_1}R \\ Q_{c2} &= Q_2 - \frac{(Q - Q_c)}{R_2}R \\ &\cdots\cdots \\ Q_{cn} &= Q_n - \frac{(Q - Q_c)}{R_n}R\end{aligned}\right\}\tag{5-63}$$

可见，只要求出等值电阻 R 和 R_n（$i=1$，2，$\cdots$，n），便可求出各分支线路补偿容量的最佳值。

仍以图 5-11 为例，令 $Q = 600\text{kvar}$，$Q_c = 321\text{kvar}$，由 $(Q_1 - Q_{c1})R_1 = (Q_2 - Q_{c2})R_2 =$

$(Q_3-Q_{c3})R_3=(Q-Q_c)R$ 得

$$Q_{c1}=Q_1-\frac{Q-Q_c}{R_1}R$$
$$=Q_1-\frac{(Q-Q_c)}{R_1}\frac{R_1R_2R_3}{R_1R_2+R_2R_3+R_3R_1}$$
$$=250-\frac{(600-321)}{15}\frac{15\times10\times15}{15\times10+10\times15+15\times15}$$
$$=170.28\text{kvar}$$

同理

$Q_{c2}=80.44\text{kvar}$

$Q_{c3}=70.3\text{kvar}$

$\Delta P=\Sigma\Delta P_i=3.334\text{kW}$

（2）补偿容量在非典型辐射式配电线路中的最佳分配。非典型辐射式配电线路如图 5-12 所示。

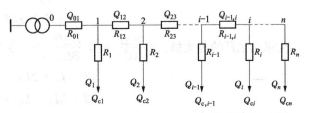

图 5-12 非典型辐射式配电线路

应用公式（5-62）对第 i 个节点其分配关系可以表示为

$$Q_{ci}=Q_i-\frac{(Q_{i-1,i}-Q_{ci,i})}{R_i}R_{\Sigma i}\qquad(5\text{-}64)$$

式中 Q_{ci}——第 i 个分支线路的补偿容量，$i=1,2,\cdots,n$；

Q_i——第 i 个分支线路的无功负荷；

$Q_{i-1,i}$——第 $i-1$ 个和第 i 个节点之间支路的无功负荷；

$Q_{ci,i}$——第 i 个节点后所有分支的补偿容量；

$R_{\Sigma i}$——第 i 个分节点后的等值电阻；

R_i——第 i 个分支的电阻。

当支线电阻比干线电阻小很多时，支线电阻可以略去，则

$$R_{\Sigma i}=\frac{R_iR_{\Sigma(i+1)}}{R_i+R_{\Sigma(i+1)}}\qquad(5\text{-}65)$$

实际网络的结线一般都比较复杂，但都可以用公式（5-64）求出各分支的补偿容量，利用公式（5-65）求出各节点的等值电阻。

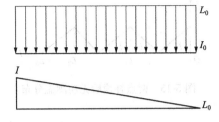

图 5-13 无功负荷均匀分布

2. 负荷均匀分布条件下补偿容量最佳分配的计算

通常在配电网中，负荷沿线路的分布是很不规则的，而且负荷的分布规律很难用数学解析式来描述。但是，一切复杂电网总是由简单线路综合而成的。因此，在这里只是对简单的均匀负荷分布进行分析，以便于复杂网络的研究。

设负荷沿配电线路均匀分布，如图 5-13 所示。若线路长度 $L_0=1$，单位长度的电阻为 r，且单位长度的负荷密度 $I_0=1$，则总负荷 $I=I_0L_0=1$。

（1）单点补偿。设在 L_1 处补偿容量为 I_1，则补偿后的无功潮流分布如图 5-14 所示。

补偿后线路中各点潮流分布可按下式求出

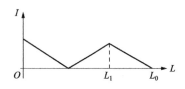

图 5-14 补偿后无功潮流分布

L_1-L_0 $I_{x1}=(L_0-x)I_0=1-x$

O-L_1 $I_{x2}=(1-x)-I_1$

经补偿后网损减小的数值为

$$\begin{aligned}\Delta P &= \Delta P_1-\Delta P_2\\ &=\int_0^{L_1} I_{x1}^2 r\mathrm{d}x-\int_0^{L_1} I_{x2}^2 r\mathrm{d}x\\ &=\int_0^{L_1}(1-x)^2 r\mathrm{d}x-\int_0^{L_1}[(1-x)-I_1]^2 r\mathrm{d}x\\ &=I_1L_1r(2-I_1-L_1)\end{aligned}$$

为求出 ΔP 的极大值，令$\dfrac{\partial\Delta P}{\partial I_1}=0$，$\dfrac{\partial\Delta P}{\partial L_1}=0$，得

$$\begin{cases}2-I_1-2L_1=0\\2-2I_1-L_1=0\end{cases}$$

解上述方程组有

$$L_1=2/3,\quad I_1=2/3$$

因设总长度 $L_0=1$，总负荷 $I=1$，故有

$$L_1=\frac{2}{3}L_0,\quad I_1=\frac{2}{3}I$$

补偿度 $K=I_1/I=2/3=66.7\%$

剩余无功负荷可在线路首端集中补偿。补偿前的总线损为

$$\Delta P'=\int_0^{L_0}(1-x)^2 r\mathrm{d}x=1/3r$$

补偿后线损减少的数值为

$$\Delta P=I_1L_1r(2-I_1-L_1)=\frac{2}{3}\cdot\frac{2}{3}r(2-\frac{2}{3}-\frac{2}{3})=\frac{8}{27}r$$

线损下降率为

$$\Delta P/\Delta P'=\frac{8}{27}/\frac{1}{3}=88.9\%$$

（2）两点补偿。如补偿位置设在 L_1、L_2 处，补偿容量分别为 I_1、I_2。则补偿后的无功潮流分布如图 5-15 所示。

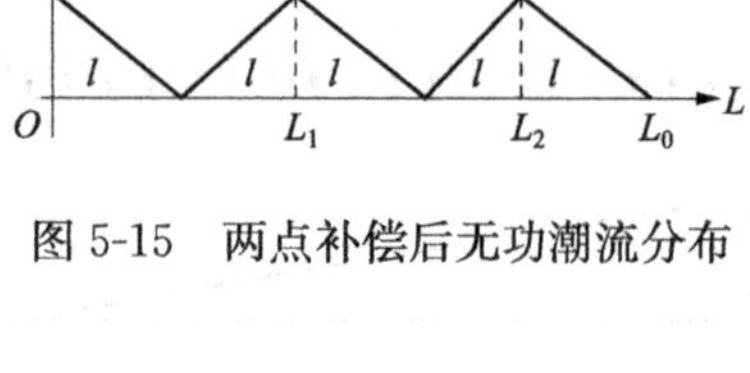

图 5-15 两点补偿后无功潮流分布

补偿后线路各点的无功潮流为

L_2-L_0 区间 $I_{x1}=1-x$

L_1-L_2 区间 $I_{x2}=1-x-I_2$

O-L_1 区间 $I_{x3}=1-x-I_1-I_2$

补偿后线损减小的数值为

$$\begin{aligned}\Delta P &= \Delta P_1-\Delta P_2\\ &=\int_0^{L_2}(1-x)^2 r\mathrm{d}x-\int_0^{L_1}(1-x-I_1-I_2)^2 r\mathrm{d}x-\int_{L_1}^{L_2}(1-x-I_2)^2 r\mathrm{d}x\\ &=r[I_1L_1(2-I_1-2I_2-L_1)+I_2L_2(2-I_2-L_2)]\end{aligned}$$

为求出 ΔP 的极大值，令 $\frac{\partial \Delta P}{\partial L_1}=0$，$\frac{\partial \Delta P}{\partial L_2}=0$，得

$$\begin{cases} L_1 = \frac{1}{2}(2-I_1-2I_2) \\ L_2 = \frac{1}{2}(2-I_2) \end{cases}$$

将 L_1、L_2 代入 ΔP 方程，得

$$\Delta P = \frac{1}{4}I_1(2-I_1-2I_2)^2 + \frac{1}{4}I_2(2-I_2)^2$$

令 $\frac{\partial \Delta P}{\partial I_1}=0$，$\frac{\partial \Delta P}{\partial I_2}=0$，得

$$\begin{cases} (2-I_1-2I_2)(2-3I_1-2I_2)=0 \\ -4I_1(2-I_1-2I_2)+4+3I_2^2-8I_2=0 \end{cases}$$

解得

$$I_1 = \frac{2}{5}I \quad L_1 = \frac{2}{5}L_0$$
$$I_2 = \frac{2}{5}I \quad L_2 = \frac{4}{5}L_0$$

补偿度

$$K = \frac{2}{5}+\frac{2}{5}=80\%$$

补偿后线损下降为

$$\Delta P = 0.32r$$

线损下降率为

$$\Delta P/\Delta P' = 0.32/\frac{1}{3}=96\%$$

由上述分析可知，无功负荷沿线均匀分布时，每组无功电源补偿区为 $2l$，前端 l 的无功功率由首端电源提供。如果补偿电源为 n，则

$$l = \frac{1}{2n+1}L_0 \tag{5-66}$$

第 i 组无功电源的安装位置为

$$l_i = \frac{2i}{2n+1}L_0 \tag{5-67}$$

第 i 组无功电源的最佳补偿容量为

$$I_i = \frac{2}{2n+1}I \tag{5-68}$$

总补偿容量为

$$I_c = \frac{2n}{2n+1}I \tag{5-69}$$

补偿度

$$K = \frac{2n}{2n+1}\times 100\% \tag{5-70}$$

补偿前的线损为

$$\Delta P_1 = \int_0^{L_0} (L_0 - x)^2 I_0^2 r \mathrm{d}x = \frac{1}{3} I_0^2 r \tag{5-71}$$

补偿后,每组电容器的补偿区为 $2l$,每 l 长度内的无功负荷为 $\frac{1}{2n+1} I_0$,总电阻为 $\frac{1}{2n+1} r$,补偿后的线损为

$$\begin{aligned}\Delta P_2 &= (2n+1) \times \frac{1}{3} \times \frac{I_0^2}{(2n+1)^2} \times \frac{r}{2n+1} \\ &= \frac{I_0^2 r}{3(2n+1)^2}\end{aligned} \tag{5-72}$$

线损下降率为

$$\begin{aligned}\Delta P\% &= \frac{\Delta P_1 - \Delta P_2}{\Delta P_1} \times 100\% \\ &= \left[1 - \frac{1}{(2n+1)^2}\right] \times 100\%\end{aligned} \tag{5-73}$$

七、配电网无功电源优化系统的实用方法

1. 无功补偿与电压损失和功率损失的关系

(1) 无功补偿对电压损失的影响。

补偿前电压损失为
$$\Delta U_1 = \frac{PR + QX}{U_N} \tag{5-74}$$

补偿后电压损失为
$$\Delta U_2 = \frac{PR + (Q - Q_c)X}{U_N} \tag{5-75}$$

补偿后电压损失减少值为
$$\Delta U = \Delta U_1 - \Delta U_2 = \frac{Q_c X}{U_N} \tag{5-76}$$

从式中可见,电容补偿后线路电压损失减少值与补偿的容量成正比,所以无功补偿可以改善电压质量,在某种程度上起到了调压的作用。

(2) 无功补偿对功率损失的影响。

补偿前功率损失
$$\Delta P_1 = \frac{P^2 + Q^2}{U^2} R \times 10^{-3} \tag{5-77}$$

补偿后功率损失
$$\Delta P_2 = \frac{P^2 + (Q - Q_c)^2}{U^2} R \times 10^{-3} \tag{5-78}$$

补偿后功率损失减少值为
$$\Delta P = \Delta P_1 - \Delta P_2 = \frac{2QQ_c - Q_c^2}{U^2} R \times 10^{-3} \tag{5-79}$$

以功率因数表示功率损失为
$$\Delta P = 3I^2 R \times 10^{-3} = \frac{P^2 R}{U^2} \cdot \frac{1}{\cos^2 \varphi} \times 10^{-3} \tag{5-80}$$

补偿后功率损失下降率为
$$\Delta P\% = \frac{\Delta P_1 - \Delta P_2}{\Delta P_1} \times 100\% = \left(1 - \frac{\cos^2 \varphi_1}{\cos^2 \varphi_2}\right) \times 100\% \tag{5-81}$$

2. 变电站 10kV 线路补偿前后分析

以窟窿台变电站范家线线路为例,分析 10kV 线路进行无功补偿前后有功损耗和电压降。

(1) 10kV 配电线路网络参数图。范家线 10kV 配电线路网络参数如图 5-16 所示。

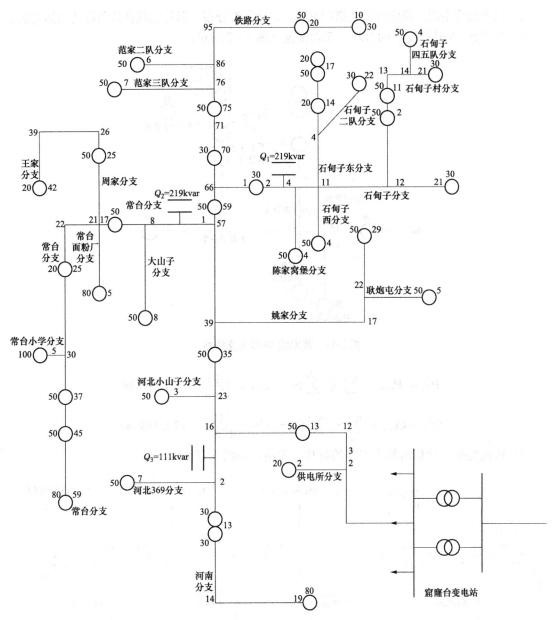

图 5-16 范家线 10kV 配电线路网络参数图

（2）10kV 配电线路潮流分布图简化。窟窿台变电站范家线 10kV 配电线路基本参数情况及 2005 年 5 月补偿前运行参数情况如表 5-13 所示。

表 5-13　　　　　范家线 10kV 配电线路基本情况及 2005 年 5 月运行参数统计表

线路总长（km）	最大供电半径（km）	导线型号	配电变压器台数（台）	配电变压器容量（kVA）	最大有功（kW）	最大无功（kvar）	功率因数	
							补偿前	补偿后
29.23	7.125	LGJ-70	39	1760	397	556	0.52	0.97

配电网络简化方法如下：

1）确定需要计算分析的干线。

2）以干线为主线，确定分支线路的有功、无功潮流分布。以范家线补偿前后的数据为例。

3）主干线 66 号分支点的有功、无功潮流如图 5-17 所示。

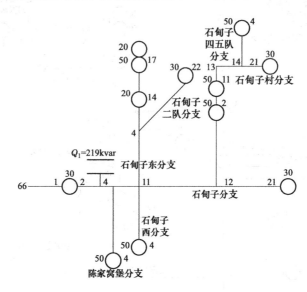

图 5-17 范家线 66 号分支线路

$$P'_{66} = P_{max} \times \sum_{66} S_i / \sum_1^n S_i = 397 \times \frac{540}{1760} = 121.81\text{kW}$$

$$Q'_{66} = Q_{max} \times \sum_{66} S_i / \sum_1^n S_i = 556 \times \frac{540}{1760} = 170.59\text{kvar}$$

4）依此类推，计算出每个支路的有功、无功，如图 5-18 所示。

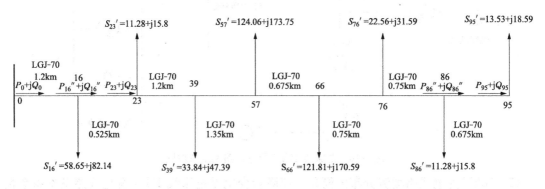

图 5-18 范家线 10kV 线路有功、无功潮流分布

（3）补偿前后功率损耗及电压损耗的分析。

1）补偿前 5 月份有功损耗和电压降计算。

$$\Delta P_{86-95} = \frac{P_{95}^2 + Q_{95}^2}{U_{av}^2} \times R_{86-95} \times 10^{-3}$$

$$\Delta P_{76-86} = \frac{(P_{95} + \Delta P_{86-95} + P'_{86})^2 + (Q_{95} + \Delta Q_{86-95} + Q'_{86})^2}{U_{av}^2} \times R_{76-86} \times 10^{-3}$$

依此类推

$$\Delta P_{0\text{-}16} = \frac{(P_{23} + \Delta P_{16\text{-}23} + P'_{16})^2 + (Q_{23} + \Delta Q_{16\text{-}23} + Q'_{16})^2}{U_{\text{av}}^2} \times R_{0\text{-}16} \times 10^{-3}$$

总的有功损耗 $\quad\quad\quad\quad\quad\quad \Delta P_{\text{be}} = \Sigma \Delta P_{i\text{-}j} = 6.46\text{kW}$

有功损耗率 $\quad\quad\quad \Delta P_{\text{be}}\% = \dfrac{\Delta P_{\text{be}}}{P_0} = \dfrac{6.46}{397 + 6.46} = 1.60\%$

$$\Delta U_{0\text{-}16} = \frac{P_0 R_{0\text{-}16} + Q_0 X_{0\text{-}16}}{U_0}$$

$$\Delta U_{16\text{-}23} = \frac{P''_{16} R_{16\text{-}23} + Q''_{16} X_{16\text{-}23}}{U_{16}} (其中 P''_{16} + jQ'_{16} = P_{23} + jQ_{23}$$

$$+ \Delta P_{16\text{-}23} + jQ_{16\text{-}23}, U_{16} = U_0 - \Delta U_{0\sim16})$$

依此类推

$$\Delta U_{86\text{-}95} = \frac{P''_{86} R_{86\text{-}95} + Q''_{86} X_{86\text{-}95}}{U_{76} - \Delta U_{76\text{-}86}} (其中 Q''_{86} = Q_{95} + \Delta Q_{86\text{-}95}, P''_{86} = P_{95} + \Delta P_{86\text{-}95})$$

总的电压降 $\quad\quad \Delta U_{\text{be}} = \Sigma \Delta U_{i\text{-}j} = 0.16\text{kV}$

电压损失率 $\quad\quad \Delta U_{\text{be}}\% = \dfrac{\Delta U_{\text{be}}}{U_0} = \dfrac{0.16}{11} = 1.45\%$

2）补偿后有功损耗和电压降计算。

将最佳补偿容量 549kvar 分成三组：第一组在 66 号杆，容量为 219kvar；第二组在 57 号杆，容量为 219kvar；第三组在 16 号杆，容量为 111kvar。

同理可得计算结果如下：

总的有功损耗为

$$\Delta P_{\text{af}} = 2.19\text{kW}$$

有功损失率为

$$\Delta P_{\text{af}}\% = 0.55\%$$

总的电压降为

$$\Delta U_{\text{af}} = 0.08\text{kV}$$

电压损失率为

$$\Delta U_{\text{af}}\% = 0.73\%$$

3）补偿前后有功损失和电压降分析。

补偿后比补偿前功率损耗下降率为

$$\Delta P\% = \frac{\Delta P_{\text{be}}\% - \Delta P_{\text{af}}\%}{\Delta P_{\text{af}}\%} = \frac{1.60 - 0.55}{1.60} = 65.625\%$$

补偿后比补偿前电压损失率减少值为

$$\Delta U\% = \frac{\Delta U_{\text{be}}\% - \Delta U_{\text{af}}\%}{\Delta U_{\text{be}}\%} = \frac{1.45 - 0.73}{1.45} = 49.7\%$$

通过窟窿台变电站范家线 2005 年 5 月补偿前、后分析可知，由计算得补偿前系统输送至线路的有功 $P_{\text{be}} = 403.46\text{kW}$，无功 $Q_{\text{be}} = 561.59\text{kvar}$；补偿后有功 $P_{\text{af}} = 399.19\text{kW}$，无功 $Q_{\text{af}} = 8.93\text{kvar}$。补偿前后有功基本相同，而补偿后系统向线路输送的无功大大减少，因此使得功率损失下降达 65.625%，电压损失率下降值为 49.7%，可见无功补偿具有明显的节能效果和改善电压的作用。

3. 无功补偿点对功率损耗及电压降分布的影响

电力网络图如图 5-19 所示。为了分析问题方便忽略变压器绕组的电压降和功率损耗。补偿前线路电压降和功率损耗分别表示为

$$\Delta U_1 = \frac{P_L R_{66} + Q_L X_{66}}{U_{66}} + \frac{P_L R_{10} + Q X_{10}}{U_{10}}$$

$$\Delta P_1 = \frac{P_L^2 + Q_L^2}{U_{66}^2} \times R_{66} \times 10^{-3} + \frac{P_L^2 + Q_L^2}{U_{10}^2} \times R_{10} \times 10^{-3}$$

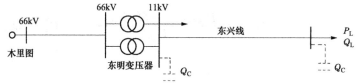

图 5-19　电力网络图

（1）补偿点设在线路首端的情况。

$$\Delta U_2 = \frac{P_L R_{66} + (Q_L - Q_C) X_{66}}{U_{66}} + \frac{P_L R_{10} + Q_L X_{10}}{U_{10}}$$

电压损耗下降值　　　$\Delta U = \Delta U_1 - \Delta U_2 = \dfrac{Q_C X_{66}}{U_{66}}$

$$\Delta P_2 = \frac{P_L^2 + (Q_L - Q_C)^2}{U_{66}^2} \times R_{66} \times 10^{-3} + \frac{P_L^2 + Q_L^2}{U_{10}^2} \times R_{10} \times 10^{-3}$$

通过分析可知，无功补偿点设在 10kV 线路首端时，10kV 线路的电压损耗和功率损耗并没有改变，只是变电站 10kV 母线以上的变压器和 66kV 线路上的电压损耗和功率损耗得到了改善，如图 5-20 所示。

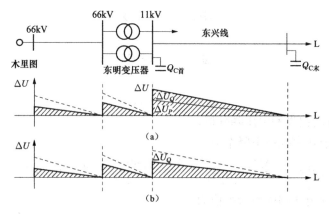

图 5-20　补偿点不同电压损耗曲线比较
（a）首端补偿；（b）末端补偿

（2）补偿点设在 10kV 线路末端的情况。

$$\Delta U_3 = \frac{P_L R_{66} + (Q_L - Q_C) X_{66}}{U_{66}} + \frac{P_L R_{10} + (Q_L - Q_C) X_{10}}{U_{10}}$$

电压损耗下降值 $\Delta U = \Delta U_1 - \Delta U_3 = \dfrac{Q_C X_{66}}{U_{66}} + \dfrac{Q_C X_{10}}{U_{10}}$

$$\Delta P_3 = \dfrac{P_L{}^2 + (Q_L - Q_C)^2}{U_{66}{}^2} R_{66} \times 10^{-3} + \dfrac{P_L{}^2 + (Q_L - Q_C)^2}{U_{10}{}^2} R_{10} \times 10^{-3}$$

分析可知，无功补偿点设在 10kV 线路末端，不仅变压器、66kV 线路电压损耗及功率损耗得到了改善，更重要的 10kV 整个线路损耗也都发生了变化，特别是 10kV 线路末端电压有显著的提高。

4. 配电网无功电源布点的实用方法

无功补偿容量的配置原则是"全面规划，合理补偿，分级安装，就地平衡"。

1）既要满足全规划区域总的无功电源平衡，又要满足分区、分线路的无功平衡，以便最大限度地减少电压和电能损耗。

2）集中补偿与分散补偿相结合，以分散补偿为主。

3）降损与调压相结合，以降损为主。

4）供电部门补偿与用户补偿相结合。

（1）随电动机布点（随机补偿）。把电容器与电动机直接连接，采用一套控制和保护装置与电动机一起投切。考虑到补偿后的综合经济效益，7.5kW 以下（年运行小时不足 500h）的电机不宜采用随机补偿方式。补偿容量按下式确定

$$Q_C = (0.9 \sim 0.95)\sqrt{3}U_N I_0 \tag{5-82}$$

式中 U_N——电动机的额定电压，kV；

$\qquad I_0$——电动机的空载电流，A。

（2）随变压器同台布点（随器补偿）。随变压器同台布点可以在高压侧，也可以在低压侧。随变压器布点最简单的安装接线方式是通过低压熔断器直接接在配电变压器二次侧出线端与配电变压器同台架设，这样可使安装费用大为降低。随变压器同台架设的固定无功补偿容量 Q_{CS} 按下式确定。

$$Q_{CS} = (0.9 \sim 0.95)\Delta Q_0 = (0.9 \sim 0.95)\dfrac{I_0\% S_N}{100} \tag{5-83}$$

式中 ΔQ_0——变压器的空载损耗，kvar；

$\qquad I_0\%$——变压器的空载电流百分数；

$\qquad S_N$——变压器的额定容量。

随变压器同台架设的动态无功补偿容量，根据不同负载率时的无功需求确定，数值上等于总的无功需求容量减去固定补偿容量，即

$$\begin{cases} Q_{CD} = \Sigma Q_L - Q_{CS} \\ \Sigma Q_L = P_L(\tan\varphi_1 - \tan\varphi_2) = \beta S_N(\sin\varphi_1 - \sin\varphi_2) \end{cases} \tag{5-84}$$

式中 ΣQ_L——总的无功需求容量，kvar；

$\qquad \beta$——变压器的负荷率；

$\qquad P_L$——变压器所带的负荷，kW；

$\qquad \varphi_1$——补偿前变压器的功率因数角；

$\qquad \varphi_2$——补偿后应达到的功率因数角，可以根据电力系统要求的考核标准确定。

随机补偿和随器补偿是无功就地平衡最有效的方法之一。因此，配电网无功平衡应着重

考虑这两种布点方式。

（3）沿线路分散布点。沿线路分散布点是一种固定补偿方式，若没有采用无功自动投切装置，它的作用只能补偿线路无功负荷的基荷部分，也就是补偿由它供电的未补偿的用户配电变压器空载无功之和。若采用无功自动投切装置，它不仅能补配电变压器空载无功的缺额部分，还能补动态无功负荷。

1）沿线路一点补偿时补偿点与补偿容量的确定。从线路末端统计无功容量，当统计到线路首端总容量的 1/3 时，此点为补偿点，其补偿容量 $\frac{2}{3}\times\sum_{i=1}^{i=5}Q_i$。此时从电源只吸收 $\frac{1}{3}Q_L$，如图 5-21 所示。

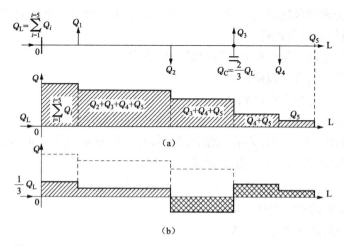

图 5-21　单点补偿前后的无功潮流分布
（a）补偿前；（b）补偿后

2）沿线路两点补偿时补偿点与补偿容量的确定。从线路末端统计无功容量，当统计到线路首端总容量的 1/5 时，此点为第一个补偿点，其补偿容量为总容量的 2/5；第二个补偿点为当从末端统计无功容量，统计到总容量的 3/5 时，此处为第二个补偿点，其容量为总容量的 2/5，如图 5-22 所示。

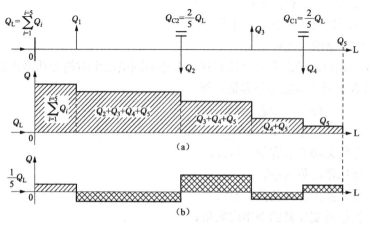

图 5-22　两点补偿前后的无功潮流分布
（a）补偿前；（b）补偿后

　　从理论分析表明，在无功负荷不变的条件下，沿线路单点补偿时无功电流引起的有功损耗下降率为88.9%，两点补偿时无功电流引起的有功损耗下降率为96%，三点补偿时为98%，说明分散补偿具有良好的节能效果。但并不是说补偿点越多越好，补偿点越多附加投资越大。因此，一般线路补偿最多不宜超过三个点。

　　(4) 变电站集中补偿。这种补偿方式是将电容器组连接在变电站二次母线上集中补偿，并配用控制保护装置，可以实现较为完善的保护。变电站集中补偿对上一级及变电站主变压器降损有效，而对配电网的降损作用较小，只是对改善变电站二次母线电压提高有一定效果。但在下一级电网无功电源不够完善的情况下，它是保证总受电端功率因数达到考核标准的不可缺少的有效方式。变电站的无功补偿容量应按下式确定

$$Q_C = P_{av}(\tan\varphi_1 - \tan\varphi_2) \tag{5-85}$$

式中　　P_{av}——变电站最大负荷月的平均负荷，kW；

　　　　$\tan\varphi_1$——变电站二次母线补偿前自然功率因数角的正切值；

　　　　$\tan\varphi_2$——变电站二次母线应达到的功率因数角的正切值。

　　变电站集中补偿投切方式应采用自动投切的动态补偿方式，有条件的尽可能采用分级投切的动态补偿。

　　5. 无功补偿投切方式问题

　　(1) 低压配电网无功补偿，首先提倡的是随机补偿，投切方式采用一套控制和保护装置与电动机一起投切，如图5-23所示。

　　对于用户10kV配电变电站，当变压器容量超过200kVA及以上时，可以采用电容器组按功率因数自动投切的动态补偿方式。

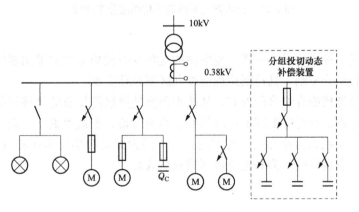

图 5-23　低压配电接线图

　　(2) 变压器随器补偿，电容器一般在变压器的二次侧通过保护开关直接接在二次电源上。

　　(3) 线路补偿，投切方式一般有跌落式开关投切、按功率因数投切或按电压约束无功需求投切的自动开关。跌落式开关投切电容器一般在线路末端，其容量不能超过跌落式熔断器短路开断能力，一般选90kvar及以下。按功率因数投切或按电压约束无功需求投切的自动开关（真空断路器或真空接触器）一般适设在线路的中间或首端，但由于投切方式不同补偿效果也不同，如图5-24所示。

　　从潮流分布中可见，对于均匀负荷分布的按功率因数投切，补偿点设在线路长度的2/3

处时，最大补偿容量为$\frac{1}{3}Q_\Sigma$，这是因为按功率因数补偿投切时功率因数最大设置为$\cos\varphi=1$，达到$\cos\varphi=1$时自动切除无功装置，所以补偿点无功倒送是不可能的。而按电压投切只要电压不超过规定的极限值，电容器不会自动切除。从无功潮流分布图可见，按电压约束无功需求投切补偿后的节省的余额面积远远大于按功率因数补偿后的余额面积。所以按电压约束无功需求控制投切方式的补偿效果显著（详见第八章）。

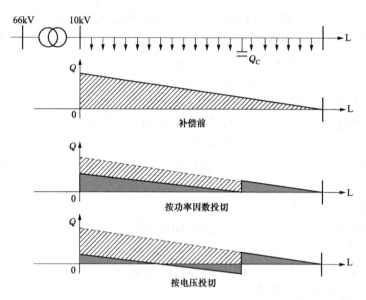

图 5-24　投切方式不同的无功潮流分布曲线

（4）变电站无功补偿的投切方式。变电站的无功补偿投切方式宜采用多级自动投切方式并与变压器调压相结合控制，其控制原理应按九区图原理实现。

配电网降损节能措施有许多种方式，从技术角度使网络降损节能经济运行，首要的措施就是无功补偿，特别是针对配电网电压质量低、负荷分散、负载率低、空载损耗大，自然功率因数低的现状，实施无功补偿是最有效的办法。因为无功补偿技术比较成熟、施工简便、投资少、效益快，有良好的社会和企业内部的双层效益。

第六章　配电网的网架规划

第一节　概　　述

一、配电网存在的主要问题以及规划的内容

1. 配电网存在的主要问题

掌握配电网现状及其存在的主要问题，是制定配电网规划的第一步。因为电网未来的发展都是以现状为基础的。配电网基本情况的数据有线路数、总长度、传送容量、传输距离、绝缘状态、开关数、导线情况等。配电网存在的主要问题有如下 7 方面：

(1) 现存配电网能否满足负荷发展的需要；

(2) 绝缘老化程度如何；

(3) 导线线径是否过细，有无"瓶颈"线路存在；

(4) 各线路供电可靠指标高低；

(5) 线路中开关的数量、投入时间、运行中发生过哪些故障；

(6) 线路损失率指标高低；

(7) 线路维修情况。

在配电网规划时要考虑规划区的经济地位，规划区在经济发展中的地位对配电网的规划任务有着重要的影响。规划区是否为工业开发区、商业中心、经济作物区、旅游区、农业开发区、科技中心区等，对规划区负荷的发展、供电可靠性的要求必将有所不同，也会影响规划的电网等级和规模。

2. 网架规划的内容

配电网的网架规划以负荷预测和电源规划为基础。配电网的网架规划是确定在何时、何地投建何种类型的线路及其回路数，以达到规划周期内所需要的输电能力，在满足各项技术指标的前提下使系统的费用最小。配电网的网架规划往往是针对具体电网发展中存在的问题确定具体内容的。其主要内容如下：

(1) 确定输电方式；

(2) 选择电网电压；

(3) 确定变电站布局和规模；

(4) 确定网络结构。

配电网网架规划的重点是对主网网架进行规划。如何加强主网网架结构，是电网规划最重要的内容之一，网架也是规划成败与否的关键。

二、配电网规划的条件及目标

1. 配电网网架规划应具备的条件

配电网规划的最终结果主要取决于原始资料及规划方法，配电网规划应具备的条件即可靠的原始资料以及优秀的规划方法。一个优秀的电网规划必须以坚实的前期工作为基础，包括搜集整理系统的电力负荷资料、当地的社会经济发展情况、电源点和输电线路方面的原始

资料等。原始资料包括：

（1）规划年度用电负荷的电力、电量资料，包括总水平，分省、分区及分变电站的电力电量值，以及必要的负荷特性参数。

（2）规划年度电源（现有和新增）的情况，包括电厂位置（厂址）、装机容量、单机容量和机型等；对于水电厂，除上述参数外，还应有不同水文年发电量、保证输出功率、受阻容量、重复容量、调节特性等参数；对于火电厂，还应考虑燃料来源以及需求量、运输条件和存储计划；对于风电场，还应考虑风资源情况是否满足开发大型风电场资源的条件，对于离岸风电场还需考虑国防、航道以及自然生态等因素；对于太阳能发电厂，还应考虑太阳能资源条件和规划区气候条件。

（3）现有电网（包括在建设和已列入基建计划的线路和变电站）基础资料，包括电压等级，网络接线，线路长度，导线型号，变电站主变压器容量、型式、台数等主要规范资料，一般应具有系统现状图（地理接线及单线接线图）。对未来网络规划的发展情况，包括可能架设新线路的路径、长度，以及变电站扩建和待建变电站地理资料应予掌握，以便能够形成足够数量的网络方案。

另外，在规划配电网的网架结构时还应考虑规划区经济发展、用电负荷的特点以及其增长情况。例如，在进行农村电力网的网架规划时，应掌握农业发展、用电负荷的季节特性以及地区用电负荷的增长规律。

2. 配电网网架规划的目标

改善配电网的各项运行指标是配电网规划的目标，也是建设和改造电网必须完成的任务。作为重要的运行指标，有供电可靠性指标、电压质量指标、线损率指标及容载比指标。这些运行指标在规划的电网付诸工程实践后应有明显的改善。

三、输电网与配电网的电压等级

1. 选择电压等级应考虑的因素

选择电压等级应考虑的因素有如下 6 项：①国家电压标准；②本网的电压系列；③简化电压等级；④全网经济效益；⑤设备制造能力；⑥电压等级的发展。

2. 发展更高一级电压等级应考虑的因素

（1）选择更高一级的电压，应与现有电网的电压系列相适应，相邻两级电压之比不低于 2，且第 i 级经济电压为 $U_i = \sqrt{U_{i-1}U_{i+1}}$；

（2）当系统的短路容量达到原有断路器最大短路容量时，则需寻求更高一级的电压；

（3）选择更高一级的电压等级，应考虑与邻近电网互联的可能性；

（4）要考虑国家对电气设备的研制和供应能力；

（5）应以电力系统中、长期规划为依据。

3. 世界各国的电压等级

（1）美国、俄罗斯采用 1150、500、220、110、20kV 电压等级；

（2）英、法、德采用 800、400、220、110、20kV 电压等级；

（3）我国华北电网采用 500、220、110、35、10、0.4kV 电压等级；东北采用 500、220、66、10、0.4kV 电压等级；西北电网则 330/110kV 和 220/110kV 并存。

4. 输电网

按输电技术的特点，输电网分为三级：1000kV 及以上，称为特高压输电网；330、500、

750kV，称为超高压输电网；220kV 为高压输电网。

5. 配电网

配电网也分为三类：35～110kV 为高压配电网；10、20kV 为中压配电网；380/220V 为低压配电网。

特别地，在农村电网中把 110、66kV 线路常称为送电线路，而把 10kV 线路称为配电线路。

第二节　配电网网架规划的一般问题

一、配电网结构模式

随着地区电力负荷的不断增长，电网配电网也在不断地扩大，配电网的电压等级逐渐增大，最高电压等级达到 500kV，而且 500kV 电压等级开始进入地区（或地级市）区域，220kV 电压等级也已逐步进入县（或县级市）区域，而且县（市）建有 220kV 变电站已经成为现实。

1. 220kV 网络

220kV 变电站大部分建在城市（也是负荷中心）附近。从有利于城市建设和电网经济运行的角度来考虑，变电站离城区边缘 3km 左右为宜。

220kV 变电站的电压等级大多为 220/110/35（10）kV，110kV 侧担负着向全市（县）供电的任务，其低压侧（35kV 或 10kV）就近向城区供电。

220kV 网络应以 500kV 变电站或其他大电源点为中心，形成单环网，逐步建成双环网。正常时采用闭环运行方式，这样可提高供电的可靠性。

2. 110kV 网络

新建 110kV 变电站的布点应综合考虑负荷密度、供电半径等因素，站内的二次设备优先采用综合自动化装置，为实现无人值班打下良好的基础。对采用常规二次设备的变电站，可完善其 RTU 的"四遥或五遥"功能和通信通道，逐步改造成为无人值班变电站。

110kV 网络以 220kV 变电站为中心，形成单环网（正常情况下线路开环运行或母线分段运行）为主，双回路和单放射为辅的结构。

3. 35kV 网络

在 110kV 变电站布点较少的地方或山区，大力建设小型化 35kV 无人值班变电站。35kV 变电站的布点以 220kV 变电站为中心，深入规划区的负荷中心。35kV 变电站供电的线路至少两回，这两回线路既可从同一座 110kV 变电站的 35kV 母线的不同段上引进，亦可分别从两座 110kV 变电站引进。

在 110kV 变电站布点较密的地方或山区，如果当地条件成熟时，可逐步采用 110kV 降压系统和 20kV 配电网，取消 35kV 和 10kV 电压等级。

4. 10kV（或 20kV）网络

城市的 10kV（或 20kV）配电网络建设要以"小环网"为主，双回路和两端供电为辅，补充少量单放射线路的结构。农村配电网的 10kV（或 20kV）线路以单放射为主，有条件的则建设双回路。

二、配电网的供电方式及优缺点

我国配电网的供电方式主要有 110/35/10kV、110/10kV、110/35kV 3 种，而采用 110/35kV 者居多。

从 20 世纪 70 年代末至今，中国电机工程学会农电分会组织专家对 110/20kV 供电方式进行了长期、广泛、深入的探讨，取得了很大的进展。以上级主管部门中国电机工程学会的名誉向国家标准委员会报告了 110/20kV 的研究成果，并申请列入国家有关标准。2007 年国家颁布的 GB/T 156—2007《标准电压》中列出了 20kV 电压等级，这对 110/20kV 供电方式的推广和配电网的改造与发展将起到促进作用。

现比较上述 4 种供电方式的优缺点如下：

（1）110/35/10kV 供电方式。10kV 供电半径短；多一级电压，损耗较大，并且随负荷密度的增大而增大。

（2）110/10kV 供电方式。10kV 供电半径短，110kV 变电站多，建设投资大；损耗比 110/35/10kV 供电方式低。

（3）110/20kV 供电方式。20kV 供电半径较长，减少了 110kV 变电站数量，在许多情况下，投资最低，损耗比 110/10kV 供电方式低。但 20kV 设备尚无系列产品。

（4）110/35kV 供电方式。35kV 供电半径较长，110kV 变电站数量最少。但配电设备费用高，负荷密度大时投资最低。

在以上 4 种供电方式中，110/10kV 的年支出费用最高、经济性差，采用时应慎重，110/20kV 的年支出费用最低，具有很大的优越性，应创造条件予以推广。

三、电网供电的 $N-1$ 准则

1. 配电网供电安全采用的 $N-1$ 准则

（1）高压变电站中失去任何一回进线或一组降压变压器时，必须保证向下一级配电网供电。

（2）高压配电网中一条架空线，或一条电缆，或变电站中一组降压变压器发生故障时，应按以下要求进行处理。

1）在正常情况下，除故障段外不停电，不得发生电压过低和设备不允许的过负荷。

2）在计划停电情况下又发生故障停运时，允许部分停电，但应在规定时间内恢复供电。

3）低压电网中，当电网或一台变压器发生故障时，允许部分停电，并尽快将完好的区段在规定时间内切换至邻近电网。

2. $N-1$ 准则实例

为了说明 $N-1$ 准则，以湖北省某县电网为例。该县地处山区，有着丰富的水电资源，已有一定规模的地方电力系统。至 1992 年底，总装机容量已达 50MW，单机容量最大的机组为 12MW。最大综合负荷约为 38MW，网内有 110kV 变电站 1 座，35kV 变电站 5 座，简化的县电网接线如图 6-1 所示。

图 6-1 所示电网是一个典型的放射性电网，以湘坪变电站为基点分三支向外辐射。对该系统进行潮流计算表明，主要潮流集中在三条支路上，如图 6-2 所示。

该县电网存在以下主要问题：

（1）可靠性差。考虑任何网架的 $N-1$ 方式都会导致电力系统的解列，其主要负荷位于

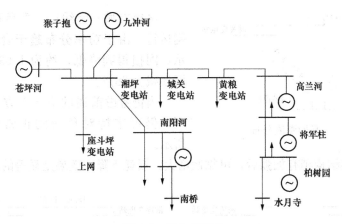

图 6-1　县电网接线

城关地区和南阳河地区，现以两种可能出现的 *N*-1 方式（湘坪变电站—南阳河线和湘坪变电站—城关变电站分别退出运行）来进行说明。

1）当湘—城线由于雷击跳闸或其他故障退出运行后，电网结构如图 6-3 所示，整个系统解列成两个部分，仅东部地区电站供电远不能满足城关负荷的需求，甩大量负荷是不可避免的。

2）湘—南线停运时，系统也成两个部分，由于南阳河地区集中了主要的负荷，仅靠南阳河电站的电力是不够的，也要卸掉部分负荷。

（2）计算表明，网损高达 2.25MW，占发电出力的 5.75%，这只是在 1 条 110kV 和 12 条 35kV 线路上的损耗，如加上变压器、大量配电线路上、装置上的损耗，网损是相当大的。

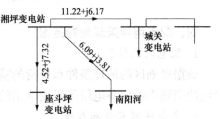

图 6-2　县电网主要支路潮流

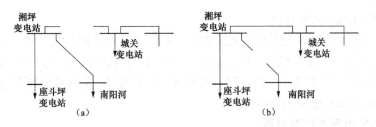

图 6-3　故障停运后电网接线图
(a) 湘—城线停运；(b) 湘—南线停运

由此可见，该电网在低可靠性下运行时，系统的安全性将受到极大的威胁，一旦线路发生故障即造成系统解列，除工业生产受到损失外，还会引起发电机剧烈振荡，危及设备安全。并且，电网损耗过高，使电网建设的大量投资所发挥的效益受到影响。综上所述，该电网的可靠性差和经济性差的缺点在于网络太薄弱，需要进行改造。电网改进方案如下：

为加强网架，通过计算发现在城关变电站到南阳河之间架设一条 35kV 线路（约 14km）即可收到较好的效果。此部分分析过程在电力系统分析课程中有所涉及，在此不做详述。

图 6-4 三角环网潮流分布

设想有城—南线后，重负荷区即为三角环网运行。由于功率分布趋于合理，如图 6-4 所示，网损得到降低，约为 1.63MW，较不架线网损减少 28%。

当仍考虑前述的 $N-1$ 方式时，系统不解列，仍可维持对负荷的正常供电，如图 6-5 所示。

可见，当网架结构稍有加强后，可靠性增大，损耗下降，效果是显著的。

图 6-5 改造后故障状态下接线图

(a) 湘—城线停运；(b) 湘—南线停运

四、配电网网架规划的范围

1. 配电网的接线

根据规划区的地理条件和负荷的重要程度来确定规划的电网结构。按简化各级电压电网接线的原则来确定各电压等级变电站的一、二次接线。

2. 主变压器容量和台数

主变压器容量和台数应按远期规划的目标负荷来考虑，并根据当地的负荷特点来确定变压器的容量标准。

3. 66kV 或 110kV 电网规划

66kV 或 110kV 电网，不论是城网还是农网，都是非常重要的一级电网。它负担着向城市输电和向广大农村输电的重要任务，向上支持 220kV 电网的运行，向下则负担着所有 10kV 电网的负荷，因此它是承上启下的一级电网。规划这一级电网时，应该考虑到下述方面的问题：

(1) 提高对 220kV 电网的支持能力；

(2) 为 10kV 电网提供双电源；

(3) 考虑各电压等级变压器容量的合理配置；

(4) 考虑各电压等级线路长度的合理配置；

(5) 合理的容载比。

4. 35kV 电网规划

35kV 电网是一个中间电压级的配电网，当采用 220/110/35/10/0.4kV 电压系列时，有 35kV 电网规划的任务。从发展的观点来看，35kV 电网的前景并不十分乐观，其原因是该电压等级不但使电压层次增加，而且也增加了变电工程造价。计算表明，采用 220/110/35/10/0.4kV 电压系列的电网，无论是工程造价还是电能损失，与 220/110/20kV 和 220/66/10kV 电压系列相比，其值都是最高的，而且，随着负荷密度超过 40kW/km^2 情况更为严重。因此，在进行长远规划时，应考虑用 220/110/20kV 电压系列来取代 220/110/35/10kV 电压系列的问题。

5. 10kV 及以下电网规划

10kV 及以下电网规划的主要项目如下：

(1) 建立坚强的配电网网架；

(2) 配电网要层次清楚，供电区明确；

(3) 导线截面积宜按远期规划的负荷密度一次选定；

(4) 合理规划供电半径；

(5) 确定中性点接地方式，10kV 架空线路采用中性点绝缘方式，380/220V 电网中性点直接接地；

(6) 无功补偿应根据就地平衡的原则，采用集中和分散补偿相结合的方法；

(7) 10kV 柱上断路器宜选用遮断容量大、体积小、运行可靠的真空断路器或 SF_6 断路器，安装前必须进行动稳定校验；

(8) 合理规划低压网的结构、供电方式和配电点的形式；

(9) 合理规划低压网的保护方式；

(10) 注意有关高能耗变压器的改造以及线路维修规划。

6. 配电网自动化规划

电网自动化的规划任务分为三大部分：其一是调度自动化部分，该部分主要集中在电网的调度中心；其二是厂、站自动化部分，该部分集中在厂、站中；其三是输、配电线路自动化。

前两个问题将在其他专业课中详细叙述，这里主要叙述配电线路自动化的规划问题。

10kV 网络是配电网的重要组成部分，但其在自动化方面的工作却是刚刚起步不久。因此，就其规划、设计、运行乃至管理方面的经验是不足的，又兼 10kV 配电网的比例大、分布面广，故这项规划是对未来电网发展有重要影响的系统工程，必须给予充分的注意。10kV 配电网自动化规划的范围有如下 3 个方面：

(1) 确定配电网自动化发展方案。配电网自动化发展方案大体有 3 种模式：①自动隔离故障区域模式，这种模式的特点是线路上的分段器或是电网配电开关与厂、站端无遥测信息传递，而只是靠分段器检测线路电流或是配电开关检测线路电压，把故障区段隔离开；②遥控自动化模式，这种模式的特点是厂、站端可以检测线路的参数和故障信息，遥控线路开关的分合；③配电网全过程管理模式，这种模式的特点是除了上两种模式的功能外，对网络的运行数据进行适时采集、存储、分析，对网络的运行状态进行全面的管理。

这 3 种模式可以分层次来实现，但在规划现在的电网时，要充分考虑电网的发展，以免造成重复投资。

(2) 从电网现代化、自动化的要求出发，研究自动化元件选择在技术上的合理性。配电网自动化元件有断路器、重合器、分段器、自动配电开关等。目前，在配电网自动化的配置中普遍地采用如下两种方案：

1) 重合器与分段器的配合方案。这种方案靠检测线路电流来实现控制，故称为电流方案。还因为该方案为英国、美国等国家所采用，故又称英美方案。

2) 重合器与自动配电开关的配合方案。这种方案是靠检测线路电压来实现控制的，故称为电压方案。还因为该方案为日本所采用，故又称日本方案。

（3）合理规划配电线路的分段。实现配电网自动化的目的之一是提高电网供电的可靠性。为此，必须保证发生故障后切除线路区段应尽可能的少，这只有在增加线路分段的情况下才有可能。而过多地增加线路分段，必定会导致线路开关投资的增加，则在经济上是没有利益的。

在进行配电网自动化规划时，要充分注意到配电网自动化系统的特点，这些特点如下：①配电系统设备多、面广、分散；②配电网的自动化设备是沿线分布的，采集数据远大于变电系统；③配电网操作频度比输变电系统多，设备变动比较频繁，维护工作量大。

因此，在规划时应全面考虑各部分，其中包括计算机、支持软件、调度、通信等的标准化、可扩充性，以及实用化的要求。

7. 继电保护规划

继电保护规划的任务是确定采用哪种类型的保护，以及各元件保护设备的配置。

（1）220kV线路可装设高频保护、三段式距离保护、故障录波装置、限时方向过电流保护及零序电流速断保护等。

（2）110kV线路可装设三段式距离保护、电流闭锁电压速断保护、过电流保护及零序过电流保护。

（3）66kV线路可装设三段式距离保护、三段电流保护、三段方向过电流保护及电流速断保护等。

（4）35kV线路可装设三段过电流保护、两段方向过电流保护及三段方向过电流保护。

（5）10kV线路的保护可采用下述方案：①主保护为瞬时电流速断，后备保护为过电流，采用后加速重合闸；②主保护为延时电流速断，后备保护为过电流，采用后加速重合闸。

（6）备用电源自动投入装置。变压器10kV分段开关备用电源自动投入装置应设过负荷减载装置；线路及母联备用电源自动投入装置应设连切负荷装置；备用电源自动投入装置的装设位置应视运行方式和电源情况而定。

鉴于目前继电保护技术的发展，对于新建和改建的变电站，应考虑采用微机保护。

8. 负荷监控的规划原则

（1）实行计划用电，推行"限电不拉闸"和"谁超限谁"的控制方案；

（2）在电力资源缓解时，负荷监控起躲峰填谷、平滑负荷曲线的作用；

（3）实行负荷管理，采集负荷信息；

（4）实行远方读表和分时计费。

9. 通信发展规划

通信网是电力系统不可缺少的组成部分，是电网调度自动化，管理现代化的基础，是确保电网安全、可靠、经济运行的重要手段。因此，通信网规划的好坏，会对电网的发展带来直接的影响。规划通信网应考虑下述问题：

（1）掌握通信网的现状。其中包括通信方式、通信网长度、通信设备的种类和台数、运行时间等。

（2）掌握通信网现存问题。诸如通信网的结构合理性问题、传输信息的质量问题、网络可靠性问题、设备陈旧状态问题、信息交换功能以及传输效率问题等。

（3）制定规划目标。其中包括近期和远期规划目标。在规划目标中，应拟定主干通信网的设备、配套工程建设、移动通信建设、网络管理等方面的目标。

（4）制定各电压级电网的通信网发展方案。其中包括110、66、35、10kV电网的通信方案。

第三节　理想配电网的网架结构规划

配电网的统一规划和合理布局是促使配电网经济运行的先决条件，只有采用合理的供电方式和布局原则，确定合理的网架结构才能达到多供少损的目的。

配电网的网架结构是否合理，直接影响到基建投资、年运行费和材料的消耗。其布局的合理性应从多方面技术经济指标来分析。正如前述指出的，网络的投资、年运行费、电能损耗、电压损失等都与线路总长度 Σl 和总负荷矩 ΣM 有关，本节的分析中我们仍采用两个 Σ 最小的原则来讨论供电方案问题。需要指出的是，网架结构的分析对研究网络的供电半径、确定电压等级有重要的意义。

配电网的网架结构规划是一个多目标、多阶段、多约束的复杂问题，为了简化配电网网架结构规划问题，并且使问题的分析具有普遍的意义，首先需要研究理想配电网的网架结构。对于理想配电网做以下假设：①负荷按供电面积均匀分布；②供电点设在供电面积中心；③供电线路的电流密度是相同的。

下面研究理想配电网的正方形供电区和六角形供电区的网架结构。

一、正方形供电区的供电方案

如果供电面积是相同的，最佳分支角采用 45°、60° 和 90° 3 种方案。现对正方形供电进行讨论。

设供电点的每条干线有 n 个配电点，供电正方形的对角线长为 $2R_4$，而配电点的每边长为 l_4，如图 6-6 所示。我们先来讨论比较简单的情况，如每条干线只有一个或两个配电点，如图 6-7 中所表示的形状。

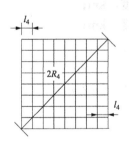
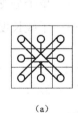
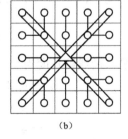

图 6-6　正方形供电图　　　　图 6-7　正方形供电简单情况图

（a）$n=1$；（b）$n=2$

在图 6-7（a）中，总配电点的个数为 $3^2=(2\times1+1)^2=9$；在图 6-7（b）中，总配电点的个数为 $5^2=(2\times2+1)^2=25$。

可见，如果每条干线上有 n 个配电点，则在整个供电区内，总配电点的个数应为

$$N=(2n+1)^2$$

在整个供电区内，供电面积应等于所有配电点的面积之和，即

$$[(2n+1)l_4]^2=2R_4^2$$

如此有

$$l_4=\frac{\sqrt{2}R_4}{2n+1} \tag{6-1}$$

式（6-1）便是每个配电点的边长与供电区对角线一半 R_4 的关系。

1. 变电站有4根干线的情况

对变电站有 4 根干线的网络布局拟出图 6-8 所示的 4 种方案。下面对它们的线路长度、负荷矩分别进行计算。

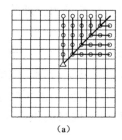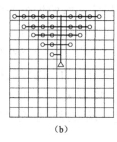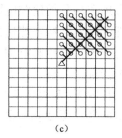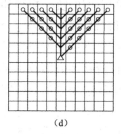

图 6-8 正方形供电方案网络布局图

(a) 方案 A；(b) 方案 B；(c) 方案 C；(d) 方案 D

○—配电点；△—中心变电站

（1）线路长度。

1）方案 A 的线路长度为

$$L_A = 4\{2[1+2+3+\cdots+(n-1)]+n+\sqrt{2}n\}l_4$$
$$= 4\left[\frac{2n(n-1)}{2}+n+\sqrt{2}n\right]l_4$$
$$= 4[n^2+\sqrt{2}n]l_4$$
$$= \frac{4nR_4}{2n+1}(\sqrt{2}n+2) \tag{6-2}$$

式中 $2[1+2+3+\cdots+(n-1)]l_4$——成对分支线长度，km；

nl_4——单个分支线长度，km；

$\sqrt{2}nl_4$——干线长度，km。

2）方案 B 的线路长度为

$$L_B = 4\{2[1+2+3+\cdots+(n-1)]+n+n\}l_4$$
$$= 4\{n(n-1)+2n\}l_4$$
$$= 4[n^2+n]l_4$$
$$= \frac{4\sqrt{2}nR_4}{2n+1}(n+1) \tag{6-3}$$

式中 $2[1+2+3+\cdots+(n-1)]l_4$——干线左右两侧成对支线的长度，km；

nl_4——干线左边单根支线长度，km；

nl_4——干线长度，km。

3）方案 C 的线路长度为

$$L_C = 4\left\{\{2[1+2+3+\cdots+(n-1)]+n+2[1+2+3+\cdots+(n-2)]+(n-1)\}\frac{l_4}{\sqrt{2}}+\sqrt{2}nl_4\right\}$$
$$= 4\left\{[n(n-1)+n+(n-1)(n-2)+(n-1)]\frac{l_4}{\sqrt{2}}+\sqrt{2}nl_4\right\}$$
$$= 4\left(\sqrt{2}n^2+\frac{\sqrt{2}}{2}\right)l_4$$

$$= \frac{8R_4}{2n+1}\left(n^2 + \frac{1}{2}\right) \tag{6-4}$$

式中　　$2\left[1+2+3+\cdots+(n-1)\right]\dfrac{l_4}{\sqrt{2}}$——干线上边成对支线的长度，km；

$n\dfrac{l_4}{\sqrt{2}}$——干线上边单个分支线长度，km；

$2\left[1+2+3+\cdots+(n-2)\right]\dfrac{l_4}{\sqrt{2}}$——干线下边成对支线的长度，km；

$(n-1)\dfrac{l_4}{\sqrt{2}}$——干线下边单个分支线长度，km；

$\sqrt{2}nl_4$——干线长度，km。

4）方案 D 的线路长度为

$$
\begin{aligned}
L_D &= 4\{2[1+2+3+\cdots+(n-1)]+n\}\sqrt{2}l_4 + 4nl_4 \\
&= 4\{n2[(n-1)]+n\}\sqrt{2}l_4 + 4nl_4 \\
&= 4l_4(\sqrt{2}n^2 + n) \\
&= \frac{4nR_4}{2n+1}(2n+\sqrt{2}) \tag{6-5}
\end{aligned}
$$

式中　　$2\left[1+2+3+\cdots+(n-1)\right]\sqrt{2}l_4$——成对分支线长度，km；

$\sqrt{2}nl_4$——单个分支线长度，km；

nl_4——干线长度，km。

（2）线路负荷矩。令 σ 为供电面积内的单位面积负荷密度（kW/km²），则每个配电点的负荷大小 ω_0 为

$$\omega_0 = l_4^2\sigma = \frac{2R_4^2\sigma}{(2n+1)^2} \tag{6-6}$$

对方案 A 的负荷矩进行统计，如表 6-1 所示。从表 6-1 中最后一行可以看出，当 n 足够大时，$\sum\omega l$ 基本上只与 R_4 有关，而与总配电点的数目 N 或供电范围大小 l_4 无关。例如，目前 35/10kV 农村变电站供电给配电变压器的数目一般都在 50 个以上（$n>3$），当 n 在 4～8 的范围内变化时，$\sum\omega l$ 变化用 $R_4^3\sigma$ 来表示时，其误差仅为 1%。于是可知，对于以上各方案要求出 $\sum\omega l$ 时，不必使用非常繁杂的统计方法，可以使用 $n\to\infty$，$l_4\to0$ 的极限情况，即用积分的方法来求出负荷矩的大小。

表 6-1　　　　　　　　　　　　**方案 A 的负荷统计表**

n	1	2	3	4	5	6	7	8
N	9	25	49	81	121	169	225	289
$\dfrac{1}{4}\sum\omega l$ $(l_4^3\sigma)$	2.414	12.07	33.80	72.43	132.8	219.7	335.0	492.5
$\dfrac{1}{4}\sum\omega l$ $(R_4^3\sigma)$	0.2530	0.2731	0.2787	0.2810	0.2822	0.2828	0.2822	0.2835
$\sum\omega l$ $(R_4^3\sigma)$	1.012	1.092	1.115	1.124	1.129	1.131	1.133	1.134

令每条干线上的负荷矩为 $\sum M_1$，由干线所供电范围内支线上的负荷矩为 $\sum M_2$。

1）方案 A 的负荷矩。每条干线上的负荷矩为 $\sum\limits_{A} M_1$，由干线所供电范围内的支线上的负荷矩为 $\sum\limits_{A} M_2$。由于对称关系，只需求出 1/4 供电面积上的负荷矩。

先求 $\sum\limits_{A} M_1$，如图 6-9 所示，标有斜线的面积元上负荷大小为 $\left(\dfrac{R_4}{\sqrt{2}} - y\right)\mathrm{d}y\sigma$。此负荷在干线上产生的负荷矩为

$$\mathrm{d}M_1 = \left(\frac{R_4}{\sqrt{2}} - y\right)\mathrm{d}y \times \sigma\sqrt{2}\,y$$

所以，每条干线上的总负荷矩为

$$\sum_{A} M_1 = \int_0^{\frac{R_4}{\sqrt{2}}} \sqrt{2}\,y\left(\frac{R_4}{\sqrt{2}} - y\right)\mathrm{d}y = 2\sqrt{2}\sigma\int_0^{\frac{R_4}{\sqrt{2}}} \sqrt{2}\,y\left(\frac{R_4}{\sqrt{2}} - y\right)\mathrm{d}y = 2\sqrt{2}\sigma\left(\frac{R_4}{2\sqrt{2}} \times \frac{R_4^2}{2} - \frac{R_4^3}{6\sqrt{2}}\right)$$
$$= 0.1667 R_4^3 \sigma$$

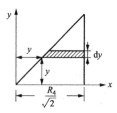

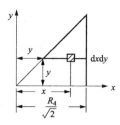

图 6-9　用积分法求方案 A 负荷矩图　　　　图 6-10　求方案 A 支线负荷矩图

再求 $\sum\limits_{A} M_2$，如图 6-10 所示，有斜线表示的面积 $\mathrm{d}x\mathrm{d}y$ 上的负荷为 $\sigma\mathrm{d}x\mathrm{d}y$，此负荷在支线上产生的负荷矩为

$$\mathrm{d}M_2 = \sigma\mathrm{d}x\mathrm{d}y(x - y)$$

所以在 1/4 供电面积内，支线的总负荷矩为

$$\sum_{A} M_2 = 2\sigma\int_0^{\frac{R_4}{\sqrt{2}}}\int_y^{\frac{R_4}{\sqrt{2}}}(x - y)\mathrm{d}x\mathrm{d}y = 2\sigma\int_0^{\frac{R_4}{\sqrt{2}}}\sqrt{2}\,y\left(\frac{R_4}{\sqrt{2}} - y\right)\mathrm{d}y = 2\sqrt{2}\sigma\int_0^{\frac{R_4}{\sqrt{2}}}\mathrm{d}y\int_0^{\frac{R_4}{\sqrt{2}}}(x - y)\mathrm{d}x$$

$$= 2\sigma\int_0^{\frac{R_4}{\sqrt{2}}}\left[\frac{R_4^2}{4} - \frac{y^2}{2} - y\frac{R_4}{\sqrt{2}} + y^2\right]\mathrm{d}y = 2\sigma\left[\frac{R_4^3}{4\sqrt{2}} - \frac{R_4^3}{4\sqrt{2}} + \frac{R_4^3}{12\sqrt{2}}\right]$$

$$= \frac{R_4^3\sigma}{6\sqrt{2}} = 0.1179 R_4^3 \sigma \tag{6-7}$$

所以，方案 A 的总负荷矩 $\sum\limits_{A} M$ 为

$$\sum_{A} M = 4\left(\sum_{A} M_1 + \sum_{A} M_2\right) = 4 \times (0.1667 + 0.1179)R_4^3\sigma = 1.138 R_4^3 \sigma \tag{6-8}$$

2）方案 B 的总负荷矩。每条干线上的负荷矩，如图 6-11 所示，其值为

$$\sum_{B} M_1 = 2\sigma\int_0^{\frac{R_4}{\sqrt{2}}} x^2 \mathrm{d}x = 2\sigma\frac{R_4^3}{6\sqrt{2}} = 0.236 R_4^3 \sigma \tag{6-9}$$

1/4 供电范围内支线上的负荷矩，如图 6-12 所示。其值为

$$\sum_{B} M_2 = 2\sigma \int_0^{\frac{R_4}{\sqrt{2}}} \int_0^{\frac{R_4}{\sqrt{2}}-x} y\,\mathrm{d}x\mathrm{d}y = 2\sigma \int_0^{\frac{R_4}{\sqrt{2}}} \left[\frac{R_4^2}{4} - \frac{R_4 x}{\sqrt{2}} + \frac{x^2}{2}\right]\mathrm{d}x$$

$$= 2\sigma \left[\frac{R_4^3}{4\sqrt{2}} - \frac{R_4^3}{4\sqrt{2}} + \frac{R_4^3}{2 \times 6\sqrt{2}}\right] = \frac{R_4^3 \sigma}{6\sqrt{2}} = 0.118 R_4^3 \sigma \qquad (6\text{-}10)$$

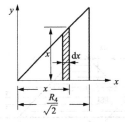
图 6-11　求方案 B 干线负荷矩图

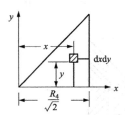
图 6-12　求方案 B 支线负荷矩图

所以，方案 B 的总负荷矩 $\sum\limits_{B} M$ 为

$$\sum_{B} M = 4\left(\sum_{B} M_1 + \sum_{B} M_2\right) = 4 \times (0.236 + 0.118) R_4^3 \sigma = 1.416 R_4^3 \sigma \qquad (6\text{-}11)$$

3) 方案 C 的总负荷矩。方案 C 干线上的负荷矩，如图 6-13 所示，该处为了积分方便，以干线为横轴，即将坐标旋转 45°。此时 1/4 供电范围内支线上的负荷矩，如图 6-14 所示。

$$\sum_{C} M_1 = 2\sigma \int_0^{\frac{R_4}{2}} x^2 \mathrm{d}x + \int_{\frac{R_4}{2}}^{R_4} 2\sigma x (R_4 - X) \mathrm{d}x = 2\sigma \left[\frac{R_4^3}{24} + \frac{R_4^3}{2} - \frac{R_4^3}{8} - \frac{R_4^3}{3} + \frac{R_4^3}{24}\right]$$

$$= \frac{1}{4} R_4^3 \sigma = 0.25 R_4^3 \sigma \qquad (6\text{-}12)$$

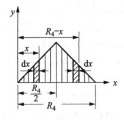
图 6-13　求方案 C 干线负荷矩图

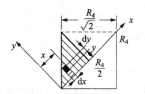
图 6-14　求方案 C 支线负荷矩图

$$\sum_{C} M_2 = 4\sigma \int_0^{\frac{R_4}{2}} \int_0^{\frac{R_4}{2}-x} y\,\mathrm{d}x\mathrm{d}y = 4\sigma \int_0^{\frac{R_4}{2}} \left[\frac{R_4^2}{8} - \frac{R_4 x}{2} + \frac{x^2}{2}\right]\mathrm{d}x$$

$$= 4\sigma \left[\frac{R_4^3}{16} - \frac{R_4^3}{16} + \frac{R_4^3}{48}\right] = 0.0833 R_4^3 \sigma \qquad (6\text{-}13)$$

方案 C 的总负荷矩 $\sum\limits_{C} M$ 为

$$\sum_{C} M = 4\left(\sum_{C} M_1 + \sum_{C} M_2\right) = 4 \times (0.25 + 0.083) R_4^3 \sigma = 1.333 R_4^3 \sigma \qquad (6\text{-}14)$$

4) 方案 D 的负荷矩。每条干线上的负荷矩，如图 6-15 所示，其值为

$$\sum_{D} M_1 = 2\sigma \int_0^{\frac{R_4}{\sqrt{2}}} \left(\frac{R_4}{\sqrt{2}} - x\right)\mathrm{d}x = 0.118 R_4^3 \sigma \qquad (6\text{-}15)$$

1/4 供电范围内支线上的负荷矩，如图 6-16 所示，其值为

$$\sum_{D} M_2 = 2\sigma \int_{0}^{\frac{R_4}{\sqrt{2}}} \int_{y}^{R_4 - y} (x - y)\mathrm{d}x\mathrm{d}y = 0.1667 R_4^3 \sigma \tag{6-16}$$

方案 D 的总负荷矩 $\sum\limits_{D} M$ 为

$$\sum_{D} M = 4\left(\sum_{D} M_1 + \sum_{D} M_2\right) = 4 \times (0.118 + 0.1667)R_4^3\sigma = 1.138 R_4^3\sigma \tag{6-17}$$

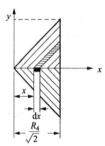
图 6-15　求方案 D 干线负荷矩图

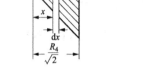
图 6-16　求方案 D 支线负荷矩图

2. 小结

方案 A、B、C、D 的线路长度、干线上负荷矩和总负荷矩，如表 6-2 所示。

表 6-2　　　　　　　　　　各种方案线路长度和负荷矩比较表

n		1	2	3	4	5	6	7	8
线路长度 （以方案 B 为 1 计算）	A	1.207	1.138	1.103	1.083	1.069	1.059	1.052	1.046
	B	1	1	1	1	1	1	1	1
	C	1.061	1.061	1.199	1.166	1.202	1.229	1.250	1.267
	D	1.207	1.267	1.311	1.332	1.345	1.355	1.363	1.368
干线上的负荷矩	$\sum\limits_{A} M_1 : \sum\limits_{B} M_1 : \sum\limits_{C} M_1 : \sum\limits_{D} M_1 = 0.1667 : 0.236 : 0.25 : 0.118$								
总负荷矩	$\sum\limits_{A} M : \sum\limits_{B} M : \sum\limits_{C} M : \sum\limits_{D} M = 1.138 : 1.416 : 1.333 : 1.138$								

从表 6-2 可见，方案 C 在各方面的指标不如方案 A，应首先淘汰；方案 D 的负荷矩与方案 A 相同，但线路长度比方案 A 大 20%～30%，所以也应淘汰；方案 A 与方案 B 比较，方案 B 线路长度小 15%～10%，但负荷矩约大 40%，干线上的负荷矩也约大 24%。这两种方案暂时保留，以便与以后各方案再进行比较。

二、六角形供电方案比较

所谓六角形供电方案是指供电区为正六边形围成的面积，其中所含配电点也为正六边形。本章主要的讨论分 4 根干线供电（方案 E）、6 根干线供电（包括方案 F、方案 G、方和案 H）、3 根干线（方案 I）供电三种情况。

1. 一般性讨论

如同研究正方形的供电方式类似，先拟订出几种供电方案，比较它们的线路总长度和总负荷矩，以判断方案的优劣。

在图 6-17 中给出六角形供电方案图形。今设每条干线有 n 个配电点，六角形的长边对角

线长度为 $2R_6$，配电点的六角形长边对角线为 l_6，现在来求出 R_6 和 l_6 之间的关系。

供电点的供电面积

$$S_6 = 6\left[\frac{1}{2}\left(R_6 \cdot \frac{\sqrt{3}}{2}R_6\right)\right] = \frac{3\sqrt{3}}{2}R_6^2$$

每个配电点的面积

$$\Delta_6 = 6\left[\frac{1}{2}\left(\frac{l_6}{2} \cdot \frac{\sqrt{3}}{2} \cdot \frac{l_6}{2}\right)\right] = \frac{3\sqrt{3}}{8}l_6^2$$

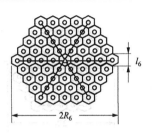

图 6-17 六角形供电
方案网络布局图

供电区内配电点的个数 N 为

$$N = 6(1+2+3+\cdots+n)+1 = 6\frac{n(n+1)}{2}+1$$

$$= 3n(n+1)+1 \approx 3n(n+1)+\frac{3}{4}$$

故 R_6 与 l_6 的关系为

$$\left[3n(n+1)+\frac{3}{4}\right]\frac{3\sqrt{3}}{8}l_6^2 = \frac{3\sqrt{3}}{2}R_6^2$$

于是

$$l_6 = \frac{4R_6}{\sqrt{3}(2n+1)} \tag{6-18}$$

2. 变电站有 4 根干线的情况（方案 E）

(1) 线路长度。如图 6-18 所示为 4 根干线图形，线路长度计算如下

$$L_E = \frac{\sqrt{3}}{2}l_6 \cdot 2n + 2\left\{2\left[(1+2+3+\cdots+(n-1)\right]+\left[1+2+3+\cdots+n\right]\right\}\frac{\sqrt{3}}{2}l_6 + 2n\left(\frac{l_6}{2}+\frac{l_6}{4}\right)$$

$$= \frac{\sqrt{3}}{2}nl_6(3n+1+\sqrt{3}) = \frac{2R_6n}{2n+1}(3n+1+\sqrt{3}) \tag{6-19}$$

式中 $2\left[1+2+3+\cdots+(n-1)\right]\frac{\sqrt{3}}{2}l_6$——支线与干线分支角成 $60°$ 的每组支线长，km；

$$n\frac{\sqrt{3}}{2}l_6$$——（图中水平）干线长度，km；

$$\left[1+2+3+\cdots+n\right]\frac{\sqrt{3}}{2}l_6$$——支线与干线分支角成 $90°$ 的每组支线长度，km；

$$n\left(\frac{l_6}{2}+\frac{l_6}{4}\right)$$——（图中垂直）干线长度，km。

(2) 负荷矩。支线与干线成 $60°$ 角，供电区域内每条干线的负荷矩 $\sum\limits_{E} M_{11}$，如图 6-19 所示，其值为

$$\sum_{E} M_{11} = 2\sigma\int_0^{\frac{\sqrt{3}}{2}R_6} 2\left(\frac{R_6}{2}-\frac{1}{\sqrt{3}}y\right)\frac{2}{\sqrt{3}}y\,\mathrm{d}y = \frac{\sqrt{3}}{6}\sigma R_6^3 \tag{6-20}$$

支线与干线成 $90°$ 角，供电区域内每条干线的负荷矩 $\sum\limits_{E} M_{12}$，如图 6-20 所示，其值为

$$\sum_{E} M_{12} = 2\sigma\int_0^{\frac{\sqrt{3}}{2}R_6} \frac{1}{\sqrt{3}}x^2\,\mathrm{d}x = 0.250R_6^3\sigma \tag{6-21}$$

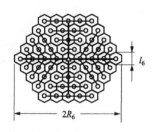

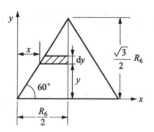

图 6-18　4 根干线图形　　　图 6-19　求支线与干线成 60°区域内的干线负荷矩图

与干线成 60°角的支线上负荷矩（见图 6-21）为

$$\sum_{E} M_{21} = 2\sigma \int_0^{\frac{\sqrt{3}}{2}R_6} \int_{\frac{1}{\sqrt{3}}y}^{R_6 - \frac{y}{\sqrt{3}}} \left(x - \frac{y}{\sqrt{3}} \right) \mathrm{d}x\mathrm{d}y = \frac{\sqrt{3}}{6}R_6^3\sigma \tag{6-22}$$

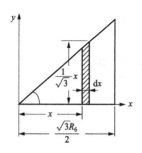

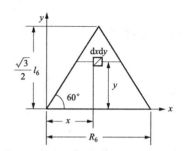

图 6-20　求支线与干线成 90°区域内的干线负荷矩图　　图 6-21　求与干线成 60°角的支线负荷矩图

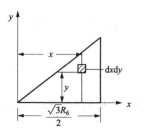

图 6-22　求与干线成
90°角的支线负荷矩图

与干线成 90°角的支线上负荷矩（见图 6-22）为

$$\sum_{E} M_{22} = 2\sigma \int_0^{\frac{\sqrt{3}}{2}R_6} \int_0^{\frac{x}{\sqrt{3}}} y\mathrm{d}y\mathrm{d}x = \frac{\sqrt{3}}{24}R_6^3\sigma \tag{6-23}$$

总负荷矩为

$$\sum_{E} M = 2\left(\sum_{E} M_{11} + \sum_{E} M_{12} + \sum_{E} M_{21} + \sum_{E} M_{22} \right)$$

$$= 2\left(\frac{\sqrt{3}}{6} + \frac{1}{4} + \frac{\sqrt{3}}{6} + \frac{\sqrt{3}}{24} \right) R_6^3\sigma$$

$$= 1.789 R_6^3\sigma \tag{6-24}$$

3. 变电站有 6 根干线的情况

变电站有 6 根干线的情况，拟订了三个方案，包括方案 F、方案 G 和方案 H，如图 6-23 所示。可以证明，这些方案中线路长度及总负荷矩都是完全相同的。但方案 G 干线的负荷矩比方案 F 大；方案 H 各条干线上的负荷大小不相同，其优越性不如方案 F。现取方案 F 进行讨论。

（1）线路长度。

$$L_F = 6 \times [1 + 2 + 3 + \cdots + (n-1)] \frac{\sqrt{3}}{2} l_6 = \frac{3\sqrt{3}n(n+1)}{2} l_6$$

$$= \frac{6R_6 n(n+1)}{2n+1} \tag{6-25}$$

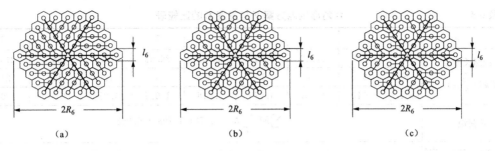

图 6-23　六角形供电方案网络布局图

(a) 方案 F；(a) 方案 G；(a) 方案 H

(2) 负荷矩。每条干线上的负荷矩如图 6-24 所示，其值为

$$\sum_{F} M_1 = \int_0^{\frac{\sqrt{3}}{2}R_6} 2\sigma\left(\frac{R_6}{2} - \frac{1}{\sqrt{3}}y\right)\frac{2}{\sqrt{3}}y\,dy = \frac{\sqrt{3}}{12}R_6^3\sigma \tag{6-26}$$

每条干线供电的区域内，支线的负荷矩 $\sum_{F} M_2$ 为

$$\sum_{F} M_2 = \int_0^{\frac{\sqrt{3}}{2}R_6} \int_{\frac{y}{\sqrt{3}}}^{R_6} \sigma\left(X - \frac{y}{\sqrt{3}}\right)dx\,dy = \frac{\sqrt{3}}{12}R_6^3\sigma \tag{6-27}$$

总负荷矩为

$$\begin{aligned}
\sum_{F} M &= 6\left(\sum_{F} M_1 + \sum_{F} M_2\right) \\
&= 6\left(\frac{\sqrt{3}}{12} + \frac{\sqrt{3}}{12}\right)R_6^3\sigma \\
&= 1.731 R_6^3\sigma
\end{aligned} \tag{6-28}$$

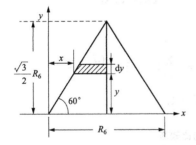

图 6-24　求六角形供电干线负荷矩图

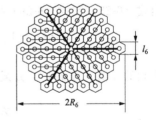

图 6-25　3 根干线六角形供电网络布局图

4. 变电站有 3 根干线的情况（方案 I）

3 根干线的情况如图 6-25 所示。可以证明，其线路长度与总负荷矩与 6 根干线的情况完全相同，但其干线负荷矩比方案 F 大。在电流密度相等的条件下，方案 I 干线的导线截面积要比方案 F 增大 1 倍，其电能损失比方案 F 大。因此，方案 I 的优越性不如方案 F。

5. 小结

可见，方案 G 和方案 H 和方案 I 的优越性不如方案 F，因此被淘汰，只有方案 F 和方案 E 是较好的。方案 F 和方案 E 的比较见表 6-3。

表 6-3　　　　　　　　　　　　　六角形供电方案 F 与方案 E 的比较表

n		1	2	3	4	5	6	7	8
线路长度	E	5.732	17.46	35.19	58.93	88.66	124.4	166.1	213.9
（单位 $\frac{\sqrt{3}}{2}l_6$）	F	6	18	36	60	90	126	168	216
	L_F/L_E	1.047	1.031	1.023	1.018	1.015	1.013	1.010	1.010
负荷矩		$\sum_F M : \sum_E M = 1.731 : 1.798 = 0.963$							
干线上的负荷矩（折算到相同的供电面积）		$\sum_E M_{11} : \sum_F M_1 = 1$，$\sum_E M_{12} : \sum_F M_1 = 1.73$，平均 $\sum_E M_1 : \sum_F M_1 = 1.24$							

注　$\sum_E M_1 = 2\left(\sum_E M_{11} + \sum_E M_{12}\right)/6 = \frac{1}{3} \times \left(\frac{\sqrt{3}}{6} + \frac{1}{4}\right)R_6^3 \sigma \approx 0.1796 R_6^3 \sigma$。

从表 6-3 可见，方案 F 的线路长度比方案 E 只大 1%～2%，负荷矩则比方案 E 小约 4%，干线上的负荷矩方案 E 比方案 F 大 24%，因而以方案 F 为优。

6. 对方案 A、方案 B、方案 F 进行比较

先对正方形和六角形的供电范围进行统一换算。令两种供电范围的供电面积相等（即供电点的变压器容量一样），则有 $S_6 = S_4$ 或 $\frac{3\sqrt{3}}{2}R_6^2 = 2R_4^2$，所以 $R_4 = 1.14R_6$。

方案 A 单位面积内分摊到的线路长度 l_{A0} 为

$$l_{A0} = \frac{L_A}{S_A} = \frac{4nR(\sqrt{2}n+2)}{(2n+1) \cdot 2R_4^2} = \frac{2n(\sqrt{2}n+2)}{(2n+1) \cdot R_4} \tag{6-29}$$

方案 F 单位面积内分摊到的线路长度 l_{F0} 为

$$l_{F0} = \frac{L_F}{S_6} = \frac{\dfrac{6R_6 n(n+1)}{2n+1}}{\dfrac{3\sqrt{3}}{2}R_6^2} = \frac{4n(n+1)}{\sqrt{3}(2n+1)R_6} \tag{6-30}$$

所以由式（6-28）和式（6-29）得

$$l_{F0}/l_{A0} = \frac{4n(n+1)}{\sqrt{3}R_6} \Big/ \frac{2n(\sqrt{2}n+2)}{R_4} = \frac{2}{\sqrt{3}}(n+1) \Big/ \frac{(\sqrt{2}n+2)}{1.14} \tag{6-31}$$

对于不同的 n 值，方案 F 与方案 A 的比较见表 6-4。

表 6-4　　　　　　　　　　　　　方案 F 与方案 A 的比较表

n	1	2	3	4	5	6	7	8
$\dfrac{2(n+1)}{\sqrt{3}}$	2.309	3.464	4.619	5.774	6.928	8.083	9.238	10.39
$\dfrac{2+\sqrt{2}n}{1.14}$	2.995	4.235	5.476	6.717	7.957	9.198	10.44	11.68
$l_{F0} : l_{A0}$	0.771	0.818	0.843	0.86	0.871	0.879	0.885	0.89

根据表 6-4，将表 6-2、表 6-3 中的值归算成同一单位，可将各方案单位面积的线路长度之比（以方案 F 为 1）列于表 6-5 中。

表 6-5　　　　　　　　　　**方案 F、方案 A、方案 B 比较表**

n	1	2	3	4	5	6	7	8
方案 F	1	1	1	1	1	1	1	1
方案 A	1.297	1.223	1.186	1.163	1.149	1.138	1.130	1.124
方案 B	1.075	1.075	1.074	1.074	1.074	1.074	1.074	1.074

以 $R_4 = 1.14 R_6$ 代入负荷矩的公式中，也以方案 F 的负荷矩为 1，将各其他方案的负荷矩列于表 6-6 中。

表 6-6　　　　　　　　　　　　**负荷矩的比较表**

总负荷矩 $\sum M$	$\sum_F M : \sum_A M : \sum_B M = 1 : 0.974 : 1.212$
干线负荷矩 $\sum M_1$（折换成同样面积）	$\sum_F M_1 : \sum_A M_1 : \sum_B M_1 = 1 : 1.14 : 1.6$

从表 6-5、表 6-6 可知，方案 B 应淘汰（各指标不如方案 F）。方案 A 的负荷矩比方案 F 小 2.6%，但干线上的负荷矩比方案 F 大 14%，线路长度也比方案 F 大 7%以上，因此仍以方案 F 为优。

7. 结论

（1）配电线路的布局与线路的基建投资、年运行费用、电能损耗、导线材料的消耗量以及电压降等技术经济因素有很大关系，而线路的总长度和总负荷矩又对以上因素起着决定性的作用。

（2）在平原地区按面积均匀分布的负荷，变电站内引出 6 根干线（干线之间互成 60°角），供电范围接近圆形（即按六角形的供电范围），有最好的技术经济指标（即方案 F 的布局是最好的）。

（3）为了使干线上的电压降减少，并有较好的经济效果，支线应在靠近干线电源侧引出，并与干线成 50°～80°。

（4）有时支线的负荷不大，导线的截面积不能按经济电流密度进行选择，而应按机械强度条件来选择导线的最小截面积，此时线路上支线的负荷矩比理论上的计算值略小。但从前面计算中可以看出，虽然支线的总长度比干线的长度大得多，但影响负荷矩大小的因素主要是干线上的负荷矩（占总负荷矩的一半或一半以上），因而方案 F 为最优布局方案的结论是不变的。

（5）尽管配电变压器的供电范围会受到具体地形、灌区分布、行政区域、交通条件等各方面因素的影响，容量不可能完全大小相同，每台配电变压器的供电面积也不可能完全相等。但是上述原则已定，在进行配电线路布局时，只要按上述原则并与具体情况相结合，仍旧可以收到相当好的技术经济效果。

以上结论对于干线为分段等截面积的情况也是近似适用的。

第四节　实际配电网的网架结构规划

配电网包括变电站、馈线和用户。配电网规划是包含许多变量的复杂问题，规划配电网时需要根据规划期的负荷增长，确定变电站的地点、容量、供电区域，以及馈线段的路径和尺寸，即在满足负荷需求的前提下，考虑投资和运行费用、结构、容量、可靠性和电压降落等限制条件，完成分区、配置及布线三大任务。通常可以先分区，进而确定各区变电站的位置和容量，然后解决配电线路的合理布局问题。对于某一个规划区域，变电站设在该区域的负荷中心，根据负荷确定变压器容量，然后布线，确定网架结构，然后选择导线的截面积。

对于城网，沿街道确定网架结构，初始网架可以根据最短路径法确定，然后根据优化算法优化网架；对于农网，网架的确定一般可以不受街道的影响，但随着农网的发展，农网规划时经常沿道路布线。另外，规划配电网的网架时，需要考虑地理条件、已存在线路和建筑物分布（以下统称为物理约束）的影响。

解决配电网网架规划问题的方法很多，蚁群算法、最小生成树算法、Tabu 搜索算法、遗传算法以及地理信息系统（GIS）与其他智能算法的组合，动态规划技术和 GIS 系统、多目标多阶段规划技术、支路交换技术等以及他们的相互组合应用在配电网的规划中。而且，需要考虑负荷预测等不确定因素。

多数网架规划方法大多需要预先确定线路的交叉点，这样部分负荷点的连接位置是确定的，难以保证路径最短以及费用最小的原则。另外，根据本章第三节的分析可知，在配电网网架规划时不管采用何种规划方法，总是以网架基建投资、年运行费和材料的消耗最小为目标，而配电网的线路总长度和总负荷矩直接影响网架规划的各项指标。

在本章第三节的基础上，本节根据最短路径和最小负荷矩法优化规划配电网的网架，在物理约束、支路电流和节点电压的约束条件下，同时考虑可靠性要求，探索一种自动给出交叉点、自动布线的网架规划的方法。

一、规划供电区域的分区

在进行网架规划时，首先收集资料，包括负荷大小、负荷点的坐标、物理约束。对于某个规划供电区域，变电站（即电源）设在该区域的负荷中心，然后进行分区，根据物理约束和负荷密度将规划供电区域划分为多个较小供电区域，在每一个小区域内引出一条主干线形成辐射式网，以 10kV 电压等级对该小区域负荷供电。为了保证各个小区域内负荷用电的可靠性，各小区域的总负荷矩要尽量接近，而且各个负荷点的电压降落在允许的范围内，避免末端用户电压太低。

为了校验小区域内各负荷点电压损失 ΔU 是否在允许范围内，需要形成初始的布线方案或网架结构，确定主干线。由于电压损失 ΔU 与负荷矩有关，现根据负荷矩确定初始的网架，然后计算电压损失，确定各个小区的供电区域。假设有一个小供电区域，如图 6-26 所示，共有 n 个负荷点，电源为坐标原点 O，东西（经度，用 x 表示）方向为横轴，南北（纬度，用 y 表示）方向为纵轴，确定各负荷点的坐标，第 i 负荷点的坐标为 (x_i, y_i)，第 i 负荷点的功率为 $p_i+\mathrm{j}q_i$，第 i 负荷点至电源的距离为 l_i，$i=1, 2,\cdots, n$。将各个负荷点与电源连接起来，如图 6-26

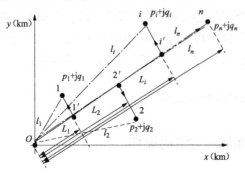

图 6-26　供电区域的分区

中点划线所示，初始主干线根据式（6-31）确定，即主干线选择为负荷矩最大的负荷点 k 至电源 O 的直线，在图 6-26 中设 $k=n$。

$$p_k \cdot l_k = \max\{p_1 \cdot l_1, p_2 \cdot l_2, \cdots, p_n \cdot l_n\} \tag{6-31}$$

由初始主干线成 90°角引出分支线连接所有负荷点，如图 6-26 所示，分支线 ii' 给负荷点 i 供电，称 i' 点为 i 的投影点，初始主干线的长度定义为初始主干线上距离 O 最远的投影点的长度，本例中为 On 的长度，即为 L_n。初始主干线的截面积根据下式确定

$$\begin{cases} P_d \cdot L_n = \sum_{i=1}^{n} \left(\sum_{j=i}^{n} p_j \right) L_i \\ I_d = P_d / \sqrt{3} U_N \cos\varphi_d \end{cases} \tag{6-32}$$

式中　P_d——初始主干线上的等效有功功率，kW；

　　　U_N——网络的额定电压，kV；

　　　I_d——初始主干线上的等效电流，A；

　　$\cos\varphi_d$——等效功率因数，$\varphi_d = \arctan\left(\sum_{i=1}^{n} q_i / \sum_{i=1}^{n} p_i \right)$。

初始主干线的等效截面积根据等效电流 I_d 确定，设其单位长度的电阻和电抗分别为 r 和 x，总的电压损失为各段电压损失之和，初始主干线的电压降落百分数 $\Delta U\%$ 为

$$\Delta U\% = \sum_{i=1}^{n} \frac{p_i r L_i + q_i x L_i}{10 \cdot U_N^2} = \sum_{i=1}^{n} \frac{p_i L_i (r + \tan\varphi_i x)}{10 \cdot U_N^2} \tag{6-33}$$

式中　L_i——Oi' 直线段的长度，km；

　　　φ_i——第 i 负荷点的功率因数角。

为保证供电区域的电压降落 $\Delta U\%$ 满足要求，需要保证下式成立

$$\Delta U\% \leqslant K_1 \cdot \Delta U_{al}\% \tag{6-34}$$

式中　K_1——系数，根据负荷转移情况确定；

　　$\Delta U_{al}\%$——规划网络允许的电压降落百分数，根据国标选择。

很显然，这种布置方式下主干线的电压降落 $\Delta U\%$ 比较大，如果电压降落 $\Delta U\%$ 满足（6-34）式，则分区比较合理，否则重新对规划区进行分区。

二、布线优化

规划区分区结束后，规划区形成若干个小的供电区域（以下简称小分区），对电源点和负荷点进行初始编号，电源点的编号为 1，根据负荷点的坐标对各个小分区内的负荷点顺序编号（从 2 开始），然后可以对各小分区分别进行布线，形成辐射式网架。布线优化是网架规划的重要部分，在考虑损耗、可靠性、电压降、传输容量以及物理约束等的前提下，确定主干线及分支线。根据物理约束及负荷密度将小分区划分成几个小分块，在同一小分块内的负荷点物理约束相同，这样可以根据各小分块距离电源点的相对位置依次形成各个小分块内网架，然后考虑可靠性要求，实现相邻区域的拉手。

1. 主干线的确定

确定各小分块主干线时分两种情况，即不考虑物理约束和考虑物理约束两种情况。

（1）不考虑物理约束。主干线的位置会影响网络的损耗和电压降落，而负荷矩直接影响网络的损耗和电压降落，因此主干线的位置可以根据负荷矩来确定。对于图 6-26 所示网络，

过各个小分块的首节点 O，作直线 $y=kx$，使得各负荷点至该直线的负荷矩 F 最小，即

$$\min F=\sum_{i=1}^{n}P_i\mid y_i-y\mid\cdot\cos(\arctan k)$$

$$=\sum_{i=1}^{n}P_i\mid y_i-kx_i\mid\cdot\cos(\arctan k) \tag{6-35}$$

求解式（6-35）无约束最优化问题得 k 值，直线 $y=kx$ 为小分块初始主干线的位置。

（2）考虑物理约束。对于需要考虑物理约束及沿道路布线等时，根据实际的情况确定出满足物理约束的中间节点，根据这些中间节点自动形成主干线。

当小分区内的各小分块的主干线都确定后，可以将相邻小分块的主干线连接在一起，首尾依次相接，形成小分区的主干线。

2. 负荷连接的确定

小分块的主干线位置确定后，引出分支线连接小分块内所有负荷，形成网架。各负荷可以直接连接至主干线，也可以连接至其他负荷点，以路径最短和损耗最小为原则。定义在连接负荷点过程中所产生的新交叉点为中间节点；电源点为根节点。电源点、负荷点和中间节点均可以称为节点。为了让计算机完成自动布线功能，首先计算各负荷点至该小分块主干线的距离以及负荷点之间的距离，根据负荷至主干线以及负荷之间的距离依次连接各负荷，优先处理距离主干线近的负荷点。

设小分块内所有负荷点的集合为 U，小分块主干线两侧区域内的负荷点集合分别为 U_1 和 U_2，即 $U=U_1\bigcup U_2$。首先处理集合 U_1 中的负荷点，设 U_1 中总负荷点数为 N_1。对于任意的负荷点 i，$j\in U_1$，（$j=1,2,\cdots,N_1$，$i\neq j$），负荷点 i、j 的坐标分别为（x_i，y_i）和（x_j，y_j），负荷点 i、j 至主干线的距离分别记为 d_{mi}、d_{mj}，负荷点 i 与 j 的距离 d_{ij} 根据下式计算

$$d_{ij}=\begin{cases}\sqrt{(x_j-x_i)^2+(y_j-y_i)^2},\text{当 }0°\leqslant\beta\leqslant90°\\\qquad\qquad\text{或当 }90°<\beta<180°\text{ 且 }d_{mi}>k_1d_{mj}\\\infty,\qquad\text{当 }90°<\beta<180°\text{ 且 }d_{mi}\leqslant k_1d\\\qquad\qquad\text{或当 }180°\leqslant\beta<360°\end{cases} \tag{6-36}$$

式中　k_1——系数，$k_1>1.2$；

　　　β——负荷点 i 与 j 连线与平行于主干线的直线之间的夹角（如图 6-27 所示）。

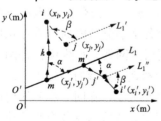

图 6-27　β 取值的示意图

在图 6-27 中，设 L_1 为小分块的主干线，O' 点为 L_1 的首端节点，O' 点距离电源点最近，L_1 的方向如图中的箭头所示方向（即背离电源点的方向），L_1' 为经过节点 j 平行于 L_1 的直线，L_1' 方向与 L_1 的方向相同，β 为从 L_1' 开始沿逆时针方向至负荷点 i 与 j 连线的角度。在图 6-27 中，负荷点 i'，$j'\in U_2$，L_1' 为经过节点 j' 平行于 L_1 的直线，L_1'' 方向与 L_1 的方向相同，β 为从 L_1'' 开始沿顺时针方向至负荷点 i' 与 j' 连线的角度。

负荷点 i 与 j 之间距离的最小值 $d_{i.\min}$ 为

$$d_{i.\min}=d_{ik}=\min\{d_{ij},j=1,2,\cdots,i-1,i+1,\cdots,N_1\} \tag{6-37}$$

式中　k——负荷点，$k\in U_1$，$i\neq k$。

确定负荷点 i 连接方式的决策见表 6-7。

需要说明：①当负荷点连接于其他负荷点时，如图 6-27 中负荷点 i 连接于负荷点 k，节点 k 为父节点，节点 i 为子节点；②当负荷点连接至主干线时，如图 6-27 中负荷点 k，由

表 6-7　　连接负荷点 i 的决策表

负荷点	条件属性	决策 d
	$d_{mi}<d_{i.\min}$	
$i\in U$	是	负荷点 i 连接于主干线
	否	负荷点 i 连接于负荷点 k

圭线引出分支线连接负荷点 k，该分支线于主干线的角度为 $\alpha\in[50°，80°]$，自动产生新的中间节点，设其编号为 m（$m>N_1$），顺序排其他节点编号后面，节点 m 为父节点，负荷点 k 为子节点。对于新产生的节点，还需要记录其坐标。在辐射式网络中，功率由父节点流向子节点，如图 6-27 中各支路的箭头方向。

表 6-8　连接链表

序号	父节点	子节点
1	k	i
2	m	k
3	m	m'

所有节点之间的连接关系记录于连接链表中见表 6-8。在表 6-8 中，相邻的节点 m 和节点 m' 为主干线 L_1 上的节点，如图 6-27 所示，节点 m 距离电源点比节点 m' 近，称节点 m 为父节点，节点 m' 为子节点。易知，表 6-8 中，根节点只做父节点，末端负荷点只做子节点，中间节点和非末端负荷点既做父节点又做子节点，沿着父节点顺序查找可以确定一条路径，如路径 $m\to k\to i$，在路径中连接相邻两个节点的边称为支路。

3. 节点和支路编号

在连接负荷点的过程中产生一些中间节点，这些中间节点没有根据坐标排列，另外负荷点的初始编号虽然考虑了坐标，但是没有考虑相互的连接关系，使得节点的编号没有规律，给计算带来困难，因此需要对所有的节点重新编号。沿路径编号，编号的原则如下：

(1) 主干线上的节点优先编号，根节点的编号为 1；

(2) 根据表 6-8 中的连接关系，从根节点开始沿路径顺序编号；

(3) 每个节点的编号唯一。

节点编号结束后，可以对支路进行编号，支路的编号等于其子节点的编号减去 1。

在节点和支路编号的同时，对表 6-8 做相应的处理，这样小分区的网架基本确定，即确定了各节点间的连接关系。

4. 支路初始型号的选择

设节点 i 的功率为 p_i+jq_i，主干线上新产生中间节点的功率为零，小分区的节点总数为 N，支路总数为 b，节点集合 $A=[2，3，\cdots，N]$，节点功率的列矢量为 S_N，$S_N=[i\in A\mid p_i+jq_i]$，小分区支路 l 的功率为 P_l+jQ_l，p_i 和 P_l 单位为 kW，q_i 和 Q_l 单位为 kvar，支路 l 的集合 $B=[1，2，\cdots，b]$，支路功率的列矢量为 S_L，$S_L=[l\in B\mid P_l+jQ_l]$ 有下式成立

$$S_L=TS_N \tag{6-38}$$

式中　T——支路—道路关联矩阵（见第四章）。

支路 l 的电流为

$$I_l=|P_l-jQ_l|/(\sqrt{3}U_N) \tag{6-39}$$

式中　I_l——支路 l 的电流，A；
　　　U_N——额定电压，kV。

支路的初始型号根据下式选择

$$I_{lN} > I_l \tag{6-40}$$

式中　I_{lN}——手册规定导线型号的额定电流，A。

各支路的初始型号确定后，可以在手册查出线路单位长度的参数，根据支路父节点和子节点的坐标可以直接计算出其长度，可以算出支路的电阻和电抗。

根据第二章中潮流分析方法，验证下列约束条件

$$\begin{cases} U_{i.\min} \leqslant U_i \leqslant U_{i.\max} \\ I_{l.\max} > I_l \end{cases} \tag{6-41}$$

式中　U_i、$U_{i.\min}$ 和 $U_{i.\max}$——分别为节点 i 的电压、节点 i 允许的最小电压和最大电压，kV；

　　　　$I_{l.\max}$——支路 l 的最大允许电流，A。

如果节点电压不满足式（6-41），沿不满足条件的节点所在路径重新选择支路的型号，若支路电流不满足式（6-41）则重新选择修改支路的型号，直到所有的节点和支路满足式（6-41），支路的初始型号选择结束。

三、可靠性规划优化

1. 相邻线路拉手位置的确定

配电网重要负荷的可靠性要求满足 $N-1$ 准则，对于 10kV 网络，即一条线路故障或检修保证用户的用电，为此进行手拉手连接，另一回线路接受检修或故障线路的全部负荷，同时满足电压降落的约束，以图 6-28 所示线路 L_1 和 L_2 为例说明。

为了提高供电可靠性，线路 L_1 和 L_2 在 N_2、M_2 处拉手，定义点 N_2 和 M_2 为拉手线路的联结点，N_2 至 M_2 线路为联络线。对于线路 L_1，在线路 L_1 上点 N_1 和 N_2 之间线路故障或检修，可以经过 N_2 和 M_2 之间的拉手线路保证线路 L_1 上全部负荷需求；对于线路 L_2 有相同的结论。设置拉手线路时，根据最不利的运行条件来确定 N_2 和 M_2 的位置，即根据线路 L_1 或 L_2 首端故障或检修情况确定。

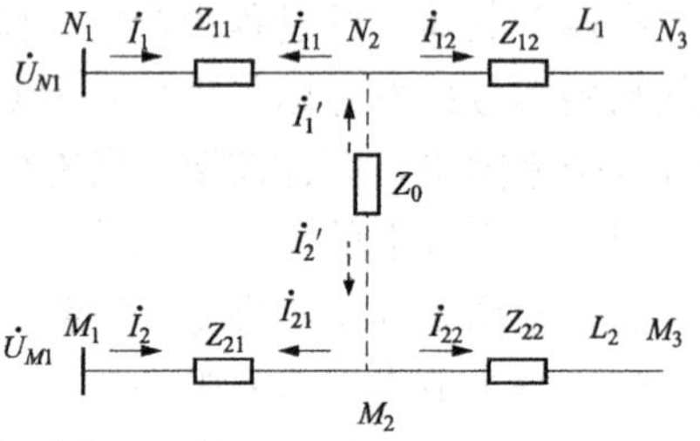

图 6-28　可靠性分析

图 6-28 中，设线路 L_1 和 L_2 的首端电压分别为 $\dot{U}_{N1}$ 和 $\dot{U}_{M1}$，首端电流分别为 $\dot{I}_1$ 和 $\dot{I}_2$，Z_{11}、Z_{12}、Z_{21} 和 Z_{22} 分别为点 N_1 和 N_2、N_2 和 N_3、M_1 和 M_2、M_2 和 M_3 之间的阻抗，$\dot{I}_{11}$、$\dot{I}_{12}$、$\dot{I}_{21}$ 和 $\dot{I}_{22}$ 分别为点 N_2 至 N_1、N_2 至 N_3、M_2 至 M_1、M_2 至 M_3 段线路的电流，$\dot{I}_1'$、$\dot{I}_2'$ 分别为联络线 M_2 至 N_2 和 N_2 至 M_2 的电流。线路 L_1 首端故障或检修时，其负荷由线路 L_2 供电，线路 L_1 的点 N_1 和 N_3 电压降落为

$$\begin{cases} \Delta\dot{U}_{N1} = \dot{I}_2 Z_{21} + \dot{I}_1' Z_0 + \dot{I}_{11} Z_{11} \\ \Delta\dot{U}_{N3} = \dot{I}_2 Z_{21} + \dot{I}_1' Z_0 + \dot{I}_{12} Z_{12} \end{cases} \tag{6-42}$$

式中　$\Delta\dot{U}_{N1}$、$\Delta\dot{U}_{N3}$——分别为线路 L_1 的点 N_1 和 N_3 电压降落，kV；

　　　　Z_0——N_2 和 M_2 之间拉手线路的阻抗，Ω。

为了使电压降落最小，需要满足 $\Delta\dot{U}_{N1}=\Delta\dot{U}_{N3}$，根据式（6-42）有

$$\dot{I}_{11} Z_{11} = \dot{I}_{12} Z_{12} = -(\dot{I}_1 - \dot{I}_{12}) Z_{11} \tag{6-43}$$

对于多负荷多分支的线路 L_1，(6-43) 可以写为

$$\sum_{i \in b_1} \dot{I}_{1i} Z_{1i} = \sum_{j \in b_2} \dot{I}_{1j} Z_{1j} = -\sum_{i \in b_1} (\dot{I}_i - \dot{I}_{N2}) Z_{1i} \tag{6-44}$$

式中　b_1——多分支线路 L_1 上 N_1 至 N_2 之间的支路集合；

　　　b_2——多分支线路 L_1 上 N_2 至 N_3 之间的支路集合；

$\dot{I}_i$ 和 $\dot{I}_{1i}$——线路 L_1 正常和 N_1 点故障（或检修）时 N_1 至 N_2 之间支路 i 的电流，kA；

　　　$\dot{I}_{1j}$——线路 L_1 上 N_2 至 N_3 之间的支路 j 的电流，kA；

Z_{1i} 和 Z_{1j}——线路 L_1 上 N_1 至 N_2 之间的支路 i 和 N_2 至 N_3 之间的支路 j 的阻抗，Ω；

　　　$\dot{I}_{N2}$——由点 N_2 流出指向点 N_3 的支路电流，kA。

线路 L_2 首端故障或检修时，同理可得

$$\sum_{i \in b1} \dot{I}_{2i} Z_{2i} = \sum_{j \in b2} \dot{I}_{2j} Z_{2j} = -\sum_{i \in b1} (\dot{I}_i - \dot{I}_{M2}) Z_{2i} \tag{6-45}$$

式中　b_1——多分支线路 L_2 上 M_1 至 M_2 之间的支路集合；

　　　b_2——多分支线路 L_2 上 M_2 至 M_3 之间的支路集合；

$\dot{I}_i$ 和 $\dot{I}_{2i}$——线路 L_2 正常和 M_1 点故障（或检修）时 M_1 至 M_2 之间的支路 i 的电流，kA；

　　　$\dot{I}_{2j}$——线路 L_2 上 M_2 至 M_3 之间的支路 j 的电流，kA；

Z_{2i} 和 Z_{2j}——线路 L_2 上 M_1 至 M_2 之间支路 i、M_2 至 M_3 之间支路 j 的阻抗，Ω；

　　　$\dot{I}_{M2}$——由点 M_2 流出指向点 M_3 的支路电流，kA。

可以证明，当负荷分布均匀、线路参数相等时，N_2 和 M_2 分别位于线路 L_1 和 L_2 的中间点。

线路 L_1 和 L_2 首端电压相等时，线路 L_1 和 L_2 在 N_2、M_2 处拉手后，设 $I_{L1}\%$ 和 $I_{L2}\%$ 分别为线路 L_1 在 $N_1 N_2$ 段及线路 L_2 在 $M_1 M_2$ 段的最大负荷运行率，则

$$\begin{cases} I_{L1}\% = 100\% \times |\dot{I}_{L1}| / |\dot{I}_{L1} + \dot{I}_{L2}| \\ I_{L2}\% = 100\% \times |\dot{I}_{L2}| / |\dot{I}_{L1} + \dot{I}_{L2}| \end{cases} \tag{6-46}$$

式中　$\dot{I}_{L1}$ 和 $\dot{I}_{L2}$——分别为未拉手运行时线路 L_1 及线路 L_2 首端的电流，A。很显然，当 $\dot{I}_{L1} = \dot{I}_{L2}$ 时，$I_{L1}\% = I_{L2}\% = 50\%$。

2. 支路型号的修正

(1) 支路型号修正的步骤。相邻线路拉手后，部分支路的传输容量增加，需要对支路型号修正，支路型号修正的步骤如下：

1) 根据 N_2 与 M_2 的坐标计算线路 L_1 和线路 L_2 联络线（N_2 与 M_2 之间的线路）的长度；

2) 线路 L_1 及 L_2 支路型号的修正；

3) 分别建立以 N_1 与 M_1 为根节点、线路 L_1 及 L_2 拉手后的连接链表；

4) 分析拉手后线路的潮流分布；

5) 进行潮流分析，验证式（6-41）所示的约束条件，若不满足式（6-41），返回步骤 2)，否则支路型号的修正结束。

(2) 支路型号的修正。线路 L_1 及线路 L_2 拉手后，两线路的支路功率发生变化，设线路

L_1 及线路 L_2 的全部负荷功率分别为 $P_{L1}+jQ_{L1}$ 和 $P_{L2}+jQ_{L2}$，则线路 L_1 支路功率的列矢量 $\boldsymbol{S}_{L1}$ 及线路 L_2 支路功率的列矢量 $\boldsymbol{S}_{L2}$ 为

$$\begin{cases} \boldsymbol{S}_{L1} = \boldsymbol{T}_1[\boldsymbol{S}_{N1} + \boldsymbol{E}_{N2}(P_{L2}+jQ_{L2})] \\ \boldsymbol{S}_{L2} = \boldsymbol{T}_2[\boldsymbol{S}_{N2} + \boldsymbol{E}_{M2}(P_{L1}+jQ_{L1})] \end{cases} \tag{6-47}$$

式中　$\boldsymbol{T}_1$ 和 $\boldsymbol{T}_2$——线路 L_1 及线路 L_2 支路—道路关联矩阵（见第四章）；

　　　　$\boldsymbol{S}_{N1}$ 和 $\boldsymbol{S}_{N2}$——线路 L_1 及线路 L_2 节点功率的列矢量；

　　　　$\boldsymbol{E}_{N2}$ 和 $\boldsymbol{E}_{M2}$——单位列矢量，即 $\boldsymbol{E}_{N2}$ 的第 N_2 个元素为 1，其余元素为 0，$\boldsymbol{E}_{M2}$ 的第 M_2 个元素为 1，其余元素为 0。

很显然，线路 L_1 从 N_1 至 N_2 的连续路径以及线路 L_2 从 M_1 至 M_2 的连续路径均增加其拉手线路的全部负荷功率，其他支路的功率变化不大。所以首先根据式（6-39）和式（6-40）重新选择线路 L_1 从 N_1 至 N_2 的连续路径以及线路 L_2 从 M_1 至 M_2 的连续路径支路的型号，由支路—道路关联矩阵 $\boldsymbol{T}$ 的性质可知为 $\boldsymbol{T}_1$ 的 N_2-1 列、$\boldsymbol{T}_2$ 的 M_2-1 列中非零元对应的支路。

在进行潮流分析后，不满足电压约束条件时，根据不满足条件的节点所在路径修改支路的型号；不满足支路电流约束时，修改本支路的型号。

（3）线路拉手后连接链表的建立。支路的型号修改后，分别以 N_1 或 M_1 为根节点，根据 $\boldsymbol{T}_1$ 和 $\boldsymbol{T}_2$、沿路径建立线路 L_1 及 L_2 拉手后的连接链表。

线路拉手后的连接链表包括联络线、线路 L_1 和 L_2 的全部支路，支路的父节点和子节点根据功率的流向重新确定。例如，N_1 为根节点时，L_2 的全部负荷经联络线连至线路 L_1，此时线路 L_2 对于联络线 N_2 为父节点 M_2 为子节点；M_1 为根节点时，L_1 的全部负荷经联络线连至线路 L_2，对于联络线 M_2 为父节点 N_2 为子节点。

四、网架规划步骤

确定规划区后，根据下述步骤进行网架规划：

（1）收集所分析的供电区域的数据（包括负荷功率、负荷点坐标和物理条件），进行合理分区，形成多个小分区；

（2）确定可以实现手拉手连接方式的相邻小分区；

（3）对小分区进行分块；

（4）确定小分区的主干线；

（5）确定小分区内各负荷点的联结方式；

（6）确定小分区内所有节点的连接链表，形成网架；

（7）选择各支路的初始型号；

（8）根据式（6-44）和式（6-45）自动搜索相邻线路拉手线路的联结点；

（9）各支路型号的修正；

（10）记录潮流分析结果以及网架结构参数。

五、算例分析及规划结果的显示

以辽宁省某供电区域为例进行网架优化规划，在规划中采用该供电区域的两个小分区说明本文提出的方法，并利用 Matlab 编制程序实现网架规划。

1. 30 节点区域

在图 6-29 中给出所分析的两个小分区的负荷点分布以及初始的实际接线图，图上数字为

负荷点初始编号，共 30 个节点，小分区 1 和小分区 2 中负荷点分别编号，图中符号"◆、
●"分别表示电源点和负荷点。小分区 1 和小分区 2 均分成了两个分块区域，小分区 1 中电
源点 1 和负荷点 2 为一个小分块，小分区 2 中电源点 1 和负荷点 2～7 为一个小分块，其他负
荷点为一个小分块。

　　图 6-30 为根据图 6-29 中负荷分布，根据上文提出方法自动形成的小分区 1 和小分区 2
网架结构，图中粗实线是主干线，细实线是连接负荷的分支线，虚线是实现小分区 1 和小分
区 2 线路拉手的联络线，联结点（小分区 1 的节点 17 和小分区 2 的节点 20）根据上文介绍
方法自动给出。为了计算方便，图 6-30 中所有节点（电源点、负荷点和中间节点）重新编
号，图中符号"▲"表示连接负荷点时自动产生的中间节点，电源点和负荷点的表示符号和
分布情况与图 6-29 一致。图 6-30 中各条支路的型号、起始节点编号、支路的电流等信息如
表 6-9、表 6-10 所示。

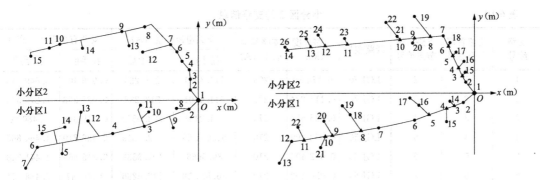

图 6-29　负荷分布初始的实际接线图　　　　　图 6-30　规划区域的网架

　　在表 6-9、表 6-10 中，相邻小分区的两条线路在拉手前后支路电流发生变化，拉手后支
路电流增加，而且在电源点和联结点之间的主干线电流增加显著，但是拉手前后均满足支路
电流约束条件。

表 6-9　　　　　　　　　　　　　　　　　小分区 1 的支路信息

支路编号	支路首端节点编号	支路末端节点编号	线路型号	支路长度（km）	支路额定电流（A）	支路电流幅值（A）		支路有功损耗（kW）	
						拉手前	拉手后	拉手前	拉手后
1	1	2	LGJ-70	0.105 244	275	100.389	213.3677	0.477 289	2.156 087
2	2	3	LGJ-70	0.105 192	275	100.389	213.3677	0.477 055	2.155 032
3	3	4	LGJ-70	0.150 09	275	92.274 92	205.2409	0.575 084	2.845 059
4	4	5	LGJ-70	0.102 161	275	89.737 33	202.697	0.370 206	1.888 826
5	5	6	LGJ-35	0.018 86	170	50.2923	50.423 74	0.043 409	0.043 636
6	6	7	LGJ-35	0.233 692	170	50.2923	50.423 74	0.537 884	0.540 699
7	7	8	LGJ-35	0.413 32	170	50.2923	50.423 74	0.951 329	0.956 309
8	8	9	LGJ-35	0.354 259	170	43.697 88	43.812 16	0.615 578	0.618 802
9	9	10	LGJ-35	0.138 277	170	33.476 22	33.563 82	0.141 014	0.141 753
10	10	11	LGJ-35	0.148 422	170	31.944	32.0276	0.137 822	0.138 544
11	11	12	LGJ-35	0.295 896	170	15.978 07	16.019 92	0.068 743	0.069 104
12	12	13	LGJ-35	0.431 511	170	15.978 07	16.019 92	0.100 25	0.100 775
13	3	14	LGJ-35	0.089 78	170	8.117 97	8.127 499	0.005 384	0.005 397
14	4	15	LGJ-35	0.518 768	170	2.539 019	2.544 132	0.003 043	0.003 056
15	5	16	LGJ-35	0.206 608	170	39.4649	152.2733	0.292 827	4.359 491

续表

支路编号	支路首端节点编号	支路末端节点编号	线路型号	支路长度（km）	支路额定电流（A）	支路电流幅值（A）		支路有功损耗（kW）	
						拉手前	拉手后	拉手前	拉手后
16	16	17	LGJ-35	0.135 591	170	31.355 93	144.1116	0.121 314	2.562 542
17	8	18	LGJ-35	0.094 622	170	6.594 438	6.611 599	0.003 744	0.003 764
18	18	19	LGJ-35	0.250 108	170	4.047 192	4.057 725	0.003 728	0.003 747
19	9	20	LGJ-35	0.256 216	170	10.224 63	10.251 32	0.024 375	0.024 502
20	10	21	LGJ-35	0.063 801	170	1.532 734	1.536 736	0.000 136	0.000 137
21	11	22	LGJ-35	0.198 535	170	15.965 93	16.007 68	0.046 054	0.046 295
22	17	23	LGJ-35	0.427 376	170	0	112.6301	0	4.933 56

表 6-10　　　　　　　　　　小分区 2 的支路信息

支路编号	支路首端节点编号	支路末端节点编号	线路型号	支路长度（km）	支路额定电流（A）	支路电流幅值（A）		支路有功损耗（kW）	
						拉手前	拉手后	拉手前	拉手后
1	1	2	LGJ-70	0.178 36	275	111.4201	213.238	0.996 408	3.649 548
2	2	3	LGJ-70	0.111 224	275	111.4201	213.238	0.621 353	2.275 833
3	3	4	LGJ-70	0.025 874	275	101.2483	203.0532	0.119 358	0.480 06
4	4	5	LGJ-50	0.062 499	210	91.091 88	192.8819	0.326 719	1.464 865
5	5	6	LGJ-50	0.062 499	210	89.5666	191.3539	0.315 869	1.441 746
6	6	7	LGJ-50	0.024 302	210	76.870 58	178.6286	0.090 47	0.488 524
7	7	8	LGJ-50	0.205 838	210	76.870 58	178.6286	0.766 278	4.137 783
8	8	9	LGJ-50	0.010 13	210	75.342 94	177.0953	0.036 228	0.200 157
9	9	10	LGJ-35	0.242 845	170	34.621 28	34.759 91	0.264 885	0.267 011
10	10	11	LGJ-35	0.311 547	170	20.880 51	20.964 17	0.123 608	0.124 601
11	11	12	LGJ-35	0.118 665	170	8.152 412	8.185 079	0.007 177	0.007 234
12	12	13	LGJ-35	0.052 876	170	6.625 595	6.652 145	0.002 112	0.002 129
13	13	14	LGJ-35	0.157 252	170	5.095 681	5.116 101	0.003 716	0.003 746
14	3	15	LGJ-35	0.024 062	170	10.171 95	10.186 59	0.002 266	0.002 272
15	4	16	LGJ-35	0.040 415	170	10.156 41	10.172 35	0.003 794	0.003 806
16	5	17	LGJ-35	0.031 807	170	1.525 283	1.528 308	6.73E-05	6.76E-05
17	6	18	LGJ-35	0.023 199	170	12.696 05	12.726 49	0.003 403	0.003 419
18	8	19	LGJ-35	0.253 296	170	1.527 646	1.533 646	0.000 538	0.000 542
19	9	20	LGJ-35	0.015 606	170	40.721 72	142.3408	0.023 549	0.287 725
20	10	21	LGJ-35	0.049 74	170	13.740 77	13.795 75	0.008 546	0.008 615
21	21	22	LGJ-35	0.145 086	170	1.019 397	1.023 476	0.000 137	0.000 138
22	11	23	LGJ-35	0.005 469	170	12.728 11	12.7791	0.000 806	0.000 813
23	12	24	LGJ-35	0.100 18	170	1.526 826	1.532 943	0.000 213	0.000 214
24	13	25	LGJ-35	0.096 886	170	1.529 918	1.536 048	0.000 206	0.000 208
25	14	26	LGJ-35	0.009 161	170	5.095 681	5.116 101	0.000 216	0.000 218
26	20	27	LGJ-35	0.427 376	170	0	101.4648	0	4.003 891

需要说明，表 6-9 中拉手时小分区 2 的电源点故障或检修，表 6-10 中拉手时小分区 1 的电源点故障或检修，拉手后进行潮流分析时小分区 1 和小分区 2 中节点重新统一编号。表 6-9、表 6-10 中最后一行对应联络线，联络线的首、末节点均根据小分区路径自动编号，联络线的末节点编号为各小分区的最大编号。

小分区 1 和小分区 2 线路拉手前后有功损耗与节点电压发生变化，小分区 1 和小分区 2 线路拉手前后总有功功率损耗与最小节点电压比较见表 6-11，拉手后，联络线在有供电电源的小分区内。由表 6-11 可看出，拉手后有功损耗率增加，同时最小节点电压减小，但是两者均在允许范围内。

表 6-11　　　　　　　　　　　有功功率损耗与最小节点电压比较

名称	供电电源	线路首端总有功功率（kW）		有功功率损耗（kW）			总有功损耗率（%）	最小节点电压		
		小分区 1	小分区 2	小分区 1 线路	小分区 2 线路	总有功损耗		节点编号		节点电压（kV）
								小分区 1	小分区 2	
拉手前	小分区 1	1828.874	—	8.653 537	—	15.092 975	0.39	13	—	10.90767
	小分区 2	—	2009.609	—	6.439 438				26	10.94305
拉手后	小分区 1	3865.518	—	40.870 21	1.257 71	42.127 92	1.09	—	26	10.8325
	小分区 2	—	3863.103	7.056 088	32.657 152	39.713 24	1.03	13	—	10.780 13

2. 90 节点区域

同上例，首先在图 6-31 中给出所分析的 90 节点区域两个小分区的负荷点分布，图中小分区 1 在上部，小分区 2 在下部，符号"●、●"分别表示电源点和负荷点。小分区 1 和小分区 2 中负荷点分别编号，根据负荷密度和物理约束小分区 1 分成了 5 个分块区域、小分区 2 分成了 6 个分块区域。小分区 1 中沿负荷点 2、3、4、6 是主干线，按要求沿道路架设；小分区 2 中主干线根据最小负荷矩确定。

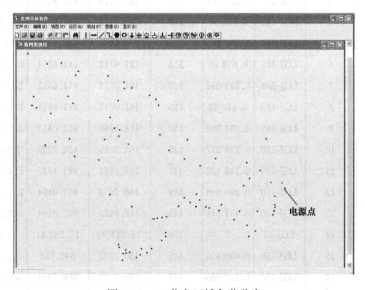

图 6-31　90 节点区域负荷分布

图 6-32 为自动形成的小分区 1 和小分区 2 网架结构，图中细实线是支路，粗实线是实现小分区 1 和 2 线路拉手的联络线，联结点（小分区 1 的节点 57 和小分区 2 的节点 51）根据上文介绍方法自动给出。各条支路的型号、起始节点编号、支路的电流等信息见表 6-12、表 6-13。图 6-32 中所有节点重新编号，连接负荷点时自动产生中间节点。

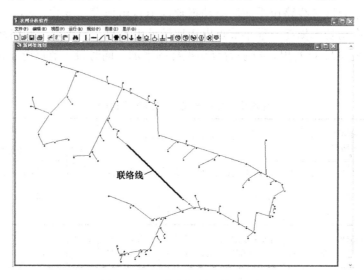

图 6-32　90 节点规划区域的网架

表 6-12 　　　　　　　　　　　　　　**小分区 1 的支路信息**

支路编号	支路首端节点编号	支路末端节点编号	线路型号	支路长度（km）	支路额定电流（A）	支路电流幅值（A）		支路有功损耗（kW）	
						拉手前	拉手后	拉手前	拉手后
1	1	2	LGJ-240	0.105 244	610	231.1496	491.8427	1.266 117	5.732 447
2	2	3	LGJ-240	0.105 192	610	231.1496	491.8427	1.265 497	5.729 641
3	3	4	LGJ-185	0.150 09	510	223.0325	483.7163	2.198 286	10.340 21
4	4	5	LGJ-185	0.102 161	510	220.4935	481.1718	1.462 424	6.964 374
5	5	6	LGJ-185	0.018 86	510	181.0713	441.6851	0.182 065	1.083 311
6	6	7	LGJ-185	0.233 692	510	181.0713	441.6851	2.256 006	13.423 52
7	7	8	LGJ-185	0.413 32	510	181.0713	441.6851	3.990 091	23.741 54
8	8	9	LGJ-185	0.354 259	510	174.4769	435.0451	3.175 363	19.741 78
9	9	10	LGJ-150	0.138 277	445	164.2516	424.7229	1.356 86	9.0725
10	10	11	LGJ-150	0.148 422	445	162.7184	423.1737	1.429 349	9.667 226
11	11	12	LGJ-150	0.295 896	445	146.7453	407.0194	2.317 582	17.829 41
12	12	13	LGJ-150	0.431 511	445	146.7453	407.0194	3.379 775	26.000 97
13	13	14	LGJ-35	0	170	16.017 93	16.290 81	0	0
14	13	15	LGJ-150	0.039 301	445	130.7293	390.732	0.244296	2.182 373
15	15	16	LGJ-150	0.102 693	445	129.7032	389.6881	0.628 359	5.672 053
16	16	17	LGJ-150	0.301 056	445	128.1637	388.1207	1.798 64	16.494 82

支路编号	支路首端节点编号	支路末端节点编号	线路型号	支路长度（km）	支路额定电流（A）	支路电流幅值（A）		支路有功损耗（kW）	
						拉手前	拉手后	拉手前	拉手后
17	17	18	LGJ-150	0.122 268	445	112.0877	371.717	0.558 723	6.144 77
18	18	19	LGJ-150	0.004 989	445	110.5459	370.1423	0.022 177	0.248 631
19	19	20	LGJ-35	0.238 08	170	66.360 65	67.797 62	1.652 469	1.724 808
20	20	21	LGJ-35	0.497 095	170	65.331 29	66.746 21	3.344 037	3.490 453
21	21	22	LGJ-35	0.251 025	170	15.8269	16.168 54	0.099 105	0.103 43
22	22	23	LGJ-35	0.203 042	170	13.249 14	13.535 18	0.056 176	0.058 628
23	23	24	LGJ-35	0.338 985	170	8.109 116	8.284 219	0.035 133	0.036 667
24	19	25	LGJ-95	0.196 659	330	44.187 95	302.3464	0.219 474	10.275 09
25	25	26	LGJ-95	0.272 936	330	27.744 98	285.5188	0.120 086	12.717 21
26	26	27	LGJ-95	0.038 193	330	11.297 31	268.6397	0.002 786	1.575 364
27	27	28	LGJ-35	0.247 969	170	5.127 781	5.264 721	0.010 276	0.010 833
28	28	29	LGJ-35	0.267 528	170	4.101 36	4.210 895	0.007 093	0.007 477
29	29	30	LGJ-35	0.074 973	170	1.540 182	1.581 316	0.000 28	0.000 295
30	21	31	LGJ-35	0.063 011	170	49.508 28	50.581 64	0.243 422	0.254 091
31	31	32	LGJ-35	0.333 297	170	46.937 42	47.955 33	1.157 336	1.208 078
32	32	33	LGJ-35	0.351 656	170	36.130 84	36.914 94	0.723 541	0.755 286
33	33	34	LGJ-35	0.342 335	170	13.901 61	14.203 58	0.104 273	0.108 852
34	3	35	LGJ-35	0.089 78	170	8.117 56	8.126 96	0.009 324	0.009 346
35	4	36	LGJ-35	0.518 768	170	2.539 195	2.544 595	0.005 272	0.005 294
36	5	37	LGJ-35	0.206 608	170	39.471 13	39.581 32	0.507 336	0.510 172
37	37	38	LGJ-35	0.135 591	170	31.360 88	31.448 44	0.210 183	0.211 358
38	8	39	LGJ-35	0.094 622	170	6.594 71	6.641 526	0.006 486	0.006 578
39	39	40	LGJ-35	0.250 108	170	4.047 359	4.076 094	0.006 457	0.006 549
40	9	41	LGJ-35	0.256 216	170	10.225 97	10.322 15	0.042 228	0.043 026
41	10	42	LGJ-35	0.063 801	170	1.533 258	1.549 261	0.000 236	0.000 241
42	11	43	LGJ-35	0.198 535	170	15.975 24	16.159 88	0.079 858	0.081 715
43	15	44	LGJ-35	0.069 336	170	1.026 13	1.043 916	0.000 115	0.000 119
44	16	45	LGJ-35	0.085 27	170	1.539 613	1.567 496	0.000 319	0.000 33
45	17	46	LGJ-35	0.061 865	170	16.07 674	16.40 468	0.025 202	0.026 24
46	18	47	LGJ-35	0.094 442	170	1.541 85	1.574 726	0.000 354	0.000 369
47	20	48	LGJ-35	0.102 281	170	1.029 49	1.051 546	0.000 171	0.000 178
48	22	49	LGJ-35	0.050 704	170	2.579 529	2.635 174	0.000 532	0.000 555
49	23	50	LGJ-35	0.045 985	170	5.143 971	5.254 992	0.001 918	0.002 001
50	24	51	LGJ-35	0.010 883	170	8.109 116	8.284 219	0.001 128	0.001 177
51	25	52	LGJ-35	0.005 761	170	16.442 98	16.828 13	0.002 455	0.002 571

续表

支路编号	支路首端节点编号	支路末端节点编号	线路型号	支路长度（km）	支路额定电流（A）	支路电流幅值（A）		支路有功损耗（kW）	
						拉手前	拉手后	拉手前	拉手后
52	26	53	LGJ-35	0.000 913	170	16.4477	16.880 14	0.000 389	0.000 41
53	27	54	LGJ-70	0.151 884	275	6.169 627	263.375	0.004 506	8.211 502
54	54	55	LGJ-70	0.084 481	275	5.140 903	262.3168	0.001 74	4.530 753
55	55	56	LGJ-70	0.093 381	275	2.571 76	259.671	0.000 481	4.907 561
56	56	57	LGJ-70	0.185 413	275	1.543 001	258.6103	0.000 344	9.664 791
57	28	58	LGJ-35	0.088 535	170	1.026 423	1.053 829	0.000 147	0.000 155
58	29	59	LGJ-35	0.156 619	170	2.561 198	2.6296	0.001 619	0.001 707
59	30	60	LGJ-35	0.239 282	170	1.540 182	1.581 316	0.000 895	0.000 943
60	31	61	LGJ-35	0.013 951	170	2.570 86	2.626 307	0.000 145	0.000 152
61	32	62	LGJ-35	0.123 004	170	10.80668	11.0405	0.022 641	0.023 631
62	33	63	LGJ-35	0.013 389	170	22.230 13	22.712 28	0.010 429	0.010 886
63	63	64	LGJ-35	0.230 634	170	9.307 49	9.509 419	0.031 49	0.032 872
64	64	65	LGJ-35	0.076 694	170	2.586 593	2.642 707	0.000 809	0.000 844
65	34	66	LGJ-35	0.189 686	170	13.901 61	14.203 58	0.057 777	0.060 314
66	66	67	LGJ-35	0.161 682	170	12.350 75	12.619 04	0.038 872	0.040 579
67	67	68	LGJ-35	0.214 56	170	4.095 816	4.184 798	0.005 673	0.005 922
68	64	69	LGJ-35	0.168 962	170	5.174 013	5.286 272	0.007 129	0.007 442
69	57	70	LGJ-95	1.147 388	330	0	257.0156	0	43.320 27

表 6-13　　　　　　　　　　　　　　小分区 2 的支路信息

支路编号	支路首端节点编号	支路末端节点编号	线路型号	支路长度（km）	支路额定电流（A）	支路电流幅值（A）		支路有功损耗（kW）	
						拉手前	拉手后	拉手前	拉手后
1	1	2	LGJ-240	0.178 36	610	242.8726	484.7777	2.368 894	9.437 865
2	2	3	LGJ-240	0.104 733	610	242.8726	484.7777	1.391 015	5.541 914
3	3	4	LGJ-185	0.185 825	510	221.0294	462.8987	2.673 015	11.723 93
4	4	5	LGJ-185	0.202 924	510	208.3368	450.1718	2.593 358	12.108 41
5	5	6	LGJ-150	0.287 196	445	167.6446	409.3147	2.935 788	17.5009
6	6	7	LGJ-35	0.128 69	170	2.546 251	2.560 721	0.001 315	0.001 33
7	6	8	LGJ-150	0.140 985	445	165.0995	406.7541	1.397 757	8.484 073
8	8	9	LGJ-150	0.122 699	445	163.5702	405.214	1.194 03	7.327 837
9	9	10	LGJ-150	0.090 95	445	150.8354	392.3784	0.752 621	5.093 073
10	10	11	LGJ-150	0.223 895	445	149.8149	391.3491	1.827 773	12.472 13
11	11	12	LGJ-150	0.040 388	445	137.0664	378.4709	0.275 981	2.104 179
12	12	13	LGJ-150	0.142 69	445	137.0664	378.4709	0.975 042	7.434 066
13	13	14	LGJ-150	0.048 286	445	135.5364	376.9234	0.322 627	2.495 142

支路编号	支路首端节点编号	支路末端节点编号	线路型号	支路长度（km）	支路额定电流（A）	支路电流幅值（A）		支路有功损耗（kW）	
						拉手前	拉手后	拉手前	拉手后
14	14	15	LGJ-150	0.063 987	445	134.0036	375.3722	0.417 919	3.279 32
15	15	16	LGJ-150	0.090 118	445	123.7893	365.0314	0.502 277	4.367 55
16	16	17	LGJ-150	0.014 568	445	123.7893	365.0314	0.081 196	0.706 039
17	17	18	LGJ-35	0.175 581	170	116.1426	117.6024	3.732 934	3.827 358
18	18	19	LGJ-35	0.276 311	170	111.0261	112.4221	5.368 306	5.504 156
19	19	20	LGJ-35	0.065 207	170	69.417 89	70.2909	0.495 25	0.507 785
20	20	21	LGJ-35	0.069 791	170	64.3092	65.1182	0.454 917	0.466 435
21	21	22	LGJ-35	0.050 765	170	51.514 18	52.162 75	0.212 327	0.217 707
22	22	23	LGJ-35	0.014 929	170	41.452 68	41.975 03	0.040 432	0.041 458
23	23	24	LGJ-35	0.349 89	170	41.452 68	41.975 03	0.947 602	0.971 635
24	24	25	LGJ-35	0.394 625	170	31.779 15	32.179 82	0.628 143	0.644 082
25	19	26	LGJ-35	0.155 592	170	41.687 19	42.2112	0.426 168	0.436 949
26	26	27	LGJ-35	0.128 993	170	37.574 55	38.047 01	0.287 041	0.294 305
27	27	28	LGJ-35	0.223 047	170	35.004	35.444 22	0.430 746	0.441 648
28	28	29	LGJ-35	0.051 347	170	35.004	35.444 22	0.099 16	0.101 67
29	29	30	LGJ-35	0.082 421	170	29.8579	30.233 45	0.115 811	0.118 742
30	30	31	LGJ-35	0.013 526	170	24.710 72	25.021 56	0.013 017	0.013 347
31	31	32	LGJ-35	0.183 672	170	16.989 51	17.203 26	0.083 559	0.085 675
32	32	33	LGJ-35	0.059 318	170	11.840 76	11.989 75	0.013 108	0.013 44
33	33	34	LGJ-35	0.013 906	170	10.297 79	10.427 37	0.002 324	0.002 383
34	34	35	LGJ-35	0.029 375	170	7.723 416	7.820 599	0.002 762	0.002 832
35	35	36	LGJ-35	0.020 52	170	5.149 051	5.213 844	0.000 857	0.000 879
36	3	37	LGJ-35	0.033 652	170	21.848 06	21.879 17	0.025 318	0.025 39
37	37	38	LGJ-35	0.036 878	170	11.677 93	11.694 56	0.007 927	0.007 949
38	38	39	LGJ-35	0.058 671	170	1.524 354	1.526 525	0.000 215	0.000 215
39	4	40	LGJ-35	0.042 953	170	12.694 87	12.7269	0.010 91	0.010 966
40	5	41	LGJ-35	0.002 056	170	40.706 51	40.858 09	0.005 371	0.005 411
41	8	42	LGJ-35	0.013 349	170	1.530 131	1.540 301	4.93E-05	4.99E-05
42	9	43	LGJ-35	0.158 508	170	12.740 68	12.836 11	0.040 553	0.041 163
43	10	44	LGJ-35	0.008 037	170	1.021 124	1.029 406	1.32E-05	1.34E-05
44	11	45	LGJ-35	0.105 409	170	12.756 18	12.879 27	0.027 034	0.027 558
45	13	46	LGJ-35	0.017 154	170	1.5309	1.547 596	6.34E-05	6.48E-05
46	14	47	LGJ-35	0.022 741	170	1.534 225	1.551 467	8.44E-05	8.63E-05
47	15	48	LGJ-35	0.115 48	170	10.223 05	10.342 48	0.019 022	0.019 469
48	48	49	LGJ-35	0.096 649	170	5.111 64	5.171 357	0.003 98	0.004 074

支路编号	支路首端节点编号	支路末端节点编号	线路型号	支路长度（km）	支路额定电流（A）	支路电流幅值（A）		支路有功损耗（kW）	
						拉手前	拉手后	拉手前	拉手后
49	17	50	LGJ-70	0.095 676	275	7.652 204	247.492 2	0.004 367	4.567 598
50	50	51	LGJ-70	0.111 018	275	2.556 201	242.327	0.000 565	5.081 098
51	18	52	LGJ-35	0.103 627	170	5.122 274	5.186 034	0.004 285	0.004 393
52	20	53	LGJ-35	0.000 564	170	5.121 465	5.185 624	2.33E-05	2.39E-05
53	21	54	LGJ-35	0.001 876	170	12.850 69	13.011 81	0.000 488	0.000 501
54	22	55	LGJ-35	0.002 094	170	10.068 7	10.195 01	0.000 335	0.000 343
55	24	56	LGJ-35	0.048 231	170	9.785 347	9.908 442	0.007 279	0.007 463
56	25	57	LGJ-35	0.007 103	170	31.779 15	32.179 82	0.011 307	0.011 594
57	26	58	LGJ-35	0.106 3	170	4.112 642	4.164 187	0.002 834	0.002 905
58	58	59	LGJ-35	0.057 035	170	2.569 496	2.601 7	0.000 594	0.000 608
59	27	60	LGJ-35	0.097 684	170	2.570 548	2.602 793	0.001 017	0.001 043
60	29	61	LGJ-35	0.055 09	170	5.146 099	5.210 767	0.002 299	0.002 358
61	30	62	LGJ-35	0.028 403	170	5.147 185	5.211 894	0.001 186	0.001 216
62	31	63	LGJ-35	0.070 326	170	7.721 211	7.818 298	0.006 608	0.006 775
63	63	64	LGJ-35	0.072 111	170	5.147 7	5.212 429	0.003 012	0.003 088
64	32	65	LGJ-35	0.005 533	170	5.148 745	5.213 514	0.000 231	0.000 237
65	33	66	LGJ-35	0.043 105	170	1.542 974	1.562 386	0.000 162	0.000 166
66	34	67	LGJ-35	0.111 845	170	2.574 379	2.606 77	0.001 168	0.001 198
67	35	68	LGJ-35	0.001 299	170	2.574 365	2.606 756	1.36E-05	1.39E-05
68	36	69	LGJ-35	0.102 828	170	5.149 051	5.213 844	0.004 297	0.004 406
69	69	70	LGJ-35	0.041 231	170	2.574 538	2.606 935	0.000 431	0.000 442
70	51	71	LGJ-95	1.147 388	330	0	239.732 8	0	37.690 08

需要说明，表 6-12 中拉手时小分区 2 的电源点故障或检修，表 6-13 中拉手时小分区 1 的电源点故障或检修，拉手后进行潮流分析时小分区 1 和小分区 2 中节点重新统一编号。表 6-12、表 6-13 中最后一行对应联络线，联络线的首、末节点均根据小分区路径自动编号。

小分区 1 和小分区 2 线路拉手前后有功损耗与节点电压发生变化，小分区 1 和小分区 2 线路拉手前后总有功功率损耗与最小节点电压（均为小分区拉手前的节点编号）比较见表 6-14，拉手后，联络线在有供电电源的小分区内。

表 6-14　　　　　　　　　有功功率损耗与最小节点电压比较

名称	供电电源	线路首端有功功率（kW）		有功功率损耗（kW）			总有功损耗率（%）	最小节点电压		
								节点编号		节点电压（kV）
		小分区 1	小分区 2	小分区 1 线路	小分区 2 线路	总有功损耗		小分区 1	小分区 2	
拉手前	小分区 1	4184.492	—	36.3918	—	69.6499	0.811	68	—	10.770 56
	小分区 2	—	4405.438	—	33.2581			—	57	10.818 25
拉手后	小分区 1	8834.259	—	284.1247	29.8538	313.9785	3.554	—	57	10.252 68
	小分区 2	—	8741.451	49.8706	171.3002	221.1708	2.530	68	—	10.429 75

由表 6-14 可看出，拉手后有功损耗率增加，同时最小节点电压减小，但是两者均在允许范围内。

六、小结

网架结构的确定至关重要，是配电网规划中最重要的内容之一。对于网架规划优化问题，本节提出了供电区域分区的方法，确定了优化布线和可靠性分析的方法。在考虑地理条件和建筑物的影响条件下，根据最短路径和最小负荷矩法优化规划配电网的网架，自动搜索连接负荷的交叉点（中间节点），自动搜索相邻线路的联结点，实现手拉手，提高可靠性，实现自动布线功能。由算例结果可得：

（1）相邻小分区的两条线路在拉手前后的支路电流、有功功率损耗率和最小节点电压都发生变化，为了保证正常运行，网架规划时必须根据拉手前后的潮流分布多次修整后确定网络结构参数。

（2）联结点设在线路中间可以保证拉手后节点电压的约束条件，在联络点至电源点线路发生故障或检修时不需要停电，可以实现 $N-1$ 准则。

第五节　配电变压器的布点方式与节电效益分析

一、负荷均匀分布条件下线路损失计算方法

通常在配电网中，负荷沿线路的分布是很不规则的，而且负荷的分布规律很难用数学解析式来描述。但是，一切复杂电网总是用简单线路综合而成的。

设负荷沿配电线路均匀分布，即单位面积内负荷密度相同，且各负荷点之间电阻等同（如图 6-33 所示）。

线路损失为

$$\Delta P = 3\sum_{i=1}^{n} I_i^2 r_i \times 10^{-3} = 3 \times 10^{-3} I^2 \left[r + 2^2 r + 3^2 r + \cdots + n^2 r \right]$$

$$= 3 \times 10^{-3} I^2 r \left[\frac{n}{6}(n+1)(2n+1) \right] \tag{6-48}$$

二、电源不同布点方式的电能损耗分析

设配电变压器容量为 100kVA，主干线导线截面积为 25mm^2，供电范围内用电点个数 $n=40$；各点之间的电阻 $r=0.1\Omega$；每个用电点电流为 1A；以下为具体分析。

（1）电源布置在一端时（见图 6-33），其线路损耗为

$$\Delta P_1 = 3 \times 1 \times 0.1 \times 10^{-3} \times \left[\frac{40}{6} \times (40+1)(2 \times 40+1) \right] = 6.56(\text{kW})$$

（2）电源布置在负荷中心时（见图 6-34），其损耗为

$$\Delta P_2 = 2 \times 3 \times 1 \times 0.1 \times 10^{-3} \times \left[\frac{20}{6} \times (20+1)(2 \times 20+1) \right] = 1.722(\text{kW})$$

（3）电源两点布置时（见图 6-35），其损耗为

$$\Delta P_3 = 4 \times 3 \times 1 \times 0.1 \times 10^{-3} \times \left[\frac{10}{6} \times (10+1)(2 \times 10+1) \right] = 0.462(\text{kW})$$

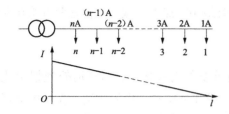

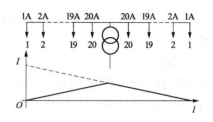

图 6-33　电源布置在一端时电流的潮流分布　　　图 6-34　电源布置在中心时电流潮流分布

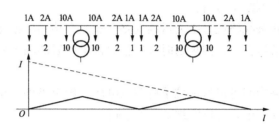

图 6-35　电源两点布置时电流潮流分布

三、线损下降率对比分析

电源布置在中心与布置在一端相比，线路损失下降率为

$$\frac{\Delta P_1 - \Delta P_2}{\Delta P_1} \times 100\% = \frac{6.56 - 1.722}{6.56} \times 100\% = 73.75\%$$

电源两点布置与布置在一端相比，线路损失下降率为

$$\frac{\Delta P_1 - \Delta P_3}{\Delta P_1} \times 100\% = \frac{6.56 - 0.462}{6.56} \times 100\% = 92.96\%$$

电源两点布置与布置在中心相比则

$$\frac{\Delta P_2 - \Delta P_3}{\Delta P_2} \times 100\% = \frac{1.722 - 0.462}{1.722} \times 100\% = 73.17\%$$

四、电压损失下降对比分析

对于均匀分布负荷，电压降表达式为

$$\Delta U = \frac{\sum_{i=1}^{n} r_i p_i + \sum_{i=1}^{n} x_i q_i}{U_{\rm N}} = \frac{pr + qx}{U_{\rm N}}\left[\frac{n}{2}(n+1)\right] \tag{6-49}$$

电源布置方式与电压损失下降率见表 6-15。

表 6-15　　　　　　　　　　电源布置方式与电压损失下降率

电源布置方式	电压损失下降率（%）
电源布置在中心与布置在一端相比	74.39
电源两点布置与布置在一端相比	93.29
电源两点布置与布置在中心相比	73.81

第六节　经济截面积与经济供电半径

一、导线的经济截面积与经济电流密度

导线截面积的选择是配电网改造中的一项重要工作，它直接影响着未来电网的运行水平和经济效益。经济截面积取决于经济电流密度，而经济电流密度取值的大小主要与导线的价格、折旧维护费、地区电价及年损耗小时数等众多因素有关。

导线的单位长度投资年金与年综合支出费用数学表达式如下

$$Z = (C + C_0)\alpha S + I_{max}^2 \frac{\rho}{S}\tau\beta \times 10^{-3} \tag{6-50}$$

式中　C——年维护费系数，取 7%；

$\quad C_0$——资金偿还系数 $C_0 = \dfrac{i(1+i)^n}{(1+i)^n - 1}$；

$\quad i$——年利率，取 6.87%；

$\quad n$——偿还年限，取 8 年；

$\quad \alpha$——单位截面积，单位长度内导线的价格，取 56 元/（mm² · km）（按 LGJ 每吨 14500 元计）；

$\quad S$——导线的截面积，mm²；

$\quad I_{max}$——最大电流，A；

$\quad \rho$——导线的电阻率，$\rho_{Al} = 28.26\,\Omega \cdot$ mm²/km；

$\quad \tau$——最大负荷损耗小时数，h；

$\quad \beta$——电价元/kwh。

令 $\dfrac{dZ}{dS} = 0$ 得，$S = I_{max}\sqrt{\dfrac{\rho\tau\beta \times 10^{-3}}{(C + C_0)\,\alpha}}$，又 $\dfrac{d^2Z}{dS^2} > 0$，S 即为年支出费用最小的截面积。

依经济电流密度定义 $J = \dfrac{I_{max}}{S}$ 得

$$J = \sqrt{\frac{(C + C_0)\alpha\,10^3}{\rho\tau\beta}} = 21.625\sqrt{\frac{1}{\tau\beta}} \tag{6-51}$$

经济电流密度 J 与地区规划电价和最大负荷损耗时间的关系曲线如图 6-36 所示。

上述讨论的经济电流密度是针对负荷集中在线路末端而言的。而实际中配电线路多数属于主干线带有若干个分支负荷的线路。为了求出带分支线路的经济供电半径，令两者线路的导线投资费用及运行费用相等。假设主干线中的分支负荷大小相等、电气距离为等距时，带分支线的总有功损耗为

$$\Delta P_f = \left[\left(\frac{I}{n}\right)^2 + \left(\frac{2I}{n}\right)^2 + \cdots + \left(\frac{nI}{n}\right)^2\right]\frac{d}{S} \times 10^{-3} \tag{6-52}$$

在长度为 $L = nl$ 的线路中负荷集中在末端且电流为 I_{max} 时，有功损耗为

$$\Delta P_j = I_{max}^2 \frac{\rho nl}{S} \times 10^{-3} \tag{6-53}$$

两种方案的功率损失相比得

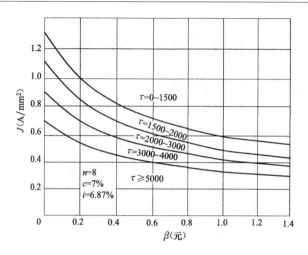

图 6-36   经济电流密度与地区规划电价和最大负荷损耗时间的关系曲线

$$\Delta P_{\text{f}} = \frac{(n+1)(2n+1)}{6n^2} \Delta P_{\text{j}} \tag{6-54}$$

则带有 n 个分支负荷时的经济电流密度为

$$J_{\text{ec}} = \sqrt{\frac{6n^2}{(n+1)(2n+1)}} \times \sqrt{\frac{(C+C_0)\alpha\,10^3}{\rho\tau\beta}} = KJ \tag{6-55}$$

令

$$K = \sqrt{\frac{6n^2}{(n+1)(2n+1)}} \tag{6-56}$$

当 $n=1 \to \infty$ 变化时，K 在 $1 \sim \sqrt{3}$ 范围内变化，一般 10kV 及 0.4kV 配电网中主干线带有分支的个数均在 15 个以上。若 $n \geqslant 15$，$K \approx \sqrt{3}$，故取 $K = \sqrt{3}$。

$$J_{\text{ec}} = \sqrt{3} \cdot \sqrt{\frac{(C+C_0)\alpha\,10^3}{\rho}} \cdot \sqrt{\frac{1}{\tau\beta}} \tag{6-57}$$

将有关参数代入可得

$$J_{\text{ec}} = 37.45 \sqrt{\frac{1}{\tau\beta}} \tag{6-58}$$

数值分析：某一条 10kV 主干线长度 10km，规划期内最大电流 100A，最大负荷损耗小时数为 2200h，规划电价为 0.60 元/kWh，试按新旧两种方法选择导线截面积，并测算节资效益。计算结果如表 6-16 所示。

表 6-16   导线截面积选择及效益比较表

推荐值	经济电流密度（A/mm²）	导线截面积（mm²）	投资年金和综合费用（元）	年节资效益（元）
旧的推荐值	1.15	95	155 624.778	
新推荐值	0.6	180	133 840.8	21 782.978

由表 6-16 可知，随着经济电流密度取值不同，为企业带来的节电效益变化也是十分突出的。这充分说明随着经济技术的飞速发展，在物价、电价等方面都发生了巨大变化后导线的经济电流密度也应该相应的调整，不应该几十年一成不变。

二、0.22kV 配电网的经济供电半径

DL/T 5118—2010《农村电力网规划设计导则》和 DL/T 738—2000《农村电网节电技

术规程》中均给出了低压供电半径推荐值，这些都是以负荷密度为依据提出的，比较适合于网络规划。而在实际工程中若按负荷距确定供电半径，更具有可操作性和实际意义。配电线路允许供电半径应满足 2 个约束条件：一是保证电压损失率不超过允许值；二是电能损失率在允许范围之内。就是说低压网络建设中，其供电半径既要满足电压质量，又要满足降损节能的要求。现针对新线材、新模式推荐了 0.22kV 低压允许供电半径。

1. 低压绝缘导线束的结构与电气性能

国外有些国家从 20 世纪 80 年代开始研究绝缘导线结构，如法国电力公司开发的绝缘导线索系统（ABC 系统，AIR BALE CABLE），是以零线为中心，将三相绝缘线围绕在其周围绞合而成，以它代替裸导线的低压架空线，到目前有 80 多个国家试验和推广这种供电模式。我国从 20 世纪 80 年代开始引进此项技术，并在城市电网中得到推广和应用。借鉴国外的经验，研究了四芯、三芯和两芯的绝缘导线束新材料，与国外类似产品绞合式导线索相比，具有生产工艺简单、寿命长、节省有色金属等优点。

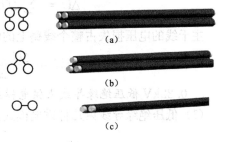

图 6-37　三种绝缘导线束断面图
(a) 三火一零结构；(b) 两火一零结构；
(c) 一火一零结构

绝缘导线束断面如图 6-37 所示。在图 6-37 中，图（a）为三相四线制三火一零结构，图（b）为单相三线制两火一零结构，图（c）为进户线一火一零结构。绝缘导线束的导线之间由防老化绝缘材料相互平行连接在一起。

绝缘导线束类似于架空的一种电缆，绝缘导线束与常规导线电气参数比较如表 6-17 所示。

表 6-17　　　　　　　　　　　　　绝缘导线束与常规导线电气参数比较

截面积（mm²）	导线电抗（$\Omega \cdot km^{-1}$）			导线电纳（$10^{-5} s \cdot km^{-1}$）		
	常规导线	四芯导线束	三芯导线束	常规导线	四芯导线束	三芯导线束
10	0.36	0.088	0.117	0.32	2.73	2.32
16	0.34	0.08	0.107	0.33	3.01	2.52
25	0.33	0.074	0.1	0.35	3.35	2.75

绝缘导线束供电模式施工简便、周期短，不需要横担及瓷具，减少大量的有色金属，在城镇或经济比较发达的排楼地区可以沿墙布置，减少大量的杆塔费用。由于形成了从配电变压器二次侧到用户进户线全部绝缘的低压配电网络，有效地提高了用电的安全性和供电的可靠性。从技术措施有效地抑制窃电、漏电现象。

在配电网建设和改造中，由于低压绝缘导线束具有优越的电气性能以及生产工艺、施工简便、节能效益显著等特点，得到了大面积推广。

2. 供电半径

多年来，在许多资料上都在研究供电半径，但大家的理解并不一致，有的认为供电半径是从电源的首端到最末端的供电距离，而有的认为是指主干线长度。我们认为后一种看法是合理的，所谓主干线应以供电的首端至占首端 25% 潮流分布点为界的线路长度。这是因为主干线上的功率损失和电压损失占整个线路损失的 90% 以上。在这里，强调供电半径的概念目的在于合理确定供电区面积和低压（0.22kV）电源的分布和容量。分析如下：

设负荷点个数 $n=100$，每个点均匀分布，其每个负荷点电流为 1A，每个点之间的电阻为 1Ω。则主干线上的功率损失占整个线路的功率损失为

$$\Delta P = 3\sum_{i=1}^{n}I_i^2 r_i \times 10^{-3} = 3 \times I^2 r \times 10^{-3}\left[\frac{n}{6}(n+1)(2n+1)\right] \tag{6-59}$$

$$\Delta P\% = \frac{\Delta P_{100} - \Delta P_{25}}{\Delta P_{100}} \times 100\% = 98.37\% \tag{6-60}$$

在整个线路上的电压损失率为

$$\Delta U = \sum_{i=1}^{n}\Delta U_i = \frac{P_i r_i + q_i x_i}{U_N}\left[\frac{n}{2}(n+1)\right] \tag{6-61}$$

主干线的电压损失占整个线路上的电压损失率为

$$\Delta U\% = \frac{\Delta U_{100} - \Delta U_{25}}{\Delta U_{100}} \times 100\% = 93.56\% \tag{6-62}$$

3. 0.22kV 低压绝缘导线束供电模式允许供电半径

（1）低压绝缘导线束几种供电模式。低压导线束供电模式如图 6-38 所示。

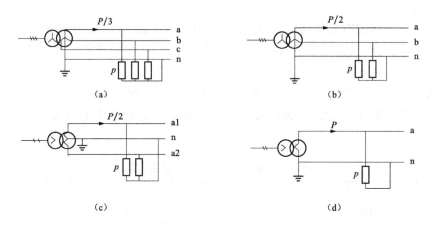

图 6-38　0.22kV 低压配电网供电模式

(a) 三相四线制三火一零供电模式；(b) 两相三线制两火一零供电模式；
(c) 单相三线制两火一零供电模式；(d) 单相两线制一火一零供电模式

图 6-38 中图（a）为三相四线制 10/0.38kV 配电变压器三火一零供电模式；图（b）为两相三线制 10/0.38kV 配电变压器两火一零供电模式；图（c）为单相三线制 10/0.44kV 低压侧中间抽头的两火一零供电模式；图（d）为单相两线制 10/0.22kV 配电变压器一火一零供电模式。

（2）供电负荷距分析。

1）按电压损失率确定负荷距。三相四线制供电时电压损失率为

$$\Delta U\% = \frac{\Delta U}{U} = \frac{P(r + x \cdot \tan\varphi)}{3U^2} \times 10^{-3} \tag{6-63}$$

低压绝缘导线束的截面积一般在 50mm^2 及以下，由于低压绝缘导线束的电气特征 $r \gg x \cdot \tan\varphi$，故电压损失率只是考虑电阻上的压降，则负荷距为

$$PL = \frac{3\Delta U\% U^2 S}{\rho} \times 10^3 (\text{kW} \cdot \text{km}) \tag{6-64}$$

式中　　P——负荷功率，kW；

　　　　U——额定电压，kV；

　　　　S——导线截面积，mm^2；

　　　　L——供电半径，km；

　　　　ρ——导线电阻率，$\Omega\text{mm}^2/\text{km}$。

同理可以推导出，两相三线制、单相三线制及单相两线制的负荷距，如表 6-18 所示。

2）按功率损失率确定负荷距。在低压线路中认为自然功率因数较高，即 $\cos\varphi = 1$ 时，三相四线制供电功率损失率为

$$\Delta P\% = \frac{3\Delta P}{P} = \frac{P\rho L}{3U^2 S} \times 10^{-3} \tag{6-65}$$

则

$$PL = \frac{3\Delta P\% U^2 S}{\rho} \times 10^3 \tag{6-66}$$

同理可以推导出其他供电方式的负荷距，见表 6-18。

表 6-18　　　　　　　　　　按电压损失率和功率损失率确定的负荷距

项目	损失率（%）	负荷距（kW·km）	负荷距对比系数		$\Delta U\%=7\%$，$\Delta P\%=5\%$ 的最大负荷距（kW·km）		
			$\Delta U\%PL$	$\Delta P\%PL$	LJ-25	LJ-35	LJ-50
三相四线制	$\Delta U\% = \frac{P\rho L \times 10^{-3}}{3U^2 S}$	$PL = \frac{3\Delta U\% U^2 S \times 10^3}{\rho}$	1	—	8.99	12.59	17.98
	$\Delta P\% = \frac{P\rho L \times 10^{-3}}{3U^2 S \cos^2\varphi}$	$PL = \frac{3\Delta P\% U^2 S \cos^2\varphi \times 10^3}{\rho}$	—	1	6.42	8.99	12.85
两相三线制	$\Delta U\% = \frac{\sqrt{3} P\rho L \times 10^{-3}}{2U^2 S}$	$PL = \frac{2\Delta U\% U^2 S \times 10^3}{\sqrt{3}\rho}$	$\frac{2}{3\sqrt{3}}$	—	3.46	4.85	6.92
	$\Delta P\% = \frac{3 P\rho L \times 10^{-3}}{4U^2 S \cos^2\varphi}$	$PL = \frac{4\Delta P\% U^2 S \cos^2\varphi \times 10^3}{3\rho}$	—	$\frac{4}{9}$	2.85	3.99	5.71
单相三线制	$\Delta U\% = \frac{P\rho L \times 10^{-3}}{2U^2 S}$	$PL = \frac{2\Delta U\% U^2 S \times 10^3}{\rho}$	$\frac{2}{3}$	—	5.99	8.39	11.98
	$\Delta P\% = \frac{P\rho L \times 10^{-3}}{2U^2 S \cos^2\varphi}$	$PL = \frac{2\Delta p\% U^2 S \cos^2\varphi \times 10^3}{\rho}$	—	$\frac{2}{3}$	4.28	5.99	8.57
单相两线制	$\Delta U\% = \frac{2 P\rho L \times 10^{-3}}{U^2 S}$	$PL = \frac{\Delta U\% U^2 S \times 10^3}{2\rho}$	$\frac{1}{6}$	—	1.49	2.09	2.99
	$\Delta P\% = \frac{2 P\rho L \times 10^{-3}}{U^2 S \cos^2\varphi}$	$PL = \frac{\Delta P\% U^2 S \cos^2\varphi \times 10^3}{2\rho}$	—	$\frac{1}{6}$	1.07	1.49	2.04

3）负荷距对比分析。在导线截面积相同的条件下，按电压损失率确定的三相四线制供电，其负荷距为两相三线制的 2.6 倍，是单相三线制的 1.5 倍，是单相两线制的 6 倍。按功率损失率确定的三相四线制供电，其供电半径为两相三线制的 2.25 倍；其余的与按电压损失率确定的供电半径等同。

4. 带有分支负荷的损失率分析

上述分析的负荷距是针对负荷集中在线路末端而言的，而实际上低压配电线路多数属于

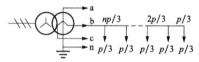

图 6-39　带有分支负荷的配电线路

主干线带有若干分支负荷。为了求出带分支线路的损失率，令主干线中的分支负荷大小相等，且电气距离相等，采用三相四线制供电（以图 6-39 为例）。

电压损失率为

$$\Delta U\% = \sum_{i=1}^{n} \frac{\Delta U_i}{U} = \frac{pr_i \times 10^{-3}}{3U^2}\left[\frac{n}{2}(n+1)\right] = \frac{PL\rho \times 10^{-3}}{3U^2 S}\left(\frac{n+1}{2n}\right) \qquad (6\text{-}67)$$

功率损失率为

$$\Delta P\% = \sum_{i=1}^{n} \frac{\Delta P_i}{P} = \frac{3r_i \times 10^{-3}}{PU^2}\sum_{i=1}^{n}\left(\frac{p_i}{3}\right)^2 = \frac{PL\rho \times 10^{-3}}{3U^2 S} \cdot \frac{(n+1)(2n+1)}{6n^2} \qquad (6\text{-}68)$$

其中，$P = np$；$r_i = \dfrac{l_i\rho}{S} = \dfrac{L\rho}{Sn}$。电压损失率与功率损失率比值为

$$K = \frac{\Delta U\%}{\Delta P\%} = \frac{3n}{2n+1} \qquad (6\text{-}69)$$

当 $n = 1 \rightarrow \infty$ 变化时，K 在 $1 \sim 3/2$ 范围内变化，$n = 1$ 为负荷集中在线路末端情况；0.22kV 配电网中主干线带有分支个数均在 15 个以上，若 $n > 15$，$k \approx 3/2$。这就是说带有分支负荷的线路若功率损失率达到 10% 时，则电压损失率已达到 15%。因此，带有分支负荷的线路供电半径应以电压损失率确定。

5. 供电半径的确定

具有带分支线路的供电半径为 $L = nl_i$，由 (6-67) 式得出

$$L = \frac{3\Delta U\% U^2 S \times 10^3}{p\rho} \cdot K_1 (\text{km}) \qquad (6\text{-}70)$$

式中　p——分支线路负荷点的平均负荷，kW；

K_1——负荷分布系数，$K_1 = \dfrac{2}{n+1} \approx \dfrac{2}{n}$。

同理可以推导出两相三线制、单相三相制、单相两线制带有分支负荷的供电半径。

不同供电方式下均匀分布负荷与供电半径的关系曲线如图 6-40 所示。例如，某一配电变压器 $S_N = 80$kVA，由 3 条干线向周围供电，每个负荷点最大负荷 $p = 2$kW，每相共有 8 个负荷点，而导线型号为 LJ-16。试确定不同供电模式下的供电半径及干线上的功率损失率。

由图 6-40（a）得三相四线制最大允许供电半径为 $L = 4 \times 2/n = 1$km，由 (6-68) 式得 $\Delta P\% = 6.9\%$；图 6-40（b）得两相三线制最大允许供电半径为 $L = 1.534 \times 2/n = 0.3835$km，$\Delta P\% = 5.9\%$；同理，图 6-40（c）得单相三线制最大允许供电半径为 $L = 0.6598$km，$\Delta P\% = 6.8\%$；图 6-40（d）得单相两线制最大允许供电半径为 $L = 0.1658$km，$\Delta P\% = 6.86\%$。

综上所述，对于集中负荷在实际工程中应该按照最大允许负荷距确定导线截面积，这样才能严格控制电压损失率和功率损失率，保证电能质量。对于分散负荷要严格按照电压损失率确定供电半径，其功率损失率是电压损失率的 66.7% 倍，就是说在现场中若能测得电压损失率就能估算出该干线的功率损失率。

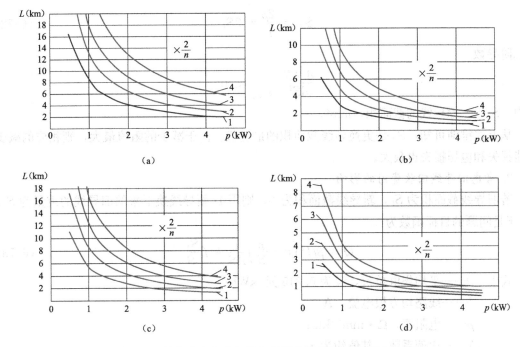

图 6-40 均匀分布负荷与供电半径关系曲线（$\Delta U\% = 10\%$）

(a) 三相四线制；(b) 两相三线制；(c) 单相三线制；(d) 单相两线制

1—LJ-16；2—LJ-25；3—LJ-35；4—LJ-50

第七节 更换和选择导线截面积时有关问题的讨论

一、按减少的电阻值最大的原则更换导线

送配电线路更换导线的原因一般有 3 个：①电流超过原导线的长期载流量；②电流密度超过经济电流密度；③线路的压降超过容许值。②、③的目的是降损。我们的目的是以什么样的新导线更换旧导线，才能用相同的投资达到最大的降损效果？下面我们来讨论这个问题。

1. 不考虑旧导线回收费用的影响

设原导线每千米的电阻为 $r(\Omega)$；所选新导线的截面积为 $S(\text{mm}^2)$；$L = \dfrac{1}{AS}$ 为新导线每吨的长度（km），其中 $A > 0$；导线的电阻率为 ρ，$\Omega \cdot \text{mm}^2/\text{km}$。如此，用 1t 新导线更换旧导线后，其电阻减少值为

$$\Delta R = \left(r - \frac{\rho}{S}\right)L = \left(r - \frac{\rho}{S}\right) \cdot \frac{1}{AS} \tag{6-71}$$

为使阻值减小的最大，令

$$\frac{\mathrm{d}\Delta R}{\mathrm{d}S} = \frac{2\rho - rS}{AS^3} = 0$$

解得

$$S_* = \frac{2\rho}{r} = 2S_1 \qquad (6-72)$$

且二阶导数

$$\frac{\mathrm{d}^2 \Delta R}{\mathrm{d}S^2}\bigg|_{S=S_*} < 0$$

式中 S_1——原导线的截面积，mm^2。

从上述推演可知，S_* 是更换导线截面积的最优值。由于减少的阻值最大，则相应的减少电能损失和电压损失也最大。

2. 考虑旧导线回收费用的影响

若旧导线截面积为 S_1，新导线截面积为 S，则用 1t 新导线换下来的旧导线的重量为 S_1/S。于是问题的目标函数为

$$Q = \beta t I^2 \left(r - \frac{\rho}{S}\right)\frac{1}{AS} + f\frac{S_1}{S} \qquad (6-73)$$

式中 β——平均售电单价，设为 0.245 元/kWh；

I——线路均方根电流，A；

ρ——电阻率，$\Omega \cdot mm^2/km$；

A——比例系数，其值约为 4；

f——旧导线回收年折回价格，元/t；

t——运行时间，h。

式 (6-73) 中第一项为更换导线后电阻减小所节省电能损失的价格；第二项为更换下来旧导线的价格。

为使价格最高，将 Q 值对 S 求导，并命其为零，有

$$\frac{\mathrm{d}Q}{\mathrm{d}S} = \beta t I^2 \frac{2\rho - rS}{AS^3} - f\frac{S_1}{S^2} = 0$$

$$2\beta t I^2 \rho = (fS_1 A + \beta t I^2 r)S$$

$$S_* = \frac{2\beta t I^2 \rho}{\beta t I^2 r + fAS_1} = \frac{2\dfrac{\rho}{r}}{1 + \dfrac{AS_1}{\beta t I^2 r}} = \frac{2S_1}{1 + \dfrac{AfS_1^2}{\beta t I^2 \rho}} \qquad (6-74)$$

一般情况下，$I > S$，对 LGJ-16～LGJ-240 导线而言，S_1^2/I^2 的比值在 0.02～0.15 的范围以内，且当 $t = 8500h$ 时，有

$$\beta t \rho = 0.245 \times 8500 \times 31.5 = 65\,598.75$$

若导线的价格每吨为 13 000 元，考虑 5 年回收，则年金

$$f = 13\,000 \times \frac{i(1+i)^5}{(1+i)^5 - 1}$$

当 $i = 10\%$ 时

$$f = 13\,000 \times \frac{0.1 \times (1+0.1)^5}{(1+0.1)^5 - 1} = 13\,000 \times 0.2638 = 3429\ \text{元}$$

$$Af = 4 \times 3429 = 13\,716$$

因此，比值 $AfS_1^2/(\beta t I^2 \rho)$ 的最大值为

$$\frac{AfS_1^2}{\beta tI^2\rho} = \frac{13716 \times 0.15}{65598.75} \leqslant 1$$

故式（6-74）可近似写成

$$S_* \approx 2S_1$$

因此，即使考虑旧导线回收费用的影响，所得的结论仍是新导线的截面积为原导线截面积的两倍。

【例 6-1】 某线路 $S_1 = 35\text{mm}^2$，现其首端有 10.7km 的线路上的均方根电流已达到 65A。欲更换该段导线。按经济电流密度选择新导线截面积应为 50mm^2，按本方案应为 70mm^2。6t 导线，如用 LGJ-50 刚好能更换 10.7km 的线路，而 LGJ-70 导线只能更换 7.6km，其余 3.1km 仍用原 35mm^2 的导线，试比较两种方案的电能损失和电压损失。

解：更换 6t LGJ-50 导线后，全线电阻为

$$R_{50} = \frac{31.5}{50} \times 10.7 = 6.741(\Omega)$$

更换 6t LGJ-70 导线后，全线电阻为

$$R_{70} = \frac{31.5}{70} \times 7.6 + \frac{31.5}{35} \times 3.1 = 6.21(\Omega)$$

相应的功率损耗为

$$P_{50} = 3 \times 65^2 \times 6.714 \times 10^{-3} = 85.442(\text{kW})$$
$$P_{70} = 3 \times 65^2 \times 6.21 \times 10^{-3} = 78.711(\text{kW})$$

电压降为

$$\Delta U_{50} \approx 65 \times 6.714 = 438.17(\text{V})$$
$$\Delta U_{70} \approx 65 \times 6.21 = 403.711(\text{V})$$

若年运行小时数 $t = 8500\text{h}$，则 LGJ-70 比 LGJ-50 的年节约电量为

$$\Delta A = 8500 \times (85.442 - 78.711) = 57\,213.5(\text{kWh})$$

年节约金额为

$$M = 0.245 \times 57213.5 = 14017.3(\text{元})$$

因此，第二方案比第一方案优越。采用第二方案换线，比 35mm^2 导线所节省的电能和价格为

$$\Delta P = 3 \times 65^2 \times \left(\frac{31.5}{35} \times 7.6 - \frac{31.5}{70} \times 7.6\right) \times 10^{-3} = 43.349(\text{kW})$$

$$\Delta A = 8500 \times 43.349 = 368466.5(\text{kWh})$$
$$M = 0.245 \times 368466.5 = 90274.29(\text{元})$$

年金 M 和现价 P 之间有下述关系

$$M = P\frac{i(1+i)^n}{(1+i)^n - 1}$$

6t 导线的现价为 $6 \times 13\,000 = 78\,000$ 元，故依 M 和 P，可求回收年限 n，考虑 $i = 10\%$，有

$$\frac{i(1+i)^n}{(1+i)^n - 1} = \frac{M}{P} = \frac{90\,274.29}{78\,000} = 1.158$$

$$(1.158 - i)(1+i)n = 1.158$$

$$(1+i)n = \frac{1.158}{1.158 - i} = \frac{1.158}{1.058} = 1.09$$

$$n = \frac{\lg 1.09}{\lg 1.1} = \frac{0.037}{0.04} = 0.925(年)$$

即现投资 78 000 元，经 11 个月可回收。

【例 6-2】 现网络采用截面积为 120mm² 的铝绞线 LJ-120，其运行电流为 110A，持续电流为 375A（满足发热要求），现负荷的功率因数为 0.85，校验其电压损失，并比较采用 LJ-150 导线或采用 LJ-240 导线时的电压损失和电能损失。

解：电压损失为

$$\Delta U = \frac{PL(R_0 + x_0 tg\varphi)}{U_N} = \frac{1620 \times 7 \times (0.27 + 0.62 \times 0.349)}{10} = 551.5(V)$$

其中，$P = 1620$kW，$L = 7$km。

电压损失的百分值

$$\Delta U\% = \frac{551.5}{10\ 000} \times 100\% = 5.515\%$$

（1）采用 LJ-150 导线，$r_0 = 0.21$，$x_0 = 0.342$，电压损失为

$$\Delta U = \frac{1620 \times 7 \times (0.21 + 0.62 \times 0.342)}{10} = 478.6(V)$$

$\Delta U\% = 4.786\%$ 满足要求。

电能损耗为

$$\Delta P_1 = 3I^2 r_0 L = 110^2 \times 0.21 \times 7 \times 3 = 53361(W) = 53.361kW$$

$$\Delta A_1 = 53.361 \times 5900 = 314829(kWh)$$

其中，$\tau = 5900$ 为年损耗小时数。

（2）采用 LJ-240 导线，$r_0 = 0.132$，$x_0 = 0.327$，电压损失为

$$\Delta U = \frac{1620 \times 7 \times (0.132 + 0.62 \times 0.327)}{10} = 379.6(V)$$

$\Delta U\% = 3.796\%$ 满足要求。

电能损耗为

$$\Delta P_2 = 3 \times 110^2 \times 0.132 \times 7 = 33\ 541(W) = 33.54kW$$

$$\Delta A_2 = 33.54 \times 5900 = 197\ 886(kWh)$$

第二方案比第一方案年节约金额为

$$M = 0.245 \times (314\ 829 - 197\ 886) = 28\ 651(元)$$

LJ-240 比 LJ-150 多 90mm²，铝的比重是 2.7，则多耗费的铝重和铝价为

$$G_L = 2.7 \times 90 \times 7 \times 3 = 5103(kg)$$

每公斤裸铝线按 20 元考虑，则现价

$$P_L = 20 \times 5103 = 102\ 060(元)$$

$$\frac{i(1+i)^n}{(1+i)^n - 1} = \frac{M}{P_L} = \frac{28\ 651}{102\ 060} = 0.28$$

$$(1+i)n = \frac{0.28}{0.18} = 1.55$$

$$n = \frac{\lg 1.55}{\lg 1.1} = \frac{0.19}{0.04} = 4.75(年)$$

即多花资金于 4.75 年内可以回收。

二、按单位投资的降损效果最大来更换导线的截面积

如果所带的计算负荷为 P，则在更换导线后所减少损失为

$$\Delta P = \Delta P_1 - \Delta P_2 = \frac{\rho L P^2 \times 10^{-3}}{U_N^2 \cos^2 \varphi} \left(\frac{1}{S_1} - \frac{1}{S_2} \right) \tag{6-75}$$

式中　ΔP_1、ΔP_2——更换导线前、后的损耗，kW；

　　　　S_1、S_2——更换导线前、后的导线截面积，mm^2。

可见，新导线截面积 S_2 越大时，降损的效果越显著。但是，随着导线截面积 S_2 的增加，线路的投资也在增加。线路的投资可以写成

$$M = L(a + bS) \tag{6-76}$$

式中　L——线路长度，km；

　　　　a——与导线截面积无关部分的造价，元/km；

　　　　b——与导线截面积成线性关系部分的造价，元/（km·mm^2）；

　　　　S——导线截面积，mm^2。

于是，更换导线前后的造价之差为

$$\Delta M = L(a + bS_2) - L(a + bS_1) \tag{6-77}$$

如设 r 为原导线每千米的电阻，则有

$$\rho \frac{L}{S_1} = rL, \quad r = \frac{\rho}{S_1}$$

于是，单位投资所导致的损失下降可以表示成下式

$$Q = \frac{\Delta P}{\Delta M} = \frac{K \left(r - \frac{\rho}{S} \right) L}{L \left[(a + bS) - \left(a + \frac{\rho}{S} \right) \right]} = \frac{K \left(r - \frac{\rho}{S} \right)}{(a + bS) - \left(a + \frac{\rho}{r} \right)} \tag{6-78}$$

其中　$K = \dfrac{P_2}{U_N^2 \cos_2 \varphi}$，　　$S_2 = S$。

为使单位投资的效果最佳，将 Q 对 S 微分，并令其为零，有

$$\frac{dQ}{dS} = \frac{\left[(a + bS) - \left(a + \frac{\rho}{r} \right) \right] K \frac{\rho}{S^2} - K \left(r - \frac{\rho}{S} \right) b}{\left[(a + bS) - \left(a + \frac{\rho}{r} \right) \right]^2} = 0$$

$$(a + bS) \frac{\rho}{S^2} - \left(a + \frac{\rho}{r} \right) \frac{\rho}{S^2} - \left(r - \frac{\rho}{S} \right) b = 0 \tag{6-79}$$

$$S^2 - 2 \frac{\rho}{r} S + \frac{\rho^2}{br^2} = 0$$

$$S^2 - 2 S_1 S + \frac{S_1^2}{b} = 0$$

解二次方程（6-79），有

$$S_{1,2} = \frac{2S_1 \pm \sqrt{4S_1^2 - \frac{4S_1^2}{b}}}{2} = \frac{2S_1 \pm 2S_1 \sqrt{1 - \frac{1}{b}}}{2}$$

因为 $b \geqslant 1$，小于 S_1 的根无意义，故得

$$S_* = 2S_1$$

所得结论与式（6-72）是一致的。

三、导线参数随截面积的变化

钢芯铝绞线的持续电流密度、相对电压降、导线电阻随导线截面积的变化曲线如图 6-41

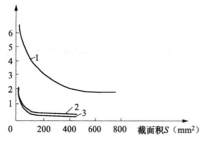

图 6-41　钢芯铝绞线特性曲线

1—LGJ 型导线的电流密度 $B = A/S$；

2—相对电压降 $\Delta U\%$；3—LGJ 型导线电阻

所示。从曲线可以看出，当截面积小于 150mm^2 时，上述各个参数变化很大，而当 $S > 150\text{mm}^2$ 以后，上述各参数的变化已不明显。

这表明，当 $S > 150\text{mm}^2$ 时，以增大导线截面积的途径来解决电压降的问题是不容易的。要保证输送必要的负荷，最好是用分裂导线法，或者用双回路供电，使每相电流由两根导线各承一半，可使电压降和功率损耗大为降低。在 $S < 150\text{mm}^2$ 时，变更一个线号，压降将有明显的改变。

第七章　配电网优化设计

配电网优化设计包括变电站最佳位置问题，配电网络的结构优化，配电网络的设备优化，配电网规划技术与配电网自动化技术优化，配电网的管理优化等。本章主要介绍变电站最佳位置问题与配电网络的结构优化。

第一节　概　　述

一、配电网优化的必要性

随着国民经济的快速发展，社会对于供电要求逐步提高，各个供电企业逐步加强了配电网络的建设，特别是三年来城乡电网改造，配电网取得了长足的进步。主要包括配电网的供电可靠性指标逐年提高，配电线路的回路数量大幅度提高，供电半径大大缩短，设备的健康状况得到了较大的提高，在配电网优化技术方面积累了一定的经验。但是，配电网优化仍然有许多不足之处，主要表现在以下方面。

1. 配电网络优化理念有待提升

重设备改造、轻网络优化的倾向普遍存在，需要提升配电网优化理念。配电网络是供电到客户的主渠道，是供电销售电量的主渠道，是供电部门客户服务的主渠道。因此，在配电网优化的理念上需要提升开发型、服务型理念；在生产过程上需要提升低成本运营、低成本建设、低成本管理策略的理念；在管理服务上提升效益型模式网络与配电网络效益优化的理念。

在配电网络优化过程中，需要认识改造配电网，提高消化上级电源与向客户及时、快速、优质、可靠供电是一个长期、往复、不断提高的"过程"，是城乡发展的过程需要，这个过程永远不会停止，而且要求也会越来越高，所以需要提升认识配电网络在改造进程中的长期性、艰巨性、复杂性的理念。

2. 配电网改造中相互平衡的理念有待提升

在实施改造中，重电源设备改造、轻网络建设工作的偏向较重，需要提升在实施改造中相互平衡的理念。需要平衡电源设备改造与网络系统建设的平衡工作，提升配电网络整体优化的理念，充分认识设备是关键、网络是基础，管理是保证的协调统一。

如变电站设备中的断路器无油化率已经达到了 85%～100%，但是当变电站的出线断路器停电以后，转移负荷的能力仅仅达到 20%～30%；再如，一个变电站或者一台变压器停电，会导致大量的用户停电，而不能进行有效的负荷转移等。这些是与城乡配电网在发展、需求、服务上不相称的。

3. 配电网络结构性优化认识需要提高

首先，配电网环网率低。虽然，部分单位线路的绝缘化率达到了 90% 以上，变电站出线断路器的无油化率通过改造许多单位达到 85%～100%，但是线路的手拉手率仅仅达到 40%～

50％，电缆的环网率仅仅达到 28％～40％，可以互供的水平比手拉手率与环网率还要低。因此，配网的结构性问题仍然突出。

其次，线路分段平均长度长，架空线路的平均分段长度大约 4.33 公里/段。线路分段数量与可进行联络容量的比例很不匹配，而且，线路虽有联络但互供能力不强。

最后，负荷在各条线路分配不平衡率高。虽然线路平均负荷逐步趋于合理，但不平衡率相当高，架空线路的负荷与电缆线路的负荷分配参差大。线路平均供电半径逐步缩小并且趋于合理，而局部线路供电半径仍然过长，另外中低压线路长度比例失调较严重。

所以，配电网结构性的问题比较突出，需要对配电网的水平有充分的认识，提高对配电网络结构性优化的认识。

4. 配电网技术管理的"抓老抵新"思想普遍存在，技术惯性大，有待突破

在配电网检修方面技术惯性大，老的检修方式不适应改造以后新型设备的科学检修技术。在线路设备的绝缘化水平提高、配电设备健康状况提高以及大量封闭的组合设备使用后，维修技术的科学化更显得重要。

"状态检修"提及多、效果少、实用更少。所以，需要积极提倡科学维修的创新理念，克服旧的技术惯性，推动科学维修的发展。

5. 配电网的技术装备与管理手段有待提高

配电网的技术装备提高不少，但技术水平仍然落后，差距大，管理手段落后。

管理手段落后主要表现在配电网管理的信息化应用程度不高、配电网管理信息的集成度不高、配电 GIS 普及率不高、配电管理的更新落后于设备和技术的更新。管理的重点不突出，配网的运行与检修仍然处于被动的阶段，不能主动地实现预控和经济运行。

架空线路的绝缘化率整体水平低，变电站 10kV 出线侧的断路器非无油化率和线路上的分段开关非无油化率的平均水平仍然大于 20％，变电站的金属封闭开关柜的比例已经超过 50％，但是开关柜内部设备及程度水平与先进的产品比较仅仅达到 30％，而且不少设备的工艺问题矛盾大。

另外，配电网络的规划技术仍然停留在传统的做法，计算机手段在配电网络领域的应用缺少，配电网的实时数据掌握少，因此点负荷特性分析、面负荷的统计、总体负荷特点、季节对负荷的敏感度影响以及温度对负荷的敏感度影响分析依据不足，反过来又影响规划的科学性与正确性。

所以配电网在提高装备、技术方面仍然需要不断的努力，提高整体的配套技术水平。

6. 配电网可持续发展研究、近期建设与远期发展配合问题重视不够，事故的预控能力薄弱，有待提高

供电可靠性、电能质量、配电网的预控能力以及经济运行等技术指标与先进国家相比差距大，高品质、标准化的配电设备研发，对配电网优化的技术支持都有待于进一步深入研究和提高。不停电作业的发展面低、发展不平衡，需要普及提高。

总之，配电网网架结构薄弱，需要改变；综合技术指标落后，网络技术水平低，需要提高；自动化技术系统集成度低，覆盖面小，技术装置整体效果不能体现。因此，配电网优化需要高度重视。

二、配电网优化的意义

（1）配电网络优化是配电网络发展进步的新需求；

（2）配电网络优化是供电企业经营观念转变的必然趋势；

（3）配电网建设、改造、运行、维护的复杂性决定了配电网优化是技术管理的重中之重；

（4）配电网优化是加强和改善配电网的关键。

总之，配电网优化对配电网建设由"量"的发展到"质"的转型具有重要意义。

第二节　变电站最优寻址

在配电网的规划、设计、施工、运行以及管理中，都是在满足一定的技术前提下，以建设和改造投资少、运行费用低、电能损耗小为目标的。为了达到这些目标，需要与配电网的优化问题联系起来。寻求变电站最佳位置问题是配电网优化中需要解决的问题之一。

一、变电站最优寻址问题的提出

寻求变电站最佳位置问题，是在满足建设送电线路的总投资和使用期内的总运行费用最小时，确定变电站的最佳位置。以图 7-1 为例说明变电站最佳位置寻求问题。图 7-1 中，1 为 220/110kV 变电站，6 为 110/35kV 变电站，1-6 为 110kV 线路，2-6、3-6、4-6、5-6 为 35kV 线路。

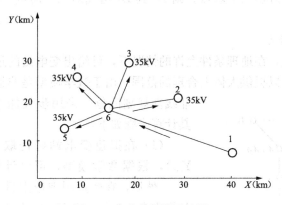

图 7-1　变电站最优寻址图

二、数学模型的建立

问题的第二步则是着手建立数学模型，今设第 i 个变电站的横坐标为 X_i，纵坐标为 Y_i。要使送电线路建设的总投资和其在使用期内的总运行费最小，故其模型是

$$
\begin{aligned}
\min F &= \sum_{i=1}^{N} P_i L_i \\
&= \sum_{i=1}^{N} P_i \sqrt{(X_i - X)^2 + (Y_i - Y)^2} \\
&= \sum_{i=1}^{N} (C\beta T + E\alpha T) \sqrt{(X_i - X)^2 + (Y_i - Y)^2}
\end{aligned}
\tag{7-1}
$$

式中　L_i——35kV 变电站所在位置到各负荷点（包括电源）的距离，km；

　　　P_i——35kV 变电站到各个负荷点（包括电源）每千米投资和运行费用总和，元/km；

T——送电线路的使用年限，年；

C——每千米送电线路的造价，元/km；

E——送电线路每千米的年电能损失，kWh/(km·年)；

α——计算电价，元/kWh；

β——送电线路的折旧率。

上述问题只有目标函数的表达式，而没有约束条件的表达式，这种问题称为无约束的优化问题。

三、步长加速法在变电站寻址中的应用

1. 步长加速法的基本思想

步长加速法是一种解决优化问题的直接法，它首先选定某一基点 B_1 作为初始近似点，并且计算出目标函数在该点的值 $f(B_1)$。然后，沿某个方向，以一定的步长 Δ_i 进行搜索，比较目标函数值 $f(B_1)$ 和 $f(B_1-\Delta_i)$、$f(B_1+\Delta_i)$ 的大小，以最小者为新的出发点；在另一方向进行同样的搜索。如此，向各个方向轮流搜索一遍，并以目标函数中最小的点 B_2 作为第二个基点。于是，B_1 到 B_2 构成一个向量，则从 B_1 向 B_2 移动时，是目标函数下降最快的方向。

以 B_2 为起点，将步长加大一倍，即步长加速，在 B_2 点附近做同样的搜索，得出目标函数最小的点 B_3，B_3 作为第三个基点。则 B_2 到 B_3 构成第二个向量，再把该向量延长一倍，如此进行搜索和加速。

2. 变电站位置的确定

这里所给出的模型，在地理条件允许的情况下，可给出变电站的最佳位置；在地理条件不允许的情况下，也可以提供大体上合理的范围。由于数学模型是非线性的，故这种问题是非线性规划问题，采用步长加速法来解决这种问题，其计算步骤如下：

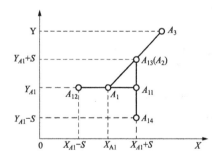

图 7-2　变电站最佳位置搜索过程图

（1）在拟建变电站区任取一个初始点 $A_1(X_{A1}, Y_{A1})$，根据数学模型，可以计算出该点的目标函数 F_{A1}，然后，在此点周围搜索目标函数更小的建所点。其搜索办法如下：计算 A_1 点周围沿 X 轴方向的两点 $A_{11}(X_{A1}+S, Y_{A1})$ 和 $A_{12}(X_{A1}-S, Y_{A1})$ 的目标函数，其中 S 为搜索步长，如图 7-2 所示。选择 A_1、A_{11}、A_{12} 三者中目标函数最小者为临时基点，如 A_{11}，再沿 Y 方向计算两点 $A_{13}(X_{A1}+S, Y_{A1}+S)$ 和 $A_{14}(X_{A1}+S, Y_{A1}-S)$ 的目标函数，选择 A_{13}、A_{14}、A_{11} 的目标函数最小者，如 A_{13}，令该点为 A_2。

（2）连接 A_1A_2，并将 A_1A_2 沿 A_2 方向延至 A_3，使 $A_1A_2=A_2A_3$，计算 A_3 的目标函数 F_{A3}，如果 $F_{A3}\leqslant F_{A2}$，则以 A_3 作为新基点，重复上述步骤。

（3）如果在搜索过程中 A_2 与 A_1 重合，则可以将步长缩小，在 A_1 点附近搜索。这样，逐渐减小步长，直至 S 小于精度允许的范围 S_1 为止，此时得到的 A_1 或 A_2 点即为所求的变电站最佳位置，其流程如图 7-3 所示。

变电站的布点是电源安排的保证，要按照最终规模、选位置面积和出现走廊或者电缆通道来考虑。变电站建设和规划需要节约用地，并且尽量在负荷中心。

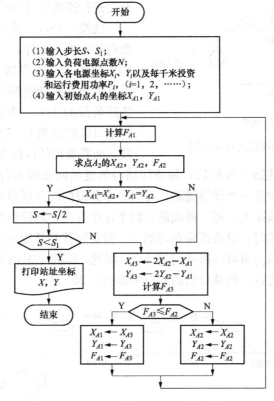

图 7-3 步长加速法变电站最佳位置流程图

第三节 配电网络的网架结构优化

配电网络结构优化的目的是提高线路的负荷承载水平和线路负荷的转移能力，并且最大可能地减少资金的投入。配电线路采用分段设计以及相互连接是配电网优化的基本方案。网络采用多分段和多连接时，提高了负荷的转移率和转移成功率，提高了架空线路的负荷储备能力，提高了线路负荷的允许运行率，提高了网架的结构强度，另外，提高了配电网对于电源故障以及线路故障时的耐受能力。这样，大量减少了停电用户，提高了供电可靠性。

一、配电网架空线路多分段、多连接技术的分析

配电网络的网架是由无数条线路组成的，可以分为干线和分支线，或者是经线和纬线加分支线。在干线中为了能够适应负荷的发展和线路的分割，减少停电用户数量和必须相互连接，所以提出在线路上进行必要的分段。

1. 线路分段方式的比较

（1）线路不分段。线路不分段，两条线路进行手拉手连接，考虑一回线故障时（如出线断路器损坏），另一回线路全部接受故障线路的负荷，则线路负荷的运行率水平最大是 50%。

（2）线路二分段。线路二分段后，每分段与另外的不同线路连接起来，保证每分段对外有一个联络通路。如图 7-4 所示，由于线路本身已经有两个分段，所以通过两条线路的分段

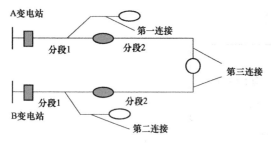

图 7-4 线路二分段后连接示意图

开关进行连接后有两个方向可以转移负荷。

线路二分段，设每一分段负荷为全线路负荷的一半。这样，一回线故障时，事故线路负荷的 1/2 需要转移到其他的线路上去，即其他的非故障线路接受的转移负荷为事故线路负荷的 1/2。因此，线路平时的负荷运行率可以提高到 66.7%，与线路不分段相比较，线路负荷的运行率提高了 16.7%。

（3）线路三分段。线路三分段后，每条线路与邻近的四条线进行连接，如图 7-5 所示，保证线路的每段对外至少有一个联络通路，而且各个分段的对外联络通路需要与不同线路连接，即不连接在同一条线路上。每一回线路有四个连接方向，若线路故障可以向四个方向转移负荷。所以一回线故障时，事故线路负荷的 1/3 需要转移到其他的线路上去，即其他的非故障线路接受的转移负荷为事故线路负荷的 1/3。因此，线路平时的负荷运行率可以提高到 75%，与线路不分段相比较，线路负荷的运行率提高了 25%。

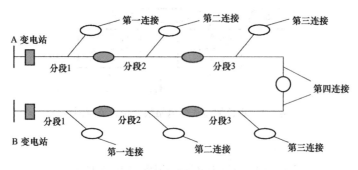

图 7-5 线路三分段后连接示意图

由上面线路不分段、二分段以及三分段的比较可以看出，分段的数量多，那么线路负荷的运行率可以不断提高，事故线路需要的平均负荷转移率下降。

2. 线路分段的相关计算

事故线路需要平均转移的线路负荷百分数按照式（7-2）计算，计算中线路的允许负荷用 100% 表示。

$$F\% = \frac{100}{N} \times 100\% \tag{7-2}$$

式中 $F\%$——每分段需要转移的线路负荷的百分数；

N——线路的分段数量。

非事故线路允许的转移负荷百分数 $G\%$ 按照式（7-3）计算，式中 N 代表意义同上。

$$G\% = \frac{100}{N+1} \times 100\% \tag{7-3}$$

对于线路在不同分段时的负荷运行率 $Y\%$ 按照式（7-4）计算，式中 N 代表意义同上。

$$Y\% = \left(100 - \frac{100}{N+1}\right) \times 100\% \tag{7-4}$$

线路分段数量不同时的负荷运行率 $Y\%$，每分段需要转移的线路负荷的百分数 $F\%$，以及非事故线路允许的转移负荷百分数 $G\%$，如表 7-1 所示。

表 7-1   线路分段数量不同时的运行率比较

线路的分段数量 N	事故线路需要转移的负荷 F （%）	非事故线路接受的负荷 G （%）	线路允许运行率 Y （%）	比不分段时线路运行率提高量（%）
1	100%本线路负荷	50%非事故线路运行率	50	以此作为 100
2	50%本线路负荷	33.3%非事故线路运行率	66.7	33.4
3	33.3%本线路负荷	25%非事故线路运行率	75	50
4	25%本线路负荷	20%非事故线路运行率	80	60
5	20%本线路负荷	16.7%非事故线路运行率	83.3	66.7
6	16.7%本线路负荷	14.29%非事故线路运行率	85.71	71.4
7	14.29%本线路负荷	12.5%非事故线路运行率	87.5	75
8	12.5%本线路负荷	11.1%非事故线路运行率	88.9	77.8
9	11.1%本线路负荷	10%非事故线路运行率	90	80
10	10.0%本线路负荷	9.09%非事故线路运行率	90.9	81.8
12	8.33%本线路负荷	7.69%非事故线路运行率	92.3	84.6
15	6.67%本线路负荷	6.25%非事故线路运行率	93.75	87.5
20	5%本线路负荷	4.67%非事故线路运行率	95.2	90.4

由表 7-1 可见，分段数量提高，线路的负荷运行率提高。与线路不分段比较，线路二分段时，线路的负荷运行率提高 33.4%；线路三分段时，线路的负荷运行率提高 50%；线路四分段时，线路的负荷运行率提高 60%；线路五分段时，线路的负荷运行率提高 66.7%；线路六分段时，线路的负荷运行率提高 71.4%；线路七分段时，线路的负荷运行率提高 75%。与线路三分段比较，线路四分段到六分段，线路的允许负荷运行率提高 10.71%，为三分段提高负荷允许运行率的 42.84%，可以认为六分段时效果降低超过半。与线路不分段的时候相比，每条线路三个分段及以前，每增加一个分段，所提高运行率的平均幅度是 12.5%；从四分段到六分段，每增加一个分段，所提高运行率的平均幅度是 2.85%；从六分段到十分段，每增加一个分段，所提高运行率的平均幅度是 1.28%。

将上面的计算描绘成曲线进一步分析，如图 7-6 所示，纵坐标表示负荷运行率 $Y\%$，横坐标 N 表示分段数量，1 表示不分段，2 表示二分段，以此类推。图中，曲线 I 为线路分段数量与负荷运行率变化曲线，曲线 II 为线路分段数量与负荷运行率提高的效果曲线。曲线 III 为线路分段数量与投资关系曲线。

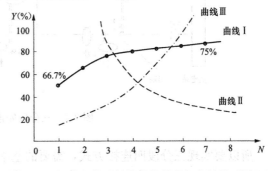

图 7-6 分段数量与线路负荷运行率的关系图

从经济效果和实际的技术分析，不同分段式效果曲线如曲线 II 所示，随着线路分段数量的增加，线路运行率提高呈现下降趋势。特别是从线路四分段开始，增加线路分段数量线路运行率提高不太明显。

线路分段数量与投资关系如图 7-6 曲线Ⅲ所示，随着分段增加投资呈指数上升，即投入的资金是按照分段数量的指数上升的。因此，过多的分段将过度增加投入资金，而且分段增加越多，提高的负荷允许的运行率数值呈快速下降的趋势。

因此，综合考虑线路运行率、经济效果和技术分析，线路分段数量以三分段为宜，连接方式如图 7-5 所示，即三分段四连接方式。如果两条线路进行组合，那么组合后的线路分段数量是六分段，在工程中，许多单位将一条联络线路分段数量控制在六段也是合理的。

不同线路组合以后形成了架空线路的网架，网架的密度就是分段节点的数量多少。密度高，网架的可靠性高；密度低，可靠性低。所以线路的网架密度与配电网络的可靠性是成比例的。

3. 多线路三分段四连接连接方式

线路的三分段四连接接线如图 7-7 所示。要实现线路的三分段四连接接线方式，需要一定数量的线路互相配合。每条线路的三分段四连接所需基本回路数量 L 按式（7-5）计算

$$L = N + (N-1) \tag{7-5}$$

式中　N——线路的分段数量。

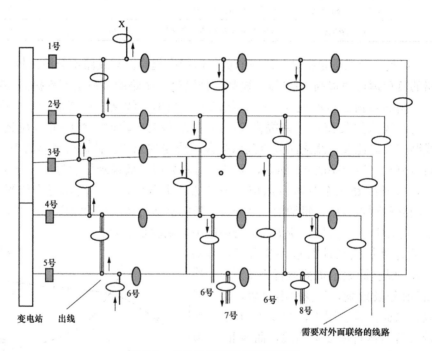

图 7-7　三分段四连接接线示意图

所以要实现三分段四连接方式，需要的基本回路数是 5 回，即每回线路与其他 5 回线路相配合。这样，可以认为以变电站为中心，将配电网连接成一个同心圆，如图 7-8 所示。在实际工程中若能实现图 7-8 所示中连接方式，将多个这样的网络合并可以组成配电网架，如图 7-9 所示。

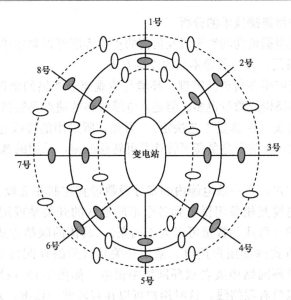

图 7-8　同心圆方式的公用配电线路的连接示意图

如图 7-9 所示配电网架中，只需要在适当的地点插入变电站就可以向配电网供电，配电网架对电源起到支撑作用。配电网架的密度和刚度反映了支撑的强度，当然在支撑的强度上，对于配电网就是储备水平，一般用储备的能力表示，对于发展快的地区，储备能力需要高一些，对于发展慢的地区储备能力可以适当低一些。储备能力的大小可以用储备系数来表示，则储备系数就反映了配电网架允许负荷发展的时间跨度。而配电网中的线路分段数量是反映线路负荷运行率水平的高低，以及线路负荷转移能力的大小，即反映可靠性的问题，分段多则可靠性高、灵活性强、备用点多。

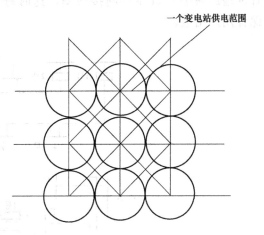

图 7-9　多个变电站供电同心圆
构成的配电网架示意图

网架连接方式除了图 7-9 所示外，还有其他连接方式，如多边形的网络连接图、四边形的网络连接图、花瓣形的网络连接图和网格形的网络连接图。

4. 配电线路多分段多连接技术的结论

多分段多连接技术的突出优点：

(1) 提高线路的负荷转移能力；

(2) 提高线路设备的利用率；

(3) 提高线路设备的储备能力；

(4) 提高对于电源的支撑能力；

(5) 提高配电可靠性。

在线路分段和连接技术方面，宜采用三分段四连接方式，单个变电站线路可以连接成配电网同心圆方式，进而组成不同的网架。

二、配电网电缆线路连接技术的分析

配电网络电缆线路根据负荷的性质以及负荷的重要程度可以采用单环网、双环网、混合环网、双辐射、3+1 备用、多分段等不同的连接方式。

由于电缆线路一般应用在高负荷密度、环境与景观要求严格的地区，一般负荷密度高，负荷重要性程度高，回路构成数量也多。但是，电缆线路的缺点是线路发生事故时，寻找事故点不方便，修复时间长（由修复工艺决定）。因此，所采用的接线方式需要具体的研究。不管采用何种接线方式，其前提是负荷可转移及可转移的量，采用的基本技术是多分段、多连接、多电源。

对于采用环网的方式，在一条电缆内的多分段数量宜控制在五段至七段。对于采用串级的连接（利用两条电缆互相备用供电到各个不同地区的开关站或配电站各条母线），一般不大于两级继电保护（母线的数量可以大于两条），具体的联结方式如图 7-10 所示。采用环网可以通过切换方式保证用户用电。采用开关站以后的环网接线图，如图 7-10（b）中所示，用户可以在单环网络中或者双环网络中供电。如图 7-10（c）为双环网接线，图中虚线为联络线，可以没有联络线，这时用户可以在双环网中供电；增加联络线后构成双环网增加联络的 H 型环网接线图，这时每个环网中电源可以增加到三个或者三个以上，保证用户用电。

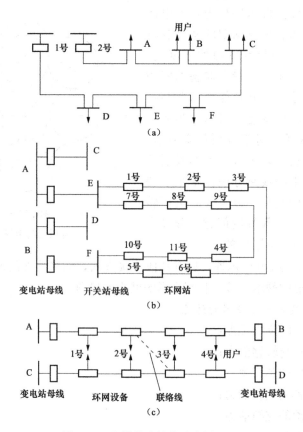

图 7-10 电缆线路接线示意图（一）

（a）单环接线图；（b）采用开关站以后的环网接线；（c）双环网接线图

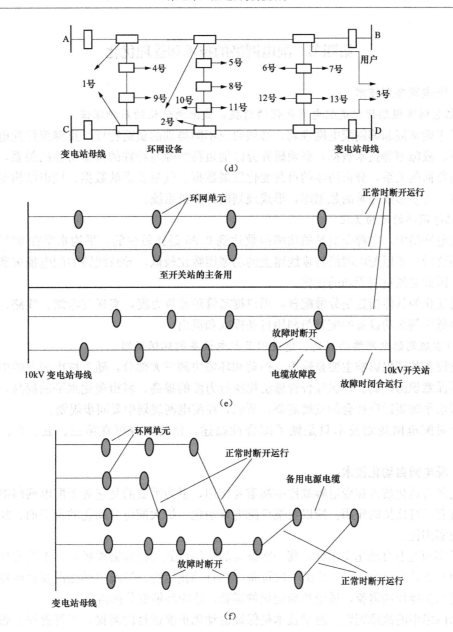

图 7-10　电缆线路接线示意图（二）

（d）混合结构环网接线图；（e）采用主备电缆的接线图；（f）采用主备电源电缆的接线图

图 7-10（d）为混合结构环网接线图，从图中可以看出用户的供电方式是多样的。图 7-10（e）采用主备电缆的接线方式，10kV 电缆线路与开关站相连侧的断路器正常时断开运行，只有当线路发生故障时，电缆故障段切除，该侧的断路器才闭合，保证用户用电。

图 7-10（f）采用主备电源电缆的接线，正常运行时主备用电源断开，即环网与主备用电源的连接断路器断开，只有当线路发生故障时，电缆故障段切除，该侧的断路器才闭合，保证用户用电。

第四节　配电网络的技术和管理优化

一、配电网规划技术

1. 配电网络规划优化是配电网优化的前提，是配网优化的基础保证

为了正确掌握和编制配电网规划，必须研究不同类别的负荷特性，正确统计配电设备停电停运率、故障率等技术数据；必须研究分区的负荷特性与特殊的负荷特性的关系，分析点负荷与面负荷的关系，分析历年的负荷变化发展数据、气象要素的数据、城市结构变化的重要数据等，逐步形成完善的数据库，形成规划的计算机系统。

2. 配电网络的无功优化

在配电网络中，电源变电站的功率因数达到 0.95 是比较少的，平均水平在 90％，而有的地区还要低。所以配电网络传输线路上的功率因数比较低，导致线路的配电损失和电压损失增加，因此必须重视无功的优化。

无功优化的具体措施是分散配置，用户提高管理监督力度，实现变电站、线路、公用配电变压器低压侧无功设备的配置与利用自动投入和退出。

3. 同步规划配电网络的规划、建设以及配电设备的环保规划

配电设备的环保影响主要是噪声、振动和环境协调三大部分，随着城市居民的生活质量提高、环保意识的提高、环保监督管理法规执行力度的提高、城市美化水平的提高，配电设备的环保水平需要适应社会的发展需要，所以，在配电网规划中要同步规划。

以上对配电网规划技术只是做了综合性描述，相关内容可在第三、五、六、八章中找到。

二、配电网自动化技术

配电网自动化技术在变电容载比中起重要作用，更为重要的是它对于配电网络电源的支撑作用有着不可比拟的作用。所以要推广配电自动化、扩大配电自动化的覆盖面、加速配电自动化的实用性。

为了实现配电自动化实用性，其一次设备的应用可靠性指标需要提高。尤其是作为配电自动化中的馈线自动化部分，它的一次设备影响自动化运行。馈线自动化需要适应控制的需要，实现人为操作的需要，适应负荷变化的需要，适应环境变化的需要。

配电网络中的故障判别、测量技术是保证自动化正确运行的前提，不可忽视。否则，配电网依靠的数据源将出现异常，对电网的分析和规划不利。因此需要重视测量技术，保证自动化水平的提高。

通信技术的多元化是提高配电网自动化发展的基础。目前的通信，基本上是捆在光缆的上面，对于不同的地区、不同的范围可以有不同的通信方式。研究通信技术的多元化，需要研究不同的通信介质、通信与自动化的需求、通信数据的优化等。

三、配电网管理优化

1. 配电网络管理手段优化

普及配电 GIS 平台与配电自动化结合，在此基础上尽快建立配电管理系统，实现配电管理的科学化与现代化，使配电网在规划、设计、检修、运行以及配电网的可靠性、电能质量等多方面工作中得以高效、准确、先进、快速地进行，使配网的管理水平随着设备与技术的

更新而同步提高。

2. 配电网络技术管理重点

配电网技术管理重点应放在配电网的运行方式、配电网的管理系统、配电网继电保护的研究，用户设备的安全管理、配电网的事故隔离技术与重构技术分析。另外，还应重视配电网自动化与其他管理系统（服务中心、生产管理系统、调度管理系统、调度自动化等方面）结合和集成。

配电网的管理优化，加强配电网的技术管理，提高配电设备与配电网络运行的预评能力，保证配电网供电的可靠性，实现配电网的经济运行。

以上，配电网规划技术、配电网自动化技术、配电网的管理优化只是做了综合性描述，部分内容有待于扩充和进一步研究。

第八章　智能配电网规划

第一节　概　　述

一、我国配电网基本特点与现状

目前配电网的网架结构薄弱，设备故障率高，自动化覆盖面少，分布式电源接入技术落后，存在通信瓶颈。

（1）电压合格率低。配电网末端用户距变电站远，电压低，设备无法正常运行，为兼顾末端负荷，需调高变电站出口电压，致首端电压轻载时过高，用电设备寿命缩短，且配电变压器损耗大幅增加。

（2）供电可靠性低。10kV馈线一般仅在变电站出口设置重合器，线路干线、支线及用户处均没有安装能可靠保护和远控的智能开关，末端和支线故障直接导致主线开关跳闸引起大面积停电。普通开关不具备单相接地保护功能，接地故障尤其是末端故障极难排查。

（3）运行损耗过高。无功补偿设备可靠性不高，补偿方式容量不足，补偿分级不够精细，补偿节能效果不佳，存在很大的提升改善空间。由于农业生产的季节性和农村务工人员的流动性，农村电网负荷波动较大，一般农村配电变压器全年高负荷时间不超过3个月，长时间处于空载状态，空载损耗过高。

（4）管理手段落后。农网对自动化管理手段的需求更为迫切，尤其是山区供电，线路长、用户稀，线路维护困难，线损居高不下，人工抄表成本很高。为减少线路故障，保障安全用电，山区供电所需要付出更为艰辛的努力。对于各种因素难以处理欠费大户，产业政策要求关停的小冶炼、小炼焦等企业，远程管理手段更有效，避免与相关人员的直接冲突。

（5）需要更好的用电管理。国内一线及二线城市工业发展日趋饱和，生产成本高涨，县级各项招商引资政策积极配套，大量企业特别是中小规模企业转向县级投资建厂，对供电质量和供电可靠性的要求越来越高，按用户性质精细用电管理已成为迫切要求，原有的整条线路停送电模式已不能满足当前需求。

配电网中现有配电台区存在以下问题：

（1）S7、S9高耗能老旧型配电变压器运行范围广、数量多、损耗大，无法满足节能降损的需求。

（2）多数配电变压器缺少监测装置，无法实时掌握配电变压器运行状况；即使少数安装了监测和保护装置，但是却需要同时安装多个不同厂家的终端，功能上会重复，并受制于各厂家的规约，终端之间无法实现互操作。

（3）无功补偿设备配置不足，补偿装置和补偿方式难以满足配电台区的实际需求。

（4）配电箱设备配置和结构布局缺乏统一标准规范，一些区域存在安全隐患。

我国农村配电网有其自身的特点，供电半径普遍较长，且负荷分散。由于农村受春季排灌等的影响，农村配电网的负荷还有一个重要的特点就是具有一定的季节性和时段性，无功负荷波动较大。

另外，目前我国农村配电网还存在着发展投入不足、网架基础较薄弱、装备水平不高、供电损耗偏大、地区间差异较大等问题，网架建设和供电能力有待进一步增强、农村低压电网发展存在瓶颈，农网自动化建设及实用化水平有待提高，农电管理信息化建设需要进一步规范统一。

二、智能配电网规划的目标以及解决的问题

2009 年，国家电网公司提出建设以特高压电网为骨干网架、各级电网协调发展的坚强电网为基础，利用先进的通信、信息和控制等技术，构建以信息化、自动化、互动化为特征的自主创新、国际领先的坚强智能电网的战略发展目标。智能电网包括了现代通信、传感、控制、信息和能源等多个领域的技术。这些技术大致可分为：①用以提高输配电系统运行的先进信息和通信技术；②用以改进或替换传统计量设施的先进计量系统；③用以获取并利用能量使用信息的技术、设备和服务，例如，在电价较低时，可以自动启动的智能家电。在此背景下，智能配电网的建设迫在眉睫。要求配电系统实现高效、可靠、灵活、优质的电力配送，同时增强接纳分布式能源接入的能力；在用电方面，实现电网与用户之间的实时交互响应，同时增强电网的综合服务能力，提升服务水平。

智能配电网规划的目标包括：①实现配电自动化和配网调控一体化智能技术支持系统的全面建设，全面提升对于现代配电网的驾驭能力，确保配电网可靠、高效、灵活运行；②完成配电生产指挥与运维管理的信息化系统建设，实现各类应用功能之间有机整合以及与调度、用电等环节的信息互动；③提高配电网对分布式发电、储能与微网的接纳能力，实现分布式发电、储能与微网的灵活接入与统一控制。

智能配电网以信息通信技术为支撑，实现网架坚强、信息化、用户服务优质化。智能配电网规划中重点解决的问题：①配电网网架的薄弱问题；②配电自动化普及率和实用化低的问题；③配电自动化设备的可靠性问题；④分布式能源的接入问题。

建设智能配电台区，可以提高当地电网的供电可靠性和电压合格率，改善电能质量，提升农网升级改造建设水平和和智能化水平，给供电企业带来直接的经济效益，也为当地发展绿色经济、低碳经济和循环经济起到较好的推动作用。

三、智能配电台区基本介绍

在电力系统中，台区是指（一台）变压器的供电范围或区域。传统台区多专业平行管理，信息不融合。智能台区是能够在台区所辖范围内，通过信息化手段，使配电、供电、售电及用电的各个环节，进行智能交流，实现精确供电、互补供电、提高能源利用率、供电安全，节省用电成本的台区。

智能台区包括：坚强可靠、经济高效、清洁环保、透明开放、友好互动五大内涵。坚强可靠是指具有坚强的网架结构、强大的电力输送能力和安全可靠的电力供应。经济高效是指提高电网运行和输送效率，降低运营成本，促进能源资源和电力资产的高效利用。清洁环保是指促进可再生能源发展与利用，降低能源消耗和污染物排放，提高清洁电能在终端能源消费中的比例。透明开放是指电网、电源和用户的信息透明共享，电网无歧视开放。友好互动是指灵活调整电网运行方式，友好兼容各类电源和用户接入与退出，励磁电源和用户主动参与电网调节。

智能配电台区应具有的功能：实现配电台区信息模型的标准化和台区的智能化综合管

理，实现配电台区设备（变压器、开关）状态监测与保护、计量管理、负荷管理、电能质量管理、线损管理、经济运行管理等功能，提高供电质量和可靠性，满足建设智能配电网自动化、信息化、互动化的发展要求。智能配电台区的系统结构如图 8-1 所示。

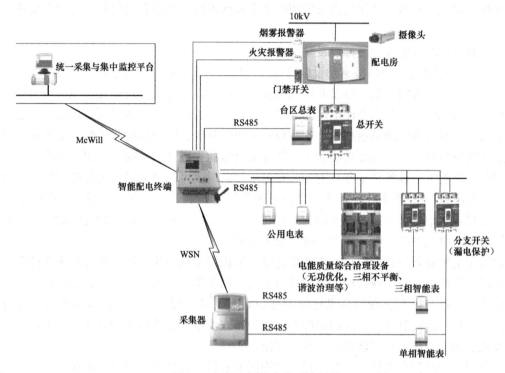

图 8-1　智能配电台区的系统结构

第二节　配电自动化技术

一、配电自动化的概念和意义

1. 配电自动化的基本概念

电力系统是由发电、输电和配电（有时也称供电和用电）环节组成的统一整体，其中配电部分直接面向电力用户。电力网作为传输电能的载体，包括了输电网和配电网。而配电网肩负着直接给用户供电的重任，拥有大量的电力设备，是保证电能质量以及供电可靠性的关键环节。目前，就我国电力系统而言，配电网是指 110kV 及以下的电网。

配电系统自动化就是利用现代电子技术、通信技术、计算机和网络技术与电力设备相结合，将配电网在正常及事故情况下的监测、保护、控制、计量和供电部门的工作管理有机地融合在一起，改进供电质量，与用户建立更密切、更负责的关系，以合理的价格满足用户要求的多样性，力求供电经济性最好，企业管理更为有效。

配电自动化的发展目标就是实现故障快速处理、配电网优化运行、相关系统集成、分布电源接入，以及用户互动技术。

配电系统自动化的内容大致分为 5 个方面：①馈线自动化，即配电线路自动化；②变电站自动化，正常是指输电和配电的结合部分，这里仅指其与配电有关部分；③用户自动化；

④配电管理自动化；⑤配电系统自动化的通信系统。这 5 个方面是一个集成系统。

馈线自动化是配电自动化的一个重要分系统，它的主要功能是对配电线路进行数据采集和监控（SCADA 功能）、对配电线路进行故障检测定位、自动隔离故障区段并恢复对非故障区段的供电。这样，就大大提高了供电可靠性，促进了配电系统现代化管理。

2. 配电自动化的意义

在配电自动化系统中，馈线自动化是基础，因此应以馈线自动化为切入点，逐步实现配电自动化，并且要使馈线自动化起到以下作用：

（1）减少停电时间，提高供电可靠性。配电网络经过改造后，实现"手拉手"或环网供电方式，利用馈线自动化系统，可对配电线路进行故障检测定位、自动隔离故障区段并恢复对非故障区段的供电。

（2）提高供电质量。通过实时监视运行状态，适时进行负荷转带及电容器投切，保证供电质量。

（3）改善用户服务质量。

（4）降低电能损耗。通过优化网络结构及无功配置，减少线损。

（5）提高设备利用率。

（6）减少配电检修维护费用。

（7）节省总投资。

实施馈线自动化所需要的线路改造、设备投资比较大，但总体上可节省投资。例如，线路经过改造后提高了设备利用率和供电可靠性，节省了电力设施基本建设投资等。

配电网的馈线自动化是关系到供电可靠性和社会经济效益的重要问题，也是当前配电网存在比较突出的问题。其目的是通过馈线自动化系统的研究与设计，提高配电线路的供电能力，对于保证配电网安全、可靠运行具有重要意义。城乡 10kV 架空配电线路馈线自动化系统，根据地区配电网的特点设计。

二、国内外配电自动化的现状及发展趋势

1. 国外配电自动化的现状

国外配电网发展起步较早，在 50 年代初就利用高压开关设备的功能在配电网（线路）中实现故障控制，主要设备是重合器、分段器、环网开关柜等。随着电子及通信技术的发展，将配电网的检测计量、故障探测定位、自动控制、规划、数据统计管理集成为一体的综合系统，出现了配电网自动化方案。

由于各国配电网发展及地域性差异，供电可靠性要求的不同，配电网自动化方案也稍有差异，但总的可以归结如下：一次设备的技术性能提高，不检修周期长，可靠性高，无污染爆炸及火灾危险；能利用先进的电子技术，对配电设备进行自动化控制，以实现机电一体化。

配电自动化系统包括三个阶段：

（1）第一阶段，馈线自动化系统（FA），即通过自动化开关设备相互配合实现故障隔离和健全区域恢复供电，不需要建设通信网络和主站计算机系统。

（2）第二阶段，配电自动化系统（DAS），基于通信网络、馈线终端单元和后台计算机网络的实时应用系统，兼备正常情况下的运行状况监视及故障时的故障处理功能。

（3）第三阶段，配电管理系统（DMS），结合配电 GIS、OMS、TCM、WMS，并与需求侧负荷管理（DSM）相结合，覆盖配网调度、运行、生产的全过程，支持用户服务，实现配用电综合应用。

三个阶段的配电自动化系统目前在国外同时存在。其中日本、韩国侧重全面的馈线自动化；而欧美的配电自动化除了在一些重点区域实现馈线自动化之外，更加侧重于建设功能强大的 DMS 系统，在主站端具备较多的高级应用和管理功能；近几年东南亚国家（如新加坡、泰国、马来西亚等国）新建的配电自动化系统，基本上也是走的欧美模式。

在一些工业发达国家中，配电自动化系统受到了广泛的重视，已经形成了集变电站自动化、馈线分段开关测控、电容器组调节控制、用户负荷控制和远方抄表等系统于一体的配电网管理系统（DMS），其功能已多达 140 余种。

国外著名电力系统设备的制造厂家基本都涉足配电自动化领域，如德国西门子公司、法国施耐德公司、美国 COOPER 公司、ABB 公司、日本东芝公司等，均推出了各具特色的配电网自动化产品。

日本是配电自动化发展比较快的国家，日本配电网发展不同于西欧国家，供电半径小，供电可靠性要求高，环网供电方式比较多，变电站采用重合断路器，并在变电站设有短路故障指示器，根据短路电流的大小，推算出故障距离的长度。

日本配电网电压为 6kV，出线采用重合断路器与线路自动配电开关相配合，自动配电开关具有关合短路电流和切断负荷电流的功能。

日本配电网自动化是分期逐步形成完整的配电网系统，大致可分为三个阶段：第一阶段是由自动重合断路器和自动配电开关，来消除瞬时性故障，隔离永久性故障；第二阶段是增设远控装置，实现远方控制功能，在变电站或调度中心发出操作指令；第三阶段是利用现代通信及计算机技术，实现集中遥信、遥控，并对配电网系统实现有关信息的自动化处理及监控。

2. 国内配电自动化的现状及发展趋势

目前我国电力工业的发展速度过去主要取决于投资规模，现在逐步转变为由市场需求来决定，电力市场也将逐步由卖方市场向买方市场转变。以往我国发电和配电投资的比例为 1∶0.12，大大落后于先进国家 1∶0.6～1∶0.7 的投资比例，这种状况今后会很快得到改善。

20 世纪 90 年代以来，国内电力系统 35kV 及以上变电站逐步实现了四遥功能，但规模覆盖变电站自动化、馈线的故障定位与隔离和自动恢复供电、负荷控制、远方自动读表、最低网损、电压无功优化，配电投资比例系统、变电配电和用电管理信息系统的配电网综合管理系统，则是近年来才起步的。

在 20 世纪 80 年代，上海市东供电局在浦东金桥金藤开发区实施了配电自动化工程，第一期工程采用法国施耐德集团生产的 PR 环网开关柜 9 台，基本达到了遥控、遥信和遥测的目的，但规模较小，且设备依赖进口，造价高，不便推广。

北京供电局引进日本东芝技术生产的具有自动化功能的柱上真空开关设备 8 台，达到国外配电自动化第一阶段水平。

沈阳电业局于 1995 年安装了 10 台丹阳生产的柱上真空开关，采用有线控制，但未大面积推广，而且也属于国外第一阶段水平。此外，石家庄供电局、大连供电局、南京供电局、等也分别立项或进行了一定规模尝试。

目前我国架空线的配电自动化方案主要有两种：一种是"日本"方式的重合分段方案；另一种是欧美方式的断路器（或断路器、负荷开关交叉）的手拉手环网方案。我国香港、台湾地区新建的配电自动化系统，基本上也是走的欧美模式。

从设备制造水平的角度看，国内不少企业已成功地研制出能够满足配电自动化要求的产品。

从技术上讲，实现配电自动化已没有任何困难，但仍面临两个问题：其一是供电企业应根据自己实际情况，恰当地选择各种功能，寻求一种"性能价格比"较好，符合当代技术发展方向，不致因系统发展技术进步而"推倒重来"的系统；其二是输电网自动化的许多成熟技术虽然可以借鉴，但配电自动化存在本身的特点，如容量大、定值远传、远方抄表等，传统的通信规约不能够很好地满足使用要求。

我国的配电网自动化仍处在试点阶段，大多数地区的试点工程主要以馈线自动化为主，功能较为单一；在系统集成上，各个单项自动化自成一体，缺乏综合考虑；在应用层次上，还仍处于初级发展阶段，缺乏高级应用，如网络重构、自动无功电压调整还处在理论研究阶段。

我国的配电网自动化的发展大致分为三个阶段：

(1) 第一阶段是基于自动化开关设备相互配合的配电自动化阶段，其主要设备为重合器和分段器等，不需要建设通信网和计算机系统，其主要功能是在故障时通过自动化开关设备相互配合实现故障隔离和健全区域恢复供电；

(2) 第二阶段的配电自动化系统是基于通信网络、馈线终端单元（FTU）和后台计算机网络的配电自动化系统，它在配电网正常运行时，也能起到监视配电网运行状况和遥控改变运行方式的作用，故障时能够及时察觉，并由调度员通过遥控隔离故障区域和恢复健全区域供电；

(3) 随着计算机技术的发展，在第二阶段的配电自动化系统的基础上，增加了自动控制功能，由计算机自动完成故障处理等功能，产生了第三阶段的配电自动化系统，形成了集配电网 SCADA 系统、配电地理信息系统、需方管理（DSM）、调度员仿真调度、故障呼叫服务系统和工作票管理等一体化的综合自动化系统。

从 90 年代中后期开始至今，很多省、直辖市都开展了配电自动化的试点工作，1996 年上海浦东金藤工业区的馈线自动化系统投入运行，该系统是国内第一套配电自动化系统。1999 年江苏镇江和浙江绍兴配电自动化系统，是一套架空和电缆线路混合的配电自动化系统。2003 年青岛的配电自动化系统，是当时国内规模最大的系统。2002～2003 年杭州、宁波、南京配电网管理系统，是世行贷款配网项目，分别由 ABB 和南瑞实施，实现了进口和国产 DMS 系统在国内的首次应用。2005 年四川省双流县国网公司农电重点科技项目，电网调度/配电/集控/GIS 一体化系统，推出了简易、实用型的配电自动化系统。2006 年上海电力股份有限公司实施了实用型城市配电自动化建设。2009 年国家电网形成了 29 个城网配电自动化试点、农网 9 个营配调管理模式试点。

2010 年在国网农电部领导下实施的 8 个农网智能化试点工程分别为陕西蒲城、浙江鄞州、天津静海、河北任丘、福建晋江、山东高密、山西潞城、宁夏贺兰。

2011 年的营配调管一体化农网智能化试点分别为将全面启动山东高密和蓬莱、河南荥阳和孟津、安徽肥西、辽宁沈北等 4 省 6 县（市、区）的农网营配调管理模式优化试点工程建设。

　　许多早期建设的配电自动化系统没有在生产中发挥应有的作用，投入产出比很不显著，主要是由于技术和管理两方面的原因。

　　技术方面的问题包括：

　　（1）配电网架薄弱且存在缺陷。配电网架十分薄弱，辐射状配电网架比较普遍，馈线分段数较少且分段不够合理削弱了配电自动化系统的作用。

　　（2）配电自动化技术及设备不成熟。主站系统功能缺乏配电网特色，配电终端设备运行稳定性差，配电设备的制造工艺水平参差不齐，自动化施工难度大。

　　（3）对工程实施难度估计不足。配电网站点海量，站端设备运行环境恶劣，通信方式多样，配电终端和通信装置的工作电源和开关设备操作电源的可靠提取问题没有规范，配电网量测信息不够充分。

　　（4）配电管理的信息化程度不高。配电管理基础薄弱，管理手段落后，配电网信息化程度不高；配电自动化的图形、数据维护与配电网基、改、建脱节，造成数据的准确性、及时性和完整性差。

　　（5）配电 GIS 不满足动态应用。GIS 只满足图资管理应用，不能满足实时应用和分析计算，GIS 和配电 SCADA 主站之间的模型、图形和接口等没有切实可行的解决方案，导致后期的应用无法实用化。

　　（6）忽略对相关"信息孤岛"的利用和整合。只关注在少数馈线搞自动化而没有立足于对整个配电网实现科学管理，忽视了对其他相关系统的整合和对现有基础数据的整理和利用。

　　配电自动化管理薄弱，存在"重发、轻供、不管用"的现象，管理方面的问题主要包括：

　　（1）对配电自动化认识不足。功能定位不准确，配电自动化建设、运行与应用缺乏长效机制。

　　（2）系统应用主体不明确。应用主体不明确，配电网自动化系统没有具体的受益者。

　　（3）系统规划不够科学。配电自动化建设缺少统一细致的整体规划，没有以实用化为导向，系统不能全面发挥作用。

　　（4）系统建设不够规范。缺少整体规划设计和建设及验收的标准或规范，未形成有序的建设机制，不能够有计划、分步骤地指导配电自动化建设；工程管理不规范，后期运行、维护困难；系统建设延续性不够。

　　（5）系统运维保障不够。管理存在脱节现象，机构不健全，缺乏有效的规章制度保障；配电网自动化技术及其设备应用的培训不够，出现问题全部依赖生产厂家，未建立配电网自动化运行和维护的高水平技术队伍，人员保障不到位；资金持续投入不够，仅仅将配电网自动化工程当成试点工程、面子工程，重建设而轻维护。

　　近年来我国的配电网自动化技术以及相关电气设备的制造发生了很大的变化，城乡配电网网架结构趋于合理，满足配电网自动化要求的配电开关设备及终端设备已经比较成熟，性能比较稳定，光纤、无线、载波等通信技术在配电自动化工程中成功应用，配电自动化主站系统技术也取得较大的进展，地理信息系统（GIS）的应用取得了较大的突破，IEC 61970/61968 标准的贯彻实施，应用集成、信息整合成为可能，复杂配电网分析与优化以及规划设计的理论研究也取得了阶段成果。这些因素均为进一步发挥配电自动化系统的作用，开展实用的配电自动化建设提供了有利的条件。

　　开展配电自动化建设，标准要先行。为此，国家电网颁布了 Q/GDW 338—2009《农村配网自动化典型设计规范》、Q/GDW 339—2009《农村配网自动化典型应用模式》、Q/GDW 382—2009《配电自动化技术导则》、Q/GDW 513—2010《配电自动化主站系统功能规范》、Q/GDW 514—2010《配电自动化终端子站功能规范》和一系列的验收规范以及《配电自动化试点建设和改造技术原则》。南方电网颁布了 Q/CSG 00000—2010《配电网自动化系统技术规范》、Q/CSG 10703—2009《110kV 及以下配电网设备装备技术导则》等标准。另外还有电力行业标准：DL/T 721—2000《配电自动化系统远方终端》、DL/T 814—2002《配电自动化系统功能规范》（正在修订）、DL/T 1080（即 IEC 61968）《电力企业应用集成配电管理的系统接口》。

总之，配电自动化发展趋势是多样化、集成化、智能化。配电自动化具有多样化的实现模式，并具有各自的适用范围。各供电企业可根据自身的特点和需求分阶段选择合适的模式。根据配电网结构、一次设备、通信条件的改善，以及相关应用系统的成熟等情况，由低到高升级和转化。配电自动化涉及实时、非实时和准时实时信息，需要从其他应用系统中去获取。例如，从地调自动化系统中获取主供电网和变电站信息；从 GIS 系统中获取配电线路拓扑模型和相关图形；从 PMS 系统中获取配电设备参数等。因此，配电自动化的系统需要将多个与配电有关的应用系统集成起来形成综合应用的系统。国际电工委员会制订了 IEC 61968 系列标准，提出运用信息交换总线将若干个相对独立的、相互平行的应用系统整合起来，使每个系统继续发挥自己的特色，形成一个有效的应用整体。

在智能电网的背景下，加速了配电系统智能化进程，为适应分布式发电的双向能量流，需要进一步升级发展自愈配电技术，加强馈线自动化功能；为考虑设备全生命周期的资产优化与智能调度业务功能，发展高效运行技术；以满足不同用户对电能质量水平的需求，以不同的技术和价格提供不同等级的电能质量，进一步升级、发展定制电力技术；为适应用户双向互动的业务功能，加强停电管理功能，进一步提升用户互动技术；发展分布式电源和储能系统的接入技术，以及涉及配电网潮流的计算和分析，并考虑分布式电源对电网的影响。

三、配电自动化的建设模式

配电自动化建设模式包括就地控制型、简洁遥测型、调配一体型以及其他模式。

1. 就地控制型

就地控制型的特点是无需通信，利用重合器或带保护功能的配电终端，达到故障隔离、负荷转供的馈线自动化。适用于辐射状架空线路，投资较少，无需通信。

2. 简洁遥测型

简洁遥测型配电自动化系统以两遥（遥信、遥测）为主，并对部分具备条件的一次设备实行单点遥控的操作。主站具备基本的 SCADA 功能，对配电线路、开闭所、环网柜等的开关、断路器以及重要的配电变压器等实现数据采集和监测。简洁遥测型配电自动化系统可分为以下两种配电自动化模式：

（1）带通信功能的故障指示器（一遥）。其特点是投资少，维护量小，比较简单地监视线路的运行情况，适用于辐射状架空或电缆线路，投资较少；

（2）两遥功能的配电终端。其特点是能完整地采集电力运行参数，监测线路的运行情况，适用于辐射状架空或电缆线路，投资适中。

3. 调配一体型

对于新建或改造的调度自动化系统，应当综合考虑配电网自动化的功能需求，选择能够实现调度自动化、配电网自动化一体化的主站系统。

调配一体型的适用范围：①新建或改建县级调度自动化系统；②架空线路，电缆线路，架空、电缆混合线路；③具备建立三遥通信系统的条件；④具备建立主站系统的条件；⑤要求全局 DA 故障隔离和网络自愈；⑥投资较大。

4. 其他模式

真实的县级配电自动化系统可能是以上几种模式的组合。建设的侧重点、强调的内容各不相同。

在配电自动化的各个分系统中，馈线自动化是一个重要的分系统，其对配电网供电可靠性的提高、配电系统现代化管理的升级有重要意义，下面重点介绍馈线自动化模式。

四、馈线自动化模式

在配电网中，馈线自动化模式主要包括重合器—重合器—分段器馈线自动化模式、配有重合功能的断路器—断路器馈线自动化模式。

1. 重合器—重合器—分段器馈线自动化模式

目前配电网中普遍使用重合器—重合器—分段器（或重合器—重合器）配合的组合方

式，通过自动化开关设备相互配合实现故障隔离和健全区域恢复供电，不具备远程监视和控制功能。

（1）重合器的性能和特点。重合器有电流型和电压型两种。反应故障电流跳闸后能重合的，称电流型重合器；检测到线路失压跳闸，来电后延时重合闸的，称为电压型重合器。电流型重合器适用于辐射网，而电压型重合器一般用于环网线路。图 8-2 所示为柱上重合器。重合器包括户外以及户内型，分别如图 8-3、图 8-4 所示。OSM 重合器的安秒特性曲线如

图 8-2　柱上重合器

图 8-5 所示。

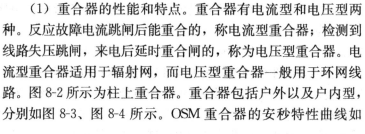

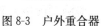

图 8-3　户外重合器　　　　　　　　　　　

图 8-4　户内重合器

户外重合器的特点如下：①重合器具有控制及保护功能，能实现就地合、分闸操作及机械闭锁；②操动机构为永磁机构；③具有定时限和反时限保护功能；④额定操作顺序：0-0.1s-CO-1s-CO-1s-CO，操作顺序及重合间隔方便可调；⑤具有多次重合功能（3 次重合闸）；⑥具有通信功能。

（2）三相连动跌落式分段器性能及特点。FDK 系列户外交流高压跌落式分段器（以下简称分段器），适用于交流 50Hz，额定电压 12kV、40.5kV 三相配电系统，配合重合器或具有

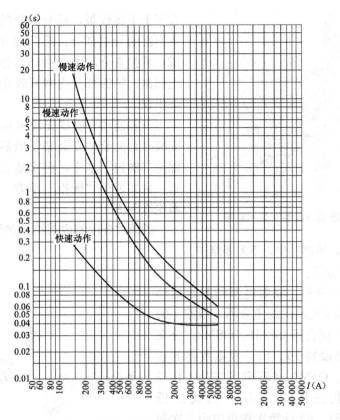

图 8-5 OSM 重合器的安秒特性 (IEC/ANSI)

重合功能的断路器使用。用来自动隔离故障线路区段，使无故障线路区段正常供电。该分段器可以根据用户需要对启动电流大小及计数次数现场调整。本分段器可以单相安装，分相控制；亦可三相连动整体安装，实现分闸连动。

分段器用操作杆合闸后，当线路出现大于整定的启动电流时，分段器中的电子控制器开始计数，当上一级开关跳闸，线路失压，线路电流低于 300mA，并完成了规定的计数次数后（1、2、3、4 次），控制器给出一个信号使机构的线圈启动，驱动已储能的机构制动铁芯，使分离掣子分闸，导电机构组件跌落（200ms 内），隔离故障区段，重合器（或断路器）成功地重合上无故障区段，将故障停电限制在最小范围，保证无故障线路的正常运行。如果是瞬时故障，则分段器可在记忆时间后恢复到故障前的状态。

如图 8-6 所示，分段器的结构分四部分：第一部分由横担和二连板构成，作用是固定和连接各相分段器；第二部分由支柱瓷瓶、上静触头、下静触头组成的瓷瓶装配构成，其中包

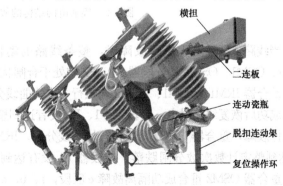

图 8-6 FDK10 分段器

图 8-7 三相连动分段器安装示意图

含了上下接线板，是分段器的绝缘支撑和承载主回路的导电部分；第三部分由导电杆装配构成，承担着分段器各项动作指标的控制及主导电回路；第四部分由两只连动瓷瓶及复位操作环组成。

三相连动分段器安装示意图如图 8-7 所示，安装时首先装"安装架"然后装横担，要注意保持"横担"水平，再安装二连板，切记二连板一定要装于"横担"下方，否则将影响分段器绝缘距离。

跌落式分段器内部结构如图 8-8 所示，机构体积小，结构简单，零部件少，不需要维护。

（3）典型案例分析。

1）辐射式电网结构。辐射电网的基本结构见图 8-9，IRM1 为变电站出线重合器，线路上安装电流-时间型户外重合器 OSM1、OSM2，分支线路安装跌落式分段器 F1、F2，根据线路的状况，分别将 IRM1、OSM1、OSM2 设定为一快三慢（1A3C），一快三慢（1A3B），二快二慢（2A2B），分别将 F1、F2 计数次数设定为 3 次和 2 次（重合器 IRM1、OSM1、OSM2 第一次均按快曲线动作，以防止扩大故障范围）。

图 8-8 跌落式分段器内部结构

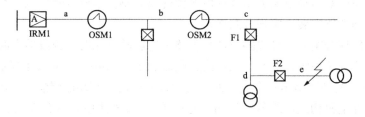

图 8-9 辐射电网结构的故障检测原理

当线路 e 区段发生短路故障时，整条线路的动作过程：①电网在正常状态下，重合器 IRM1、OSM1、OSM2 和分段器 F1、F2 均处于合闸状态，线路供电正常；②当 e 区段发生故障时，重合器 IRM1、OSM1、OSM2 均执行一次快曲线分闸，若为瞬时性故障，三个重合器依次重合成功后恢复线路供电，分段器 F1、F2 没有达到整定的计数次数仍处于合闸状态；③若为永久性故障，重合器 OSM2 再次执行快曲线分闸，IRM1、OSM1 因执行慢曲线不动作，分段器 F2 达到整定计数次数分闸跌落，分段器 F1 没有达到整定计数次数而处于合闸状态，经过 2s 后，重合器 OSM2 重合成功隔离故障 e 区段，a、b、c、d 区段恢复正常供电。

2）环式电网结构。环式电网结构的故障检测原理如图 8-10 所示图（a），IRM1、IRM2 为电流-时间型户内重合器，OSM1、OSM2、OSM3、OSM4、OSM5 为电压-时间型户外重合器，其中 OSM3 为联络重合器，正常情况下为分闸状态。重合器的重合间隔均为 2s。F1、F2 为计数次数分别是 3 次和 2 次的跌落式分段器。

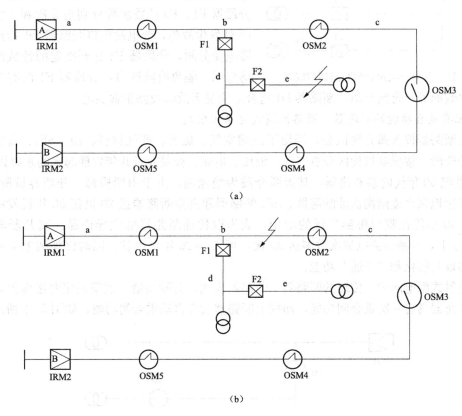

图 8-10　环式电网结构的故障检测原理
(a) 故障发生在 e 区段；(b) 故障发生在 b 区段

若故障发生在 e 区段，如图 8-10（a）所示，户内重合器 IRM1 检测到故障电流延时分闸，户外重合器 OSM1、OSM2 检测到线路失电压分闸。若为瞬时性故障，三个重合器依次重合成功后恢复线路供电。若为永久性故障 IRM1 再次分闸，线路失电压，分段器 F2 由于达到整定的计数次数跌落分闸，隔离故障 e 区段，IRM1 重合后按顺序恢复无故障区段供电。

若故障发生在 b 区段，如图 8-10（b）所示，户内重合器检测到故障电流延时分闸，户外重合器 OSM1、OSM2 检测到线路失电压分闸。若为瞬时性故障，户内重合器 IRM1 延时 2s 重合成功后给 a 区段供电，OSM1 检测到该段线路有电压后延时重合给 b 区段供电，OSM2 检测到线路有电压后延时合闸恢复 c 区段线路供电。若为永久性故障，户内重合器 IRM1 延时 2s 重合后给 a 区段供电，OSM1 检测到线路有电压延时合闸，由于故障仍然存在，IRM1 再次检测到故障电流分闸，线路失电压，OSM1、OSM2 同时闭锁在分闸位置。

联络重合器 OSM3 正常情况下两侧均有电压，当检测到 A 侧失电压后开始计时，延时一定时限后合闸，c 段线路由 B 站供电，故障区域 b 段被隔离（OSM1 至 OSM2 之间），其他区段恢复正常供电。

3）重合器（或具有一次重合闸断路器）与分段器配合的线路。具有一次重合闸断路器

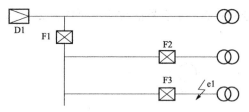

图 8-11 具有一次重合闸断路器的线路

的线路如图 8-11 所示，配电网线路首端设有重合器（或具有一次重合闸断路器），线路安装的分段器 F1、F3 计数次数分别是 2 次和 1 次。若 e1 处发生故障，变电站出口断路器 D1 检测到故障电流分闸，分段器 F3 达到整定的计数次数跌落分闸，隔离故障区段，分段器 F1 没有达到整定计数次数而处于合闸状态，断路器 D1 重合后恢复无故障线路正常供电。

2. 配有重合功能的断路器—断路器馈线自动化模式

柱上断路器按灭弧介质区分，经历了压缩空气、磁吹、产气材料、油、SF_6、真空几个代表性的阶段。按操动机构区分有气动、液压、电磁、弹簧及近几年发展起来的永磁机构。

20 世纪 50 年代的油断路器，其灭弧介质为绝缘油，由于周期检修、开断容量所限等，在经济发达地区已逐渐淘汰油断路器。SF_6 断路器和真空断路器是 20 世纪 80 年代发展起来的产品，90 年代在我国得到广泛的应用，成为取代油断路器的主导产品。其开断电流在 16kA 及以上，开断短路电流次数多达 30 次，可 10～20 年免维护。同时已加装电动操作和控制器实现智能化和"三遥"功能。

在放射式配电网中，传统的断路器—断路器模式，其断路器一般安装定时限保护，变电站出口断路器具有一次重合闸功能，而柱上断路器没有自动重合闸功能，如图 8-12 所示。

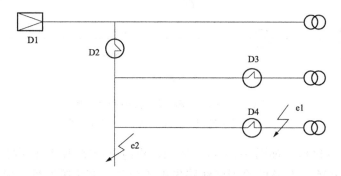

图 8-12 放射式网的断路器—断路器模式

农网中出口断路器整定的启动电流一般为 800A，柱上断路器一般为 400～600A，而线路上 85％为瞬时性故障。图 8-12 中，若 e1 处发生瞬时性故障，线路短路故障的电流都大于 800A，所以断路器 D1、D2、D4 都跳闸，由于 D1 具有一次重合闸功能，跳闸后可以重合，而 D2、D4 没有重合闸功能，D2 以下线路全部停电；若 e2 处发生瞬时性故障，变电站出口断路器 D1 及柱上断路器 D2 均跳闸，由于 D2 没有重合闸功能，D2 以下线路全部停电，没能躲过瞬时性故障，降低了供电的可靠性。

为了提高放射式配电网的供电能力，根据我国配电网的特点，研究并设计了一整套广泛适用于我国城乡配电网的馈线自动化系统。其实现方法是在已具备电动合闸、分闸功能的断路器上配备保护和运行数据采集功能的下位机系统，同时配备通过互联网和 GPRS 通信技术实现故障信息逻辑判断的上位机管理系统。

本书以已经投入运行的、适用于城乡 10kV 架空配电线路馈线自动化系统为例，详细地说明馈线自动化系统的结构、原理以及功能。如图 8-12 中，当 e1 点出现短路故障时，变电站断路器 D1，线路断路器 D2、D4 同时采集到故障电流，D1、D2 和 D4 同时跳闸，跳闸信息由下位机立即传递到局内上位机系统，同时变电站内开关 D1 经 0.5s 后自动重合，此时上位机系统进行逻辑判断后指令 D2 合闸，恢复 D3 区域以及其他区域的供电。此时上位机不会指令 D4 合闸，因为跳闸的断路器中它是最后一台断路器。若 D4 供电区域负荷重要，上位机可以指令下位机强送 D4 合闸信号，合闸成功表明故障为瞬时性的。

（1）馈线自动化上位机系统。馈线自动化上位机系统，即馈线自动化控制系统（DAC2010），主界面如图 8-13 所示，运行于配电企业信息中心的服务器，通过互联网和 GPRS 实现线路上的断路器控制器的"合分"动作，并实时监控线路上各断路器的状态，以及控制器所在位置的线路的电压、电流。根据馈线自动化控制系统所维护线路的拓扑关系，当线路因故障跳闸时，馈线自动化控制系统能够自动控制各断路器的开合实现故障段的切除。

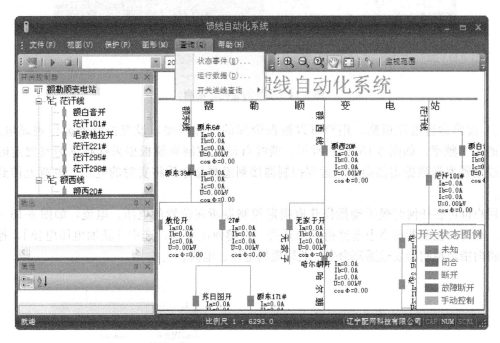

图 8-13　馈线自动化控制系统主界面

DAC2010 系统功能包括断路器的远程遥控、遥测，线路运行运程遥测，现场运行电压、电流监控，操作保护，监视窗口的自由操作，服务发布。

1）断路器的远程遥控、遥测功能。系统的遥控、遥测如图 8-14 所示，当由于检修、计划停电等原因需要断开或闭合断路器时，用户可以直接通过运行于局端的控制器远程遥控断路器动作。

当断路器在远程控制器的控制下成功动作后，远程控制器实时将断路器的新状态通过 GPRS 传输给馈线自动化控制系统，控制系统立即更新监视窗口的显示，用不同的颜色表示断路器的不同状态。如因断路器蓄能电机或控制器辅助触点故障造成断路器不能正常开合，远程控制器也会将未能正常动作的故障原因上报到控制系统。用户选中需要遥控或遥测的断路器，右键单击弹出菜单，通过选择指定的菜单项即可进行闭合、切断、获取状态等操作。

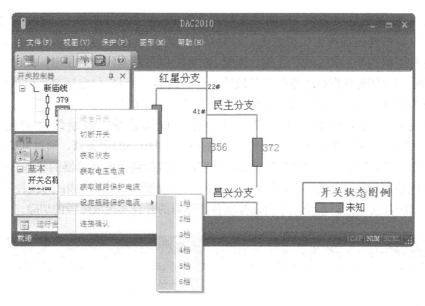

图 8-14　系统的遥控、遥测

2）线路运行远程遥测。用户可以根据管理的实际需要，设置控制器运行现场电压、电流的采样频率，如图 8-15（a）所示。馈线自动化控制系统根据采样频率的设置定时向远程控制器发送数据遥测命令，远程控制器接到遥测命令后将实时的电压、电流上传到控制器。

用户也可在任何时候手动操作获取指定控制器所在位置的电压、电流，如图 8-15（b）所示。在开关控制器窗格中选择指定的开关，右键弹出菜单，选中［获取电压电流］，控制系统将向指定控制器发送遥测命令，获取现场电压、电流。

（a）　　　　　　　　　　　　　（b）

图 8-15　线路运行远程遥测
（a）数据采样频率设置；（b）控制器现场属性

3）现场运行电压、电流监控。馈线自动化控制系统使用数据库记录按指定采样频率采样的现场运行数据，用户可以查询检索指定日期的电压电流运行曲线，电流运行曲线如

图 8-16 所示,以直观的方式显示出现场电压电流的变化规律,以及考察时间范围内的电压质量。

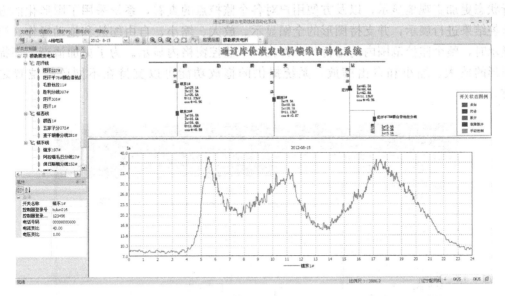

图 8-16　现场电流运行监控曲线

4）操作保护。操作保护如图 8-17 所示,为避免通过控制系统对远程控制器的误操作,避免非授权用户非法"开、闭"断路器,馈线自动化提供了操作保护的功能,投切命令在发送出去之前需要用户进一步确认,只有确认后的投切命令才能通过 GPRS 网络发送出去。

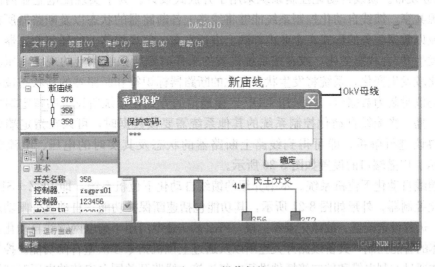

图 8-17　操作保护

另外系统提供了操作保护功能,当系统处于监控状态时,可以用密码锁住投切控制操作。只有用密码解锁后,才能手动向远程控制器发送投切控制命令。但是为了进行快速故障隔离和恢复非故障区供电,在操作保护过程中馈线自动化控制系统本身仍然是可以根据系统故障情况进行自动化投切控制。

5）监视窗口的自由操作。监控图形的自由操作如图 8-18 所示，为了使各线路的现场运行状态更加直观地显示，以及方便用户对各个监控点的查看，系统采用了图形化的方法对监控结果进行展示，并支持图形的全幅显示、放大、缩小、自由缩放和拖动操作。当全幅显示时，整个监控范围内的运行状况都在一个监控窗格内显示。为了更加清晰，还提供了图形的放大、缩小和自由缩放。系统提供的拖放功能可以支持在不同监控位置之间漫游。

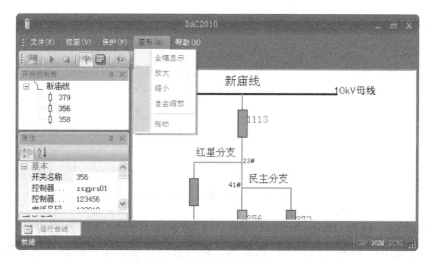

图 8-18　监控图形的自由操作

6）服务发布。馈线自动化控制系统采用了开放式设计。为了实现配电企业内部各系统间信息资源共享，馈线自动化控制系统能够将线路上各断路器的状态以及断路器所在位置的电压、电流以数据服务的形式在企业内部网上进行发布。每当线路上的任何断路器在控制器的控制下发生开/合状态变化，或者按系统设置的采样时刻所采线路上的现场电压、电流与上一时刻比较发生变化，系统将发生状态变化的断路器标识符和断路器的新状态按系统所定义的通信协议封装为数据包，并采用 UDP 广播通信的方式在系统所设置的特定端口在内部网上进行广播。当馈线自动化控制系统的其他系统需要该数据时，可以在指定端口进行监听，并按协议进行解析，即可得到线路上断路器的状态及其实时的电压、电流数据，如图 8-19 所示。广播端口的设置如图 8-20 所示。

（2）馈线自动化下位机系统。本书介绍的馈线自动化下位机系统，即 PKZ－S10 配电网馈线自动化控制器，外形如图 8-21 所示，其功能包括速断保护功能、自动重合闸功能、实时参数监测、远程设定配置、故障记录和上报。PKZ-S10 是专门用于配电网馈线自动化系统中线路开关本体的智能控制，具备线路开关速断以及通过上位机指令多次重合闸功能。控制器与线路开关本体通过控制电缆和航空接插件进行电气连接。线路开关同台安装的电压互感器通过控制电缆和航空接插件又与控制器进行电气连接，作为本控制器的电源。PKZ-S10 控制器将线路开关的运行参数、开关状态（分闸、合闸状态）通过 GPRS 通信系统上传到局内上位机管理系统，并将上位机逻辑判断后的指令通过本控制器传递到线路开关完成馈线自动化的功能。通过 PKZ-S10 控制器能够及时有效地把故障区域隔离，非故障区域恢复供电。

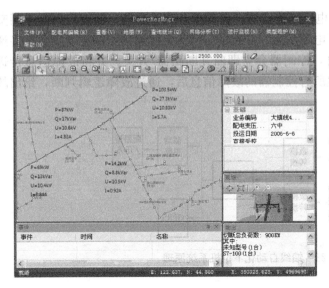

图 8-19　配电网地理信息系统监听并对数据进行解析的结果图

图 8-20　广播端口设置

PKZ-S10 控制器是实现配电网馈线自动化系统线路开关、通信的下位机系统,同时也是局内上位机管理系统中起承上启下不可缺少的下位机系统。当通信系统出现中断,同时线路出现短路时本控制器同样具有保护功能。PKZ-S10 的上位机系统又可以与局内调度室接口相连,实现调配一体化的功能。PKZ-S10 广泛适用于城乡 10kV 架空配电线路馈线自动化系统和配电网自动化系统,其安装示意图如图 8-22 所示。

图 8-21　配电网馈线自动化控制器

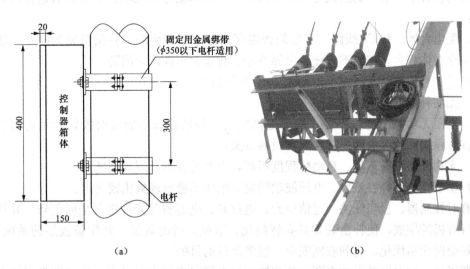

（a）　　　　　　　　　　　　　（b）

图 8-22　安装示意图

（a）安装尺寸;（b）安装实例图

馈线自动化下位机系统原理如图 8-23 所示,短路保护开关主要用于断路器/开关控制,以实现 10kV 配电网的短路保护、电压电流监测、自动重合闸等功能。智能控制器采用交流采样技术实时采集监测线路的电压电流信息，并通过 GPRS 无线通信网络将现场数据传递给远程控制中心。当发生短路故障时，控制器会立即断开断路器/开关，并将故障信息传送至远程控制中心，远程控制中心收集所有控制器的故障信息后，通过故障逻辑判断，给出故障判断结果和控制策略。

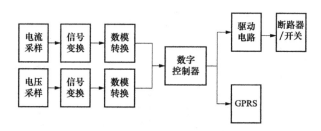

图 8-23　馈线自动化下位机系统原理

第三节　配电网智能无功优化系统

随着国民经济的迅速发展、用电负荷的不断增长，用户对于电能质量的要求日益增高，配电网无功优化补偿的重要性也日益增强，难度也日益加大。特别是电网市场机制的引入，使得如何采取有效手段提高电能质量，降低网损，进行全网整体的无功优化，成为直接关系电力企业自身经济效益的课题。

一、无功优化系统存在的问题以及发展方向

目前，配电网全网无功优化系统包括变电站自动补偿、线路自动补偿以及配电台区变压器低压侧同台补偿、电动机随机等无功补偿方式。我国配电网无功优化存在着诸多问题，主要如下：

（1）配电台区、10kV 线路、变电站普遍存在分组不够精细、补偿粗放的问题，使用的投切开关存在体积大、安装不方便、可靠性差、智能化程度低的问题；

（2）无功补偿的意义认识不清，无功电源的建设认识不足；

（3）无功补偿方式不合理；

（4）电压无功调节能力不足，局部地区电网的补偿设备不能及时投切，无功调节能力低，低谷时段局部地区电网还存在无功过剩现象；

（5）无功补偿设备不足、自动化程度不高，以及配置不合理等问题；

（6）季节性负荷峰谷差大、电压波动明显、电压不稳定现象比较突出。

只有对控制器、投切开关、通信单元、电抗器、电容器等元件进行全面创新，并把各种元件进行有机的集成，使补偿装置具有智能化、节能运行的效果，并配备较好的系统平台，才能做好全网无功优化，达到农网安全、经济运行的目的。

长期以来，配电网的无功电源优化配置主要在网络规划方面考虑，运行期间很少考虑无功补偿设备的优化投切。安装于 10kV 配电线路上的分散补偿电容器多数是固定补偿电容器。规划阶段配置的无功电源及容量只能以提高电网运行水平、降低网损为前提条件，只有在配电网运行期间根据不同的负荷水平，通过实时的控制系统优化各种无功补偿设备的投切，实现全网无功优化调度，充分发挥网内各点、各种无功设备的功能，挖掘现有设备潜力，得到最好、最优的无功优化效益。

在农网的无功优化方面，虽然近些年国家投入大量的资金进行农村电网的建设和改造，但是无功优化却始终滞后于电网建设。目前我国农村配电网无功补偿存在的问题主要是 3 个方面：①无功补偿设备偏少、陈旧，无功缺额还比较大，由于供电半径较长，线损较高。无功补偿设备偏少，还会使线路末端的电压总处于偏低状态，严重影响了电能质量。②无功补偿装置配置不合理，目前主要采用的补偿方式是在变电站二次侧集中补偿，虽然变电站出口的功率因数达到国家考核的标准，而对于配电网络本身而言，配电线路的线损和末端电压很低的问题仍未得到有效解决。③无功补偿装置的自动化程度不高，随器补偿是无功就地平衡最有效的方法之一，目前农村配电网中大多数采用的随器补偿都是固定补偿，采用自动投切装置动态补偿推广力度还严重不足。线路分散补偿也大多都是固定补偿，不能做到实时监测，无法平衡时时刻刻都在变化的无功。

综上所述，我国配电网的全网无功优化仍然存在问题，需要进一步完善。而且我国农网有其自身的特殊性，存在的问题主要集中在没有从整体的角度去考虑农村配电网供电区域的无功平衡。针对无功补偿设备不足且自动化程度不高、动态补偿和固定补偿比例失调的现状，研究出一套适合于我国配电网整体无功优化的智能系统是十分必要和有实际意义的。

1. 配电台区无功优化

（1）配电台区面临的挑战。由于农业生产的季节性和农村务工人员的流动性，导致农村电力网负荷波动较大；距变电站较远的重负荷末端电压较低，若调高变电站出口电压，轻负荷时线路首端电压过高，会烧毁用电设备；低压三相负荷不平衡情况普遍存在，影响变压器出力，并增加了损耗，严重时会烧毁配电变压器。

（2）配电台区无功优化存在的问题。

1）补偿控制器存在的问题。通常使用的控制器仅检测线电压和一相电流，以功率因数为投切依据，易造成单相的过补偿和欠补偿，轻载时更会出现投切振荡，加剧了农村电压不稳定的状况，损坏投切开关和其他用电设备；

2）电容器投切开关存在的问题。投切开关一般采用 CJ19 接触器，正常运行需要电保持，也是耗能器件，并且体积大、成本高，投切时有涌流，接触器触点易损失。

3）分组少，级差大。例如，200kVA 变压器，补偿容量为 60kvar，一般分为 3 级，每级补偿容量为 20kvar，无功调节平滑性差，20kvar 的电容器投切产生电压波动。

（3）配电台区无功优化技术的发展方向。

1）补偿原理的创新。基本原理是把电容器精细分组，例如，把 60kvar 电容器分为 36 个单元，采用磁保持同步编码开关使每个电容器单元既可以补偿到 AB、AC、BC，也可以补偿 AN、BN、CN 之间，这样无功补偿级差不到 2kvar，又可以合理地进行有功负荷的调节。

2）控制器的技术进步。新型无功补偿控制器采用 32 位高速 CPU，比原来的控制器提高了采样和运算速度。采集三相电压和三相电流，以无功功率、电压、电流、功率因数、谐波状况等综合判据进行投切，可对每相负荷进行精细补偿，同时调节三相有功不平衡负荷，并兼有自动调压、自动调容，远程控制、配电监测等附加功能。

3）投切开关的技术进步。投切开关包括交流接触器、可控硅、复合开关以及同步编码开关。交流接触器的体积大、成本低，有涌流和拉弧现象，易烧蚀粘接。可控硅的体积大、价格高，需要过零投切，发热严重，易烧毁。复合开关的体积大、价格高，需要过零投切，不发热。

同步编码开关的体积小、价格低，需要过零投切，不发热，适宜精细分级。当采用一个高速 CPU 控制 36 只磁保持继电器，使其电压过零时投入，电流过零时切除，可达到无电弧、无涌流的目的，具有复合开关的所有优点。

4）自动调压开关的技术进步。补偿必须同调压相结合才能达到最佳效果，否则电压过高时，投入电容器会使电压进一步升高，造成损耗加大，损坏用电设备，不补偿则会增加线损。农网配电台区目前一般没有自动调压装置，没有装设有载分接开关是因为有载分接开关价格高、体积大、使用复杂。迫切需要一种经济实用的，适合于农网配电台区的自动调压开关。

5）补偿和远控、调容技术的结合。在配电网中采用自动远程控制，这样可以降低管理费用，特别是对于处于偏远地区的配电台区。另外，配电网台区大多存在"大马拉小车"的现象，若配以新型调容开关，可实现配电台区的远控、调压、调容、无功精细化补偿、有功负荷不平衡调节、配电监测、远程抄表、防窃电等多种功能的组合，达到配电网配电台区智能化经济运行的目的。

智能有载调容变压器实现了补偿、远控和调容技术的结合，智能有载调容变压器的组成如图 8-24 所示。

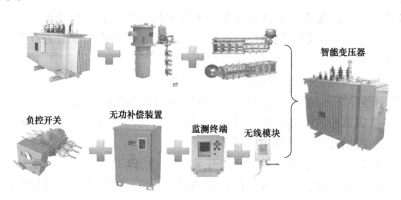

图 8-24　智能有载调容变压器的组成

智能有载调容变压器的外形以及接线如图 8-25 所示。

智能有载调容变压器与 S11 变压器相比，当只调节智能有载调容变压器容量时，单台 200kVA 变压器年节能 5648kWh，变压器 20 年寿命期内节能 11.3 万 kWh，节能效果非常显著。负荷低谷时转换为小容量运行，不仅改变了变压器自身的有功损耗，而且无功损耗也下降。

智能有载调容变压器是一种具有大小两个容量，并可根据负荷大小在变压器带负荷情况下进行容量调整的配电变压器。

智能有载调容变压器适用于季节负荷或日负荷变化较大的农村和城市商业区、工业开发区、居民小区等 10kV 配电台区和箱式变电站，属于"低电压治理"推广产品。智能有载调容变压器的应用特点：①通过降损节能获取良好的经济效益和社会效益；②解决农村现有台区由于季节性负荷变化所造成的"大马拉小车"和严重过载的问题；③代替"母子变压器"，节约投资成本、节省占地面积；④向配电综合管理系统和配电网经济运行系统提供监测数据，符合智能电网要求；⑤利于供电管理模式的改变，提高配电管理水平。

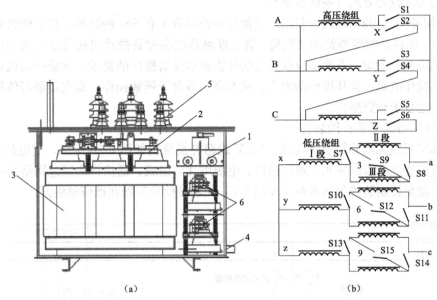

图 8-25　智能有载调容变压器的外形以及接线图

(a) 智能有载调容变压器的外形；(b) 接线图

1—负控开关；2—调容开关；3—变压器线圈；4—变压器壳体；5—高压瓷套；6—调压开头

　　智能有载调容变压器工作原理：有载调容控制器通过监测变压器低压侧的电压、电流，来判断当前负荷电流大小，如果满足前期整定的调容条件则发出调容指令给有载调容开关，有载调容开关根据调容指令进行容量切换，实现变压器内部高、低压线圈的星、角变换和串、并联转换，在励磁状态下，完成变压器的容量转换。

　　S13 型变压器是通过使用新材料（Hi-B 高导磁取向电工硅钢片）、新结构（三角形立体卷铁芯结构）实现节能目的。SH15 型非晶变压器是通过使用新材料（非晶合金铁芯）实现节能目的。而智能有载调容变压器通过有载调容技术实现节能目的。有载调容技术不仅可以适用 S11 型、S13 型变压器，还同样可以适用于非晶合金变压器、干式变压器等各种类型的变压器，具有其他类型节能变压器无法比拟的优势。

　　2. 10kV 配电网无功优化

　　对于配电网中 10kV 较长的线路，无功从变电站送出会造成无功负荷的远距离输送，不仅会降低线路的有功输送能力，而且会使末端低电压的问题更加突出，因此有必要对 10kV 线路进行无功补偿。

　　(1) 线路无功补偿设备的问题。

　　1) 10kV 线路无功补偿装置的投切方式。目前我们国家无功补偿电容器的投切方式有很多种：按功率因数投切、按时间投切、按电压投切，后来投切方式发展为以电压为约束条件的按功率因数投切、以电压和无功共同为约束的投切（如九区图控制）。目前普遍采用的投切方式为按功率因数投切，因为功率因数是电网电能质量考核的一个指标，而不是配电网经济运行的指标。例如，线路有功功率为 6000kW，功率因数为 0.91，则无功功率为 2733kvar，此无功在线路上产生的有功损耗是不可忽视的。在有功功率比较大时只看功率因数，可能掩盖了无功功率产生的有功损耗。为此本书提出一种最新的投切方式，以电压为约束的按无功需求投切方式（系统控制）。

2）投切开关。10kV 线路上目前广泛使用的投切开关有 SF$_6$ 断路器、真空断路器和真空接触器。SF$_6$ 断路器配备弹簧操动机构，真空断路器配备弹簧操动机构或永磁操动机构。弹簧操动机构机械寿命短，不能适应线路无功补偿频繁投切操作的要求，永磁操动机构在安装调试时需要操作电源，且其操作动力大、成本高，适合于频繁操作。真空接触器体积小、操作动力小，适合于频繁操作。

（2）10kV 母线无功补偿装备。

1）10kV 母线无功补偿装置构成。10kV 线路补偿装置如图 8-26 所示，变电站 10kV 母线补偿装置由智能电容器单元、通信模块、电源用 TV 组成，通信模块通过网络与测量控制装置相连。测量控制装置包括取样 TA 和 TV，无功补偿控制器和通信模块。

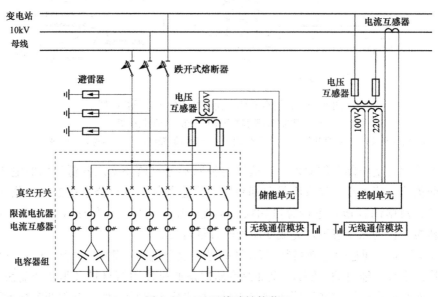

图 8-26　10kV 线路补偿装置

2）电容器投切专用永磁真空开关。由永磁操动结构和电容器专用真空灭弧室组成的电容器投切专用永磁真空开关，可保证频繁操作可靠、无重燃。

电容器投切专用永磁真空开关特点：①永磁机构零部件数量仅为传统弹簧机构的 40%，结构简洁，机械故障率低；②触头开距大，可开断故障电流；③采用直动式传动，分闸速度快，触头不粘连；④永磁操动机构的出力特性与真空灭弧室的反力特性完美配合确保合闸弹跳小，无重击穿，无重燃；⑤操作线圈仅在分闸或合闸瞬间带电，线圈不发热，省电，不会发生故障。

3）智能电容器集成单元。智能电容器集成单元如图 8-27 所示，包括 3 个永磁真空开关、3 只三相电容器、3 组限流电抗器、9 只保护电流互感器，采用一体式集成结构，编码投切可实现 8 种投切状态，单只电容器容量一般不超过 100kvar，体积小，冲击小，并配置限流电抗器，解决了电容器投入涌流的问题，特别适合变电站 10kV 母线安装。

4）测量控制装置。取样 TA 采用开口式结构，可安装于最佳补偿点的任意杆型。采用罗氏技术，二次输出毫伏级弱电压信号，无开路危险，便于检修维护。

除此之外，变电站 10kV 母线集中补偿方式还包括固定补偿、VQC、MCR、SVG 等。固定补偿的容量调整需人工干预，易过补偿或欠补偿，且无法隔离故障，正逐步被 VQC 所替代。VQC 损耗低，节能效果明显，能自动跟踪补偿，但是投切时有冲击，不能频繁投切。MCR 损耗大，空载时损耗更大，噪声大，谐波污染严重，造价高，不符合节能降损的目的。就理论性能而言，SVG 是最理想的无功补偿装置，但价格较昂贵。

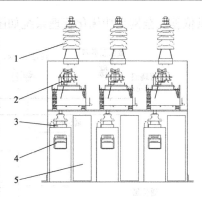

图 8-27　智能电容器集成单元
1—高压瓷套；2—投切开关；
3—保护电路互感器；4—电容器；
5—串联电抗器

二、无功优化系统

从电力系统全网角度出发，进行全网无功优化，以降低全网网损为目标，采用分层、分区的技术处理方法，确定设备的最优运行状态，实现全网无功补偿分布合理化和无功就地平衡，从而达到最大效益。无功优化系统接线如图 8-28 所示。

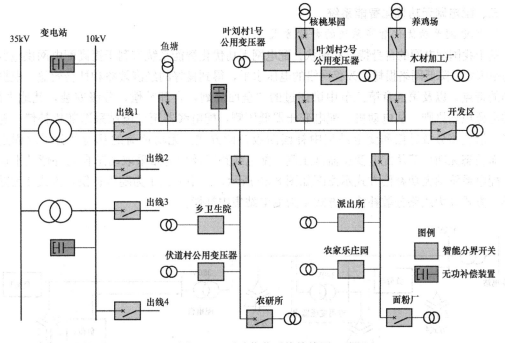

图 8-28　无功优化系统接线图

全网无功优化通过全网无功优化管理系统对智能设备的状态、运行参数、节约电量、操作及故障记录进行实时检测并统计分析，自动生成数据报表和曲线图，为设备的运行维护提供依据。全网无功优化管理系统如图 8-29 所示。

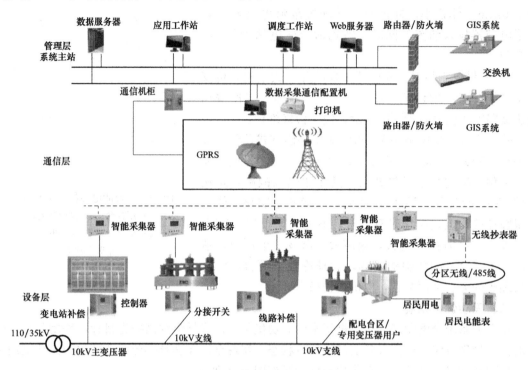

图 8-29　全网无功优化管理系统

三、配电网无功优化智能系统

1. 配电网无功优化智能系统的补偿方式

基于我国配电网的自身特点和现状，配电网无功优化智能系统有利于提高配电网供电区域的功率因数，降低网络损耗，改善网络的电压水平，得到良好的经济效益和社会效益。根据配电网的特点，以及第五章第三节中讲述过的"全面规划，合理补偿，分级安装，就地平衡"无功电源规划原则，从电动机、配电变压器低压侧，配电线器至变电站采取随机补偿、随器补偿、沿线路分散补偿和变电站集中补偿四级补偿方式。无功负荷的基荷部分采取固定补偿，而动态无功负荷从配电变压器低压侧、配电线路以及变电站采取动态自动补偿的平衡方式。配电系统的无功补偿方式示意图如图 8-30 所示，图中方式 1 为随机补偿，方式 2 为随器补偿，方式 3 为线路分散补偿，方式 4 为变电站集中补偿。

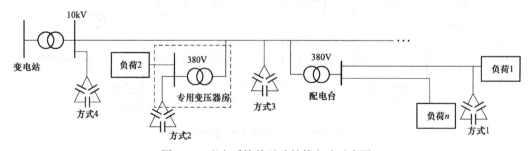

图 8-30　配电系统的无功补偿方式示意图

在选择配电网的无功优化补偿方式时，根据年无功负荷曲线（见图 8-31）以及配电区域的实际情况确定。

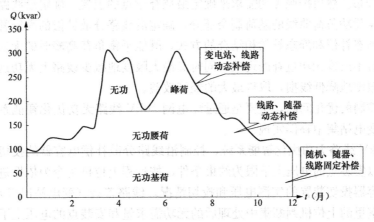

图 8-31　年无功负荷曲线分析图

配电网无功补偿方式在本书第五章第三节中已经做过讲解，此处做必要的补充：

（1）随机补偿。将电容器直接并联在电动机上，用以补偿电动机的空载无功。此方式适用于用户电动机。采用随机补偿方式，用电设备运行时无功补偿投入；用电设备停运时，补偿设备退出。随机补偿方式具有投资少、占位小、安装容易、配置方便灵活、维护简单、事故率低等优点。随机补偿是无功就地平衡的有效方法之一，随机补偿无功功率属于年无功负荷曲线的无功基荷部分。

（2）随器补偿。将电容器直接并联在变压器二次侧，随器补偿也是无功就地平衡的有效方法之一。随器补偿的补偿容量分为固定补偿和动态补偿。随器补偿的固定部分是补偿年无功负荷曲线的基荷部分，动态部分补偿的主要是年无功负荷曲线的腰荷部分。

（3）线路分散补偿。10kV 线路分散补偿采用的是动、静态相结合的补偿方式。沿线路分散补偿的固定部分补偿是经过方式 1 和方式 2 补偿后剩余的年无功负荷曲线的基荷部分，动态补偿主要是补偿年无功负荷曲线的腰荷和峰荷部分。

沿线路分散补偿的补偿容量和补偿地点的确定，应掌握随机补偿和随器补偿后的无功潮流分布，来确定沿线路分散补偿的补偿容量；再根据年无功负荷曲线的基荷剩余部分，确定沿线路分散补偿的固定补偿和动态补偿的比例；计算经过随机和随器补偿后的无功潮流分布，按照无功潮流的分布来确定最佳补偿点的位置。

（4）变电站集中补偿。是经过方式 1、2、3 补偿后剩余的无功。主要补偿年无功负荷曲线的峰荷部分。

2. 配电网无功优化智能系统的设计指导思想

电力系统无功优化问题分为规划优化和运行控制优化两大类。配电网无功优化智能系统在设计时，就是从规划优化和运行控制优化两方面着手，通过四级补偿方式的相互配合，实现配电网无功的整体智能优化。

规划优化问题是规划无功补偿的方式、无功补偿设备的类型、安装容量、安装位置等。在确定规划优化方案时，尽量让无功就地平衡，从源头遏制无功电流，减少无功在网络中的传输。根据无功优化的原则，采取四级补偿方式，首先是随机和随器的补偿方式，然后是线路分散补偿，最后是变电站集中补偿。

　　无功规划优化时，首先确定随机补偿和随器补偿容量，计算并分析随机补偿和随器补偿后的无功潮流分布。然后按照无功需求来确定最佳补偿点的位置，确定沿线路分散补偿的无功容量。根据年无功负荷曲线的基荷剩余部分，确定沿线路分散补偿的固定补偿和动态补偿的比例。这种动态补偿和静态补偿相结合的方式，既能平衡负荷高峰时的无功需求，又能保证在负荷低谷时不出现无功过补的现象，同时又最大限度地减少线路上无功远距离传送和流动，从而最大限度地降低线损，取得最大的经济效益。

　　对于运行控制的优化问题，主要是通过配电网 10kV 线路无功优化智能系统、智能随器补偿控制器、变电站集中补偿实现。

　　配电网 10kV 线路无功优化智能系统，控制沿线路分散补偿电容器的投切情况，该智能系统采用的是以安装点的电压上下限为约束条件，按远程上位机指令为依据进行投切。根据配电线路各电容器投切装置的实测电压和投切情况，线路首端（变电站出口）功率因数值，以及经过调度室里的上位机判断集中处理后的无功需求量和安装点的电压上下限值，直接由上位机指令各补偿点投切装置的投切命令，从而实现配电网电压和功率因数双控的目的。

　　配电网无功优化智能系统的随器补偿控制器，根据不同负荷率时的无功需求实现动态无功补偿。在运行过程中，控制器根据变压器低压侧采集的无功功率等数据，经嵌入式微机处理后分别对不同容量的电容器进行投切控制。

四、智能随器补偿系统

　　以往通常是将固定补偿电容器安装在变压器低压侧与变压器同投同切，只补偿变压器的空载损耗。近年来，智能化的低压无功补偿装置有了很大发展。电容器可以有多种阶梯容量，在总容量相同的情况下，应该能够获得较多的容量组合。

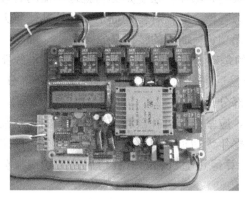

图 8-32　智能随器无功补偿装置

　　配电网无功优化智能系统的随器补偿控制器，是一个集低压无功自动补偿、变压器运行参数远程采集和集中监控、远程抄表和运行数据历史记录查询等功能于一体的智能随器无功补偿装置，如图 8-32 所示。

　　1. 智能随器补偿控制器补偿容量和分组

　　智能随器补偿控制器的固定补偿部分补偿的是变压器的空载损耗，由变压器的空载电流百分比计算得出，固定补偿容量按变压器空载的 90%～95% 选择。

　　智能随器补偿控制器动态补偿的容量根据不同负荷率时的无功需求确定，数值上等于总的无功需求容量减去固定补偿容量。随着负荷率的变化，动态无功补偿容量分组自动投切。动态补偿容量分组基本思想是实现无功电源的平滑调节，即尽可能地接近平滑调节并使能够组合的容量最多，表 8-1 列出 S11 和 SH15 系列配电变压器补偿容量和分组情况。配电网无功优化智能系统的随器补偿方式是分组自动投切的，通常小容量配电变压器分为 1 个固定补偿和 3 个动态补偿，对于大容量配电变压器可以分为 1 个固定补偿和 4～6 组动态补偿。每台动态补偿按一定比例关系配备，如 1 个固定补偿和 4 组动态补偿构成 16 种补偿容量组合方式，以便精确补偿所欠补的无功功率，实现功率因数控制在 0.98 以上。

表 8-1　　　　　　　　　　　　随配电变压器补偿容量和分组

额定容量（kVA）	S11 系列（kvar）		SH15 系列（kvar）	
	固定补偿	动态补偿	固定补偿	动态补偿
50	0.5	1＋3＋7	0.6	1＋3＋6
63	1	1＋4＋7	0.7	1＋4＋7
80	1	3＋5＋10	0.8	2＋5＋8
100	1.5	3＋6＋12	0.9	3＋6＋12
125	1.5	3＋7＋17	1	3＋7＋17
160	2	3＋6＋11＋16	1	3＋6＋10＋14
200	3	4＋7＋12＋21	1.3	4＋7＋12＋21
250	2	5＋9＋16＋24	1.6	5＋9＋16＋24
315	3	5＋9＋12＋20＋24	1.4	5＋9＋12＋20＋24
400	3	8＋13＋16＋25＋28	1.8	8＋13＋16＋25＋28
500	4	10＋19＋23＋28＋30	2.3	10＋19＋23＋28＋30

2. 智能随器补偿控制器的控制原理

随器补偿的控制器根据变压器低压侧采集的无功功率需求数据，经嵌入式微机处理后分别对不同容量的电容器进行投切控制。并将所补偿总容量和分组补偿开关状态远程上传给上位机监控系统，以便实时显示运行状况和保存历史运行数据。

3. 智能随器补偿控制器的功能

智能随器补偿控制器的功能包括用户变压器实时运行状态监控、运行数据查询和统计报表、控制参数设置。电容器实时运行状态监控如图 8-33 所示，在配变实时监控综合管理系统界面上红色表示投入状态，蓝色表示切除状态。运行数据查询和统计报表如图 8-34 所示。控制参数设置如图 8-35 所示。

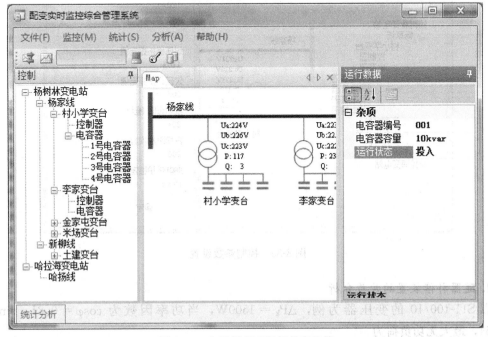

图 8-33　电容器实时运行状态监控

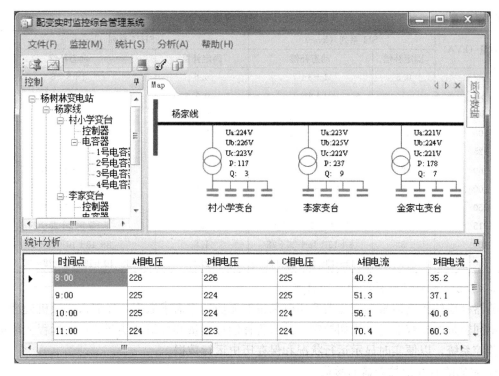

图 8-34　运行数据查询和统计报表

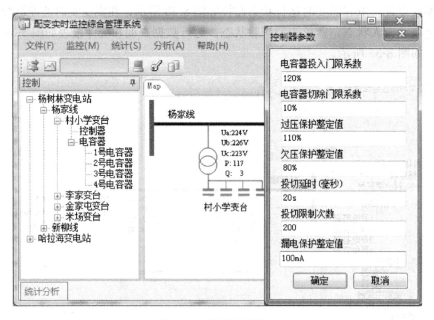

图 8-35　控制参数设置

4. 随器补偿装置的效益分析

以 S11-100/10 的变压器为例，$\Delta P_k = 1500W$，当功率因数为 $\cos\varphi = 0.81$，$\sin\varphi = 0.5864$，最大无功负荷为

$$Q = S_\text{N}\sin\varphi = 100 \times 0.5864 = 58.64(\text{kvar})$$

100kVA 的配电变压器补偿容量为

$$Q_C = 1.5 + 3 + 6 + 12 = 22.5(\text{kvar})$$

补偿以后功率损失减少值为

$$\Delta P = \frac{2QQ_C - Q_C^2}{U_\text{N}^2} \cdot R_\text{T} \times 10^{-3}$$

式中　R_T——变压器电阻，$R_\text{T} = \dfrac{P_k \cdot U_\text{N}^2}{S_\text{N}^2}$。

则补偿以后功率损失减少值为

$$\Delta P = \frac{2QQ_C - Q_C^2}{U_\text{N}^2} \cdot \frac{P_\text{K} \cdot U_\text{N}^2}{1000 S_\text{N}^2} \times 10^{-3}$$

$$= \frac{2 \times 58.64 \times 22.5 - 22.5^2}{1000 \times 0.1^2} \times 1.5 \times 10^{-3} = 0.3199(\text{kW})$$

电容器的年利用率按 60% 计算，一台 S11-100/10 的变压器，年节省电量为

$$A = \Delta P \cdot T = 0.3199 \times 8700 \times 60\% = 1670(\text{kWh})$$

年节约资金为

$$Z = A\beta = 1670 \times 0.5 = 835(\text{元})$$

五、配电网 10kV 线路无功优化智能系统

1. 系统概述

配电网 10kV 线路无功优化是以电压为约束的按无功需求投切方式的智能系统，采用 DotNet 技术进行开发，以 C/S 架构的方式运行。配电网 10kV 线路无功优化智能系统的拓扑图如图 8-36 所示。

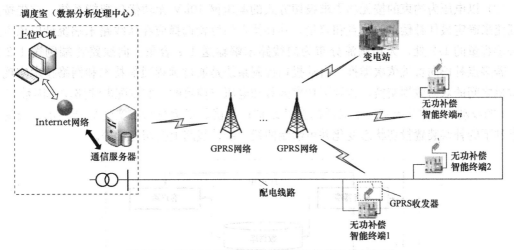

图 8-36　配电网 10kV 线路无功优化智能系统拓扑图

配电网 10kV 线路无功优化智能系统的体系结构如图 8-37 所示。该智能系统包括运行在客户端的系统及运行在服务器上的系统，软件系统如图 8-38 所示。运行在客户端的系统可随时与服务器交互，监视线路上各补偿装置的运行状态。运行在服务器上的系统通过局域网获取调度自动化系统中线路的首端参数，同时通过 GPRS 与现场的补偿装置通信，控制或获取工作现场的补偿装置的运行状态。系统服务器端将获取的实时数据存储在数据库中，数据库

采用 SQL Server 2005 进行设计与管理。系统客户端可对存储于数据库中的数据进行分析与统计，并可生成统计报表或以 Excel 文件的形式导出。

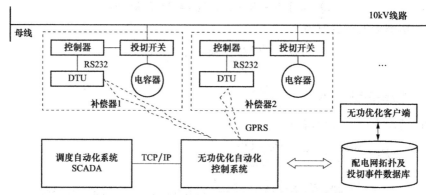

图 8-37　配电网 10kV 线路无功优化智能系统的体系结构图

配电网无功优化智能系统可以实现上下位机之间的双向数据交换，通过远程通信技术和网络技术实现电容器的自动投切，下位机采集各补偿点的实测电压和投切情况并传输给调度室里的上位机，上位机集中整合变电站出口的无功功率数据，确定各补偿点投切情况，再把投切命令传输给下位机，达到功率因数和电压双控的目的。通过对电网中变化的无功进行实时监测，做到在无功负荷高峰时变压器的一次侧功率因数达到 0.95 以上，同时在无功低谷时也不会出现过补的现象。

（1）以电压为约束的按无功需求投切方式，采用了现场采集电压，在变电站获取无功功率的通信技术，把下位机装置安装点的电压数据实时上传，替代了单独安装电压监测装置的必要性。不需安装电流互感器使其体积小，且安装简便。

（2）以电压为约束的按无功需求投切方式的配电网 10kV 无功优化智能系统，首先按无功潮流来确定最佳补偿点的位置和容量，其补偿点的位置选择应在从线路末端统计以该点无功补偿容量的 1/2 处，无功潮流分布为向线路末端输送 1/2 容量，向线路首端倒送 1/2 容量，若多点补偿向首端依次类推。自动投切控制系统是通过远程通信技术和网络技术实现上下位机之间的双向数据交换，达到了功率因数和电压双控目的，实现配电线路功率因数在 0.95～1 的波动。软件系统实现了灵活的拓扑维护；补偿装置运行状态实时更新显示；查询指定条件下的补偿装置投切状态变化并可绘制曲线，统计线路上投切容量等。

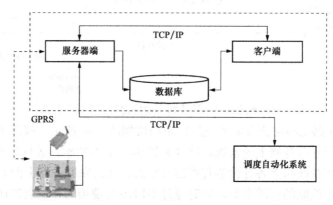

图 8-38　软件系统架构

2. 系统功能

系统在设计时充分考虑到了软件的可操作性、易用性等，并且界面友好。软件系统实现了无功补偿装置运行状态实时更新显示，以线路为单位统计选定时间内补偿装置的投切状态变换和选定时间内线路上投切容量，查询指定时间内指定统计范围内的投切记录等。系统功能具体如下：

（1）拓扑维护。考虑到线路改造或移动补偿装置的位置等因素，系统在设计时采用了灵活设计方式，将系统设计成可允许用户维护的方式。用户可以在配电网结构发生变化或增减电容器时，通过系统提供的拓扑维护功能增减变电站、线路和电容器，并可以指定电容器和线路之间的关系，电容器的补偿方式，以及线路和变电站之间的关系，使得系统的运行方式非常灵活。电容器维护接口如图 8-39 所示。

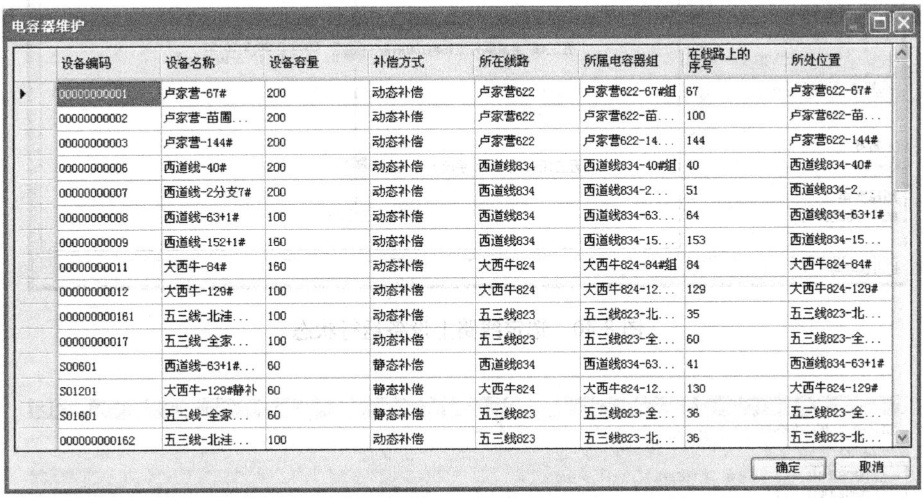

设备编码	设备名称	设备容量	补偿方式	所在线路	所属电容器組	在线路上的序号	所处位置
00000000001	卢家营-67#	200	动态补偿	卢家营622	卢家营622-67#組	67	卢家营622-67#
00000000002	卢家营-苗圃...	200	动态补偿	卢家营622	卢家营622-苗...	100	卢家营622-苗...
00000000003	卢家营-144#	200	动态补偿	卢家营622	卢家营622-14...	144	卢家营622-144#
00000000006	西道线-40#	200	动态补偿	西道线834	西道线834-40#組	40	西道线834-40#
00000000007	西道线-2分支7#	200	动态补偿	西道线834	西道线834-2...	51	西道线834-2...
00000000008	西道线-63+1#	100	动态补偿	西道线834	西道线834-63...	64	西道线834-63+1#
00000000009	西道线-152+1#	160	动态补偿	西道线834	西道线834-15...	153	西道线834-15...
00000000011	大西牛-84#	160	动态补偿	大西牛824	大西牛824-84#組	84	大西牛824-84#
00000000012	大西牛-129#	100	动态补偿	大西牛824	大西牛824-12...	129	大西牛824-129#
000000000161	五三线-北洼...	100	动态补偿	五三线823	五三线823-北...	35	五三线823-北...
00000000017	五三线-全家...	100	动态补偿	五三线823	五三线823-全...	60	五三线823-全...
S00601	西道线-63+1#...	60	静态补偿	西道线834	西道线834-63...	41	西道线834-63+1#
S01201	大西牛-129#静补	60	静态补偿	大西牛824	大西牛824-12...	130	大西牛824-129#
S01601	五三线-全家...	60	静态补偿	五三线823	五三线823-全...	36	五三线823-全...
000000000162	五三线-北洼...	100	动态补偿	五三线823	五三线823-北...	36	五三线823-北...

图 8-39 电容器维护接口

（2）系统运行状态的实时更新。系统的服务器端实时获取调度自动化系统中线路首端运行参数，并根据线路状态远程控制自动投切装置的投切动作。而当投切装置动作后，也会通知系统的服务器端，系统服务器端将该事件通知给系统的客户端，系统的客户端接到通知后，将会更新客户端的运行状态显示，如图 8-40 所示，同时将投切事件记录在数据库中，作为统计数据的来源。

（3）投切事件查询。系统用户可以通过指定查询时间，并选定查询线路的方式查询某条线路上的所有电容器在某一天的运行状态变换，如图 8-41 所示，并同时在图中绘制出无功变化曲线，以及投切曲线，以直观的方式支持用户分析系统的运行状况。此外，对手动投切电容器的投切管理，根据无功功率曲线，保证投入的电容器在无功功率最小时不发生过补偿，将其投入运行，并在系统中维护其投入的时间，并反映在投切曲线上，从而实现线路所有无功设备的集中管理。

（4）投切容量统计。系统用户可以年或月为单位，统计指定线路在该时间范围内的投切容量，如图 8-42 所示。统计数据来源于记录在数据库中的投切事件变化。

（5）投切事件手动录入。对于以静态方式进行补偿的电容器，由于无法通过自动的方式记录其投切事件，因此系统提供了手动录入投切事件的接口如图 8-43 所示。用户只需在拓扑窗格中选定指定的静态补偿电容器，即可为其录入投切状态变化事件。

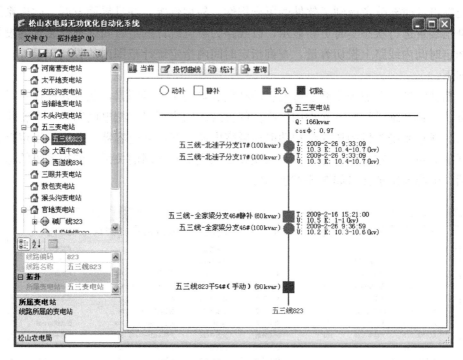

图 8-40　选定线路上设备运行状态

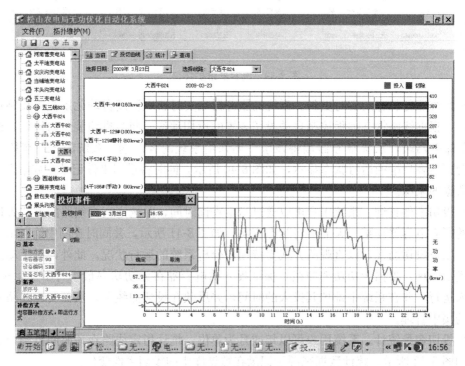

图 8-41　指定线路在所选时间内的投切状态变化

图 8-42　投切容量统计

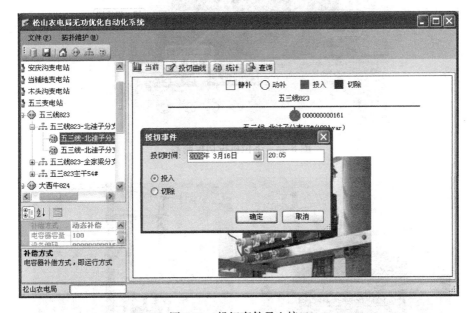

图 8-43　投切事件录入接口

（6）数据导出功能。用户指定查询或统计条件，可查询出满足统计条件的投切事件或统计信息。用户可将统计信息导出到文本文件或导成 Excel 文件，如图 8-44 所示，便于用户在 Excel 系统下对数据进行分析或制作出满足要求的统计报表。

3. 下位机投切控制器和安装示例

配电网 10kV 线路无功优化智能系统的下位机投切控制器如图 8-45 所示。

配电网 10kV 线路无功优化智能系统的下位机投切控制器的安装示例如图 8-46 所示。

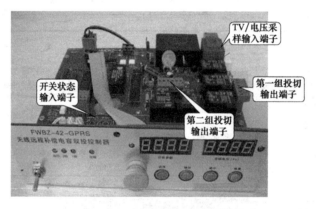

图 8-44　导出的 Excel 文件

图 8-45　下位机投切控制器

图 8-46　下位机投切控制器的安装示例

（a）双投控制器安装位置（投切开关箱底部）；（b）双投补偿点单杆安装图

4. 系统的远程无线集控系统

配电网 10kV 线路无功优化智能系统利用 GPRS 通信技术，实现对自动装置的远程无线监测与数据传输。该系统的监测仪是以 16 位微处理器和手机芯片技术为核心，集监测、记录、远程通信于一体的智能化系统。该系统采用了大规模集成电路技术、高精度 A/D 变换技术、单片机控制技术和抗干扰技术，具有可靠性高、测量精度高、功能齐全、安装简易等特点。同时系统后台软件灵活、安装简便、易于操作，运行环境只需 Windows9x～Windowsxp操作系统及通用 Access 数据库软件，不需要单独维护。

配电网 10kV 线路无功优化智能系统由上级远程主控微机、下级执行微机（MPU 投切控制器）和远程通信网络组成两级微机控制系统，系统拓扑如图 8-47 所示。上级集控微机在调度室集中采集所补偿线路的无功功率实时数据，根据模糊控制算法计算出所需补偿线路需要投入或切除的补偿电容器的容量，根据下级执行微机通过远程通信传输的线路各补偿点投切状况和实测电压确定投切对象后，再通过远程通信网络向投切对象发送控制指令（调整下级控制执行投切装置的两位控制参数（切除上限值/投入下限值），收到上位机发来的控制目标值后自动投切补偿电容器，使线路在重负荷时稳定在 0.95 以上的功率因数，在轻负荷时不会出现过补偿现象。

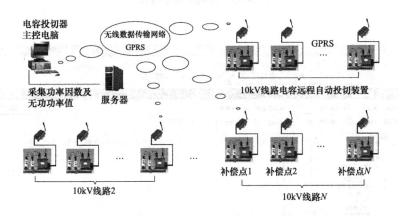

图 8-47 配电网无功优化智能系统拓扑图

利用现代的公网 INTER 宽带网络技术和 CMNET 移动数据通信技术（GPRS 数据流无线传输），可以廉价且方便地将上级集控微机通过 INTER 网以及移动通信 CMNET 方式，与分布在配电网线路上的无功补偿自动投切控制器（下级控制微机）终端设备连接起来组成二级分布式远程自动化无功补偿系统。集控电脑（上级）与无功补偿自动投切控制器（下级）无线数据传输链路如下：电脑（设置虚拟服务器）→网关端口映射→INTER 网宽带调制解调器→互联公网→移动通信网（CMNET 服务）→GPRS 收发器→无功补偿自动投切控制器，通过这一数据链路实现双向数据交换。

5. 配电网 10kV 线路无功优化智能系统在实施前后的效果比较

以内蒙古某区域配电网实施情况为例，该线路卢家营线 622 选择使用前后有功功率相当时，其实施前后功率因数变化的对比如图 8-48 和图 8-49 所示。

该试点供电区变电站的每个出口功率因数总是在 0.95～0.98 之间波动，基本上是一条直线，无功得到了整体智能化的优化控制，无功优化工作取得了很好的成效。

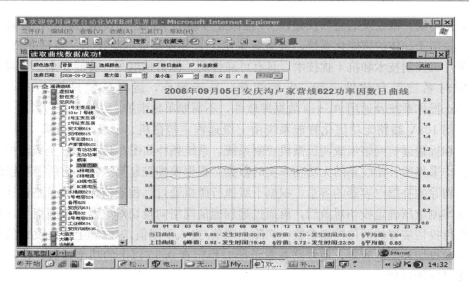

图 8-48　实施前功率因数

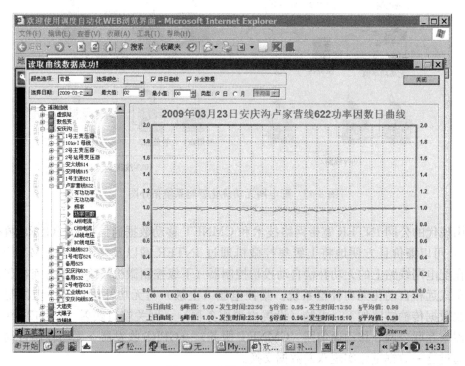

图 8-49　实施后功率因数

以邮电线为例，补偿前后有功功率、无功功率情况如图 8-50 所示。

邮电线补偿前后功率因数情况如图 8-51 所示，邮电线补偿前日平均功率因数 0.89，补偿后日平均功率因数 0.97。

6. 配电网无功优化智能系统效益分析

（1）经济效益。以邮电线和佟江线为例，随器补偿共计 51 台，补偿总容量为 2834.5kvar

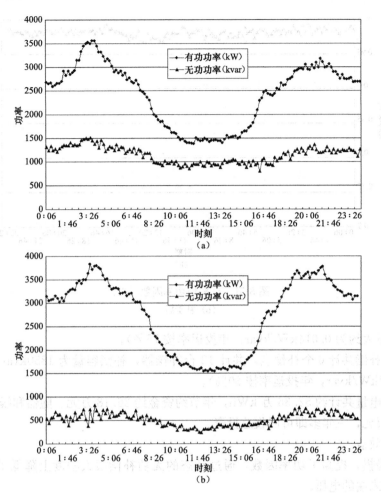

图 8-50　有功功率、无功功率曲线
（a）补偿前；（b）补偿后

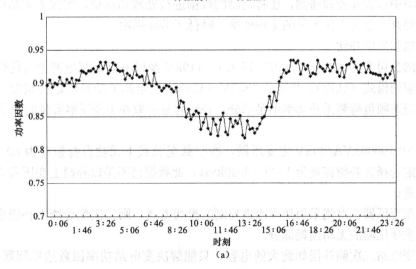

图 8-51　日平均功率因数（一）
（a）补偿前

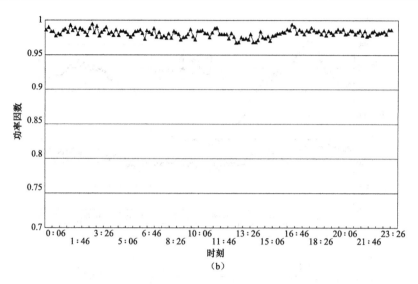

图 8-51　日平均功率因数（二）

（b）补偿后

（随器补偿当量大约为 0.014kW/kvar，年投运率按 75％）。

　　配电线路补偿共计 6 个补偿点，共计 12 台补偿器，补偿容量为 1850kvar（线路补偿当量大约为 0.02kW/kvar，年投运率按 80％）。

　　则年节约电量共计约 52.36 万 kWh，年节约资金约 26.18 万元。随器和线路补偿装置共计投资 78.6 万元，三年多即可回收总投资。

　　（2）社会效益。

　　1）节能降损，提高了功率因数，通过动态的无功补偿很大程度上降低了线路的线损，并提高了线路末端的电压。

　　2）实现了无功补偿装置投切的自动化管理，一步到位地完成了从分散就地自动投切控制到调度室集中远程遥控和遥测，还将遥测的数据进行处理和存档，实现了无功优化自动化系统，同时提高了电力工作人员的工作效率，降低了劳动强度。

六、变电站集中补偿

　　国家电网公司文件（农安〔2007〕15 号）《110kV 及以下县级配电网无功优化补偿技术规范和典型应用模式（试行）》规定：“35kV～110kV 变电站无功补偿以补偿变压器无功损耗为主，适当兼顾负荷侧无功功率不足部分，补偿容量一般在主变压器容量的 10％～30％之间选择”。

　　（1）如 S9-10000kVA/35kV 主变压器，按空载至满载下无功自身损耗为 80～830kvar，按文件中规定选择其补偿容量为 1000～3000kvar，此数据已不是以补偿主变压器无功损耗为主的补偿容量；

　　（2）若在变压器二次侧采用功率因素控制的投切方式，则二次侧母线上补偿多大的电容也无法补偿主变压器的无功损耗部分。

　　（3）在变电站二次侧补偿如此大的电容，只能解决变电站功率因数达标问题，而 10kV 配电网络电能损耗及电压质量并未得到改善。

1. 最优补偿容量的确定

在进行随机、随器、沿配电线路等分级补偿后，并使 10kV 母线的功率因数达到相应指标时，进行变电站的无功优化。变电站的无功优化补偿容量 Q_C 由两部分组成，包括满足主变压器的一次侧达标而考虑的差额部分 $\sum Q_{Li}$ 和主变压器无功损耗部分 ΔQ_{Ti} 的总和，即

$$Q_C = \Delta Q_{Ti} + \sum Q_{Li} \tag{8-1}$$

$$\sum Q_{Li} = 1.05 P_{max}(\tan\varphi_1 - \tan\varphi_2) \tag{8-2}$$

式中　1.05——考虑主变压器允许过负荷的系数；

$\tan\varphi_1$——主变压器二次侧 $\cos\varphi_1 = 0.9$ 时的正切值；

$\tan\varphi_2$——主变压器二次侧 $\cos\varphi_2 = 0.95$ 时的正切值；

P_{max}——主变压器满负荷时的最大有功功率，kW；

$\sum Q_{Li}$——变压器一次侧达标所需无功不足部分，kvar。

2. 变电站无功补偿的最优控制

(1) 变电站无功补偿最优控制约束的条件。变电站无功补偿容量的控制应考虑以下约束条件

$$\begin{cases} Q_{Ci.\,min} < Q_{Ci} < Q_{Ci.\,max} \\ U_{i.\,min} \leqslant U_i \leqslant U_{i.\,max} \\ \cos\varphi_{i.\,min} \leqslant \cos\varphi_i \leqslant \cos\varphi_{i.\,max} \end{cases} \tag{8-3}$$

即：母线的电压正负偏差在电压偏差的允许范围内（若考虑系统原因母线电压长期偏高时可适当提高正偏差）；无功补偿控制的容量应满足最低负荷的无功需求，但不能超过或等于最大负荷时的无功需求。

根据国家电网文件（农安〔2007〕15 号）中"主变压器最大负荷时，其高压侧的功率因数不低 0.95"的规定，主变压器高压侧功率因数最低负荷时不高于 0.95，最大负荷时不低于 0.95。

(2) 主变压器一次侧采样的无功补偿控制方式。变电站的主接线如图 8-52 所示，图中变电站在主变压器的一次侧设有电压互感器和电流互感器数据采集设备。在进行二次侧无功补偿的控制时，应该满足主变压器的一次侧电压和功率因数不等式约束条件。

考虑初投资，其中一组采用固定补偿方式，其补偿容量 Q_{CS} 为变压器空载时无功消耗 ΔQ_{T0} 的 90%，即 $Q_{CS} = 0.9 \Delta Q_{T0}$。这样即使变电站负荷很小或空载状态也不会出现过补现象，其余补偿容量的控制可以按无功需求的大小分组自动投切或平滑调节等方式进行控制。

(3) 主变压器二次侧采样的无功补偿控制方式。变电站的主接线如图 8-53 所示，图中变电站在主变压器的二次侧设有电压互感器和电流互感器数据采集设备。

在进行二次侧无功补偿的控制时，应该满足主变压器二次侧电压的不等式约束条件。进行无功补偿的最优控制时，除考虑主变压器的二次侧电压不等式约束条件外，还应按主变压器的二次侧采集数据折合到一次侧功率因数和无功需求的不等式约束条件。折合到一次侧功率因数 $\cos\varphi_1$ 为

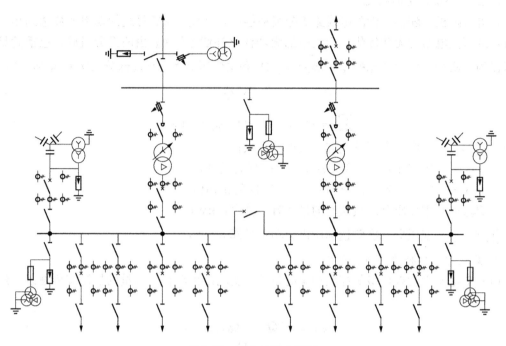

图 8-52　变电站的主接线

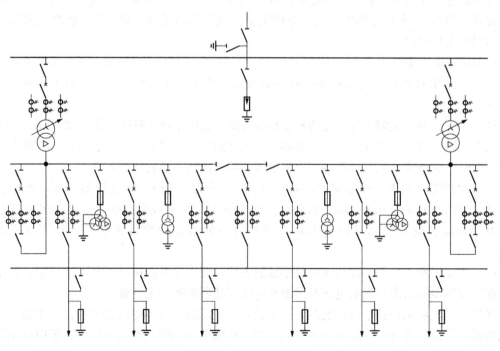

图 8-53　变电站的主接线

$$\cos\varphi_1 = \cos\left[\arctan\frac{Q_D}{P_{2D} + \Delta P_0 + \left(\frac{S}{S_N}\right)^2 \Delta P_K}\right] \qquad (8\text{-}4)$$

$$Q_D = Q_{2D} + \Delta Q_0 + \left(\frac{S}{S_N}\right)^2 \Delta Q_K \qquad (8\text{-}5)$$

$$S = \sqrt{Q_{2D}^2 + P_{2D}^2} \qquad (8\text{-}6)$$

式中　P_{2D} 和 Q_{2D}——主变压器二次侧实际采集时间内的有功（kW）、无功功率（kvar）的平均值；

ΔP_0 和 ΔQ_0——主变压器空载时的有功（kW）和无功（kvar）损耗；

ΔP_K 和 ΔQ_K——主变压器额定负荷时的有功（kW）和无功（kvar）损耗；

S_N 和 S——主变压器额定容量（kVA）和主变压器所带负荷容量（kVA）。

主变压器的补偿容量 Q_C 根据下式确定

$$\begin{cases} Q_C = 0.9\Delta Q_0 + Q_{DC} \\ Q_{DC} = (S/S_N)^2 \Delta Q_K + P_{2D}(\tan\varphi_{D1} - \tan\varphi_2) = (S/S_N)^2 \Delta Q_K + Q_{2D} \end{cases} \qquad (8\text{-}7)$$

式中　φ_{D1}——主变压器二次侧实际采集时间内功率因数角的平均值；

φ_2——主变压器二次侧实际采集时间内推算到一次侧要求达标的功率因数角的平均值；

Q_{DC}——主变压器一次侧达标所需无功不足部分，kvar。

3. 变电站无功补偿自动化系统实现

变电站无功补偿的最优控制，首先保证满足负荷侧无功不足部分和变压器无功损耗所需的无功，达到就地平衡。

为了真正平衡主变压器无功损耗，在主变压器的二次侧功率因数势必会超前运行（无功倒送）。但是，经分析表明当 $\cos\varphi = 0.95$ 时，有功分量在变压器绕组电阻上产生的有功损耗比无功分量在绕组上产生的有功损耗约大 9 倍。因此，为了就地平衡在主变压器的二次侧补偿很大的电容，使二次母线功率因数达到 1 的基础上再补偿主变压器的无功损耗部分，从式（5-47）年计算支出费用来考虑显然是不科学的。总之，变电站的无功补偿是在满足每个考核指标的约束前提下实现自动化系统，其程序流程如图 8-54 所示。

如无功补偿的投切方式以电压为约束条件，则按功率因数进行投切，实际上在高峰负荷时，即便是功率因数已达标，其无功功率仍然是相当大的。如 S9-10000/35kVA 的变压器，在满载情况下当 $\cos\varphi = 0.95$ 时无功功率为 3122kvar，这就是主变压器最大负荷时，其高压侧的功率因数不低于 0.95 的意义所在。因此，人们在较高的功率因数下往往忽视对无功的重视，实际上功率因数达标只是一个考核指标，还有许多节能潜力。变电站的无功优化自动化系统，在考虑三个不等式约束条件下，按无功需求的大小进行投切。

目前在我国配电网采用的多功能检测仪表中，对功率因数的考核无论从电网吸收无功，还是从二次侧的无功电源向变压器侧倒送无功，其仪表的转向都是正转，这样无功补偿倒送的越多功率因数越低。这种考核方式与相关规程规定的变电站二次母线上补主变压器无功或随配电变压器低压侧补偿配电变压器无功是矛盾的，也不符合"就地平衡"的无功补偿原则。

变电站无功优化自动化系统，还需要上位机和下位机的现场控制指令部分。无功优化的约束条件及按主变压器的无功需求量投切，在已经实现的调度自动化系统中约束与控制已不是难题，特别是各种通信比较完善的条件下，可以在调度室进行调整与控制。变电站无功优化自动化系统的实现，为加速推进无人值班变电站无功优化方面奠定了理论基础和技术支撑。

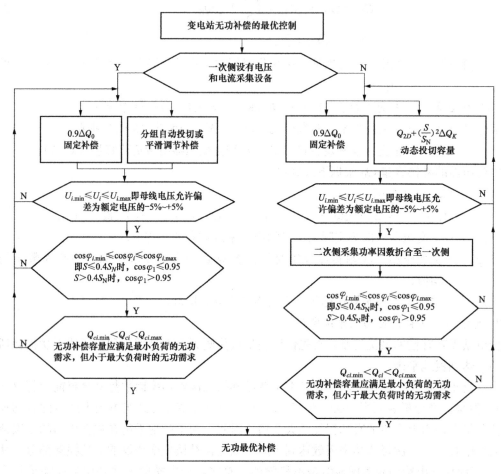

图 8-54　变电站无功补偿自动化系统流程图

第四节　智能型综合配电箱

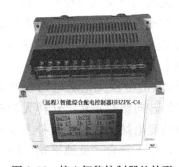

图 8-55　核心智能控制器的外形

一、概述

远程监控变台智能型综合配电箱（简称智能型综合配电箱），是一种集低压无功自动补偿、运行参数远程监测、多种保护（漏电保护、过电流保护）、远程限电控制总负荷开关以及远程抄表和运行数据历史记录查询、电脑图表分析等后台管理和故障报警等功能于一体的网络智能配电设备。智能型综合配电箱的核心是智能控制器，其外形如图 8-55 所示。智能型配电箱内部结构如图 8-56 所示。

图 8-56　智能型综合配电箱内部结构

　　智能型配电箱分为四个空腔，图 8-56 可见左前腔安装核心控制部件和显示面板；左后腔安装负荷开关（智能漏电断路器），下部安装五个补偿电容器（1 静＋4 动）；右后腔安装熔断隔离开关（上部），下部安装 1/2 组 0.5 级电流互感器供核心控制板采样三相综合运行参数和电流显示仪表；右前腔上部安装供计量用高精度 0.2 级电流互感器和三相四线进线端子，右侧有进户线孔，右前腔下部可安装计量专用电子电能表，通过 485 端口与 GPRS 连接，供远程抄表。从进线端子到隔离开关到负荷断路器采用汇流排连接。

　　智能型综合配电箱显示面板如图 8-57 所示。

　　图 8-57 中，左上角四个仪表为电压显示和三相电流显示，电压表通过左下角转换开关选择 U_{ab}、U_{ac}、U_{bc}。右上角是 LCD 液晶显示器，数字化显示综合参数。中部五个指示灯：左一为电源指示；后从左至右分别为 1、2、3、4 组电容器投切状态。左下角为电压转换开关；下中部为温湿控制器，自动控制箱体的温度和干湿度，确保设备正常稳定工作。

图 8-57　智能型综合配电箱显示面板

二、智能型综合配电箱的功能

1. 无功自动补偿功能

　　智能型综合配电箱的核心是智能控制器。控制器根据变压器低压侧采集的无功功率等数据，经嵌入式微机处理后分别对四组不同容量的动态补偿电容器进行自动投切控制，根据变压器容量，确定控制器类型（一般可分为 16 种类型），每种类型按一定比例关系配备 4 组动态补偿电容器和一组静态补偿电容器，构成 16 种补偿容量组合方式，以便精确补偿所欠补的无功功率，实现功率因数控制在 0.99 以上。并将所补偿总容量和四组补偿开关状态远程上传给上位局级监控电脑，以便实时显示运行状况和保存历史运行数据。配电箱在显示面板上配置有 LCD 液晶显示窗口和四组电容器电流检测，以便显示所投入电容器的工作电流。当电容器过电流（超过额定电流的 1.6 倍）或损坏时，自动切断该组电容器并报警，无功自动补偿液晶显示如图 8-58 所示。

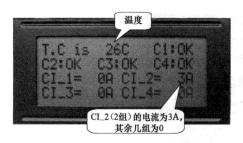

图 8-58　无功自动补偿液晶显示

图 8-58 中液晶第一行显示现行配电箱内部温度为 26℃。C1：OK 表示第一组电容器能正常工作，如果显示 C1：! 则表示第一组电容器过电流或短路，此时配电箱会通过无线网络上传集控电脑报警，通知有关人员去检查或更换损坏的电容器。液晶第三行和四行显示 1～4 组电容器的现行工作电流。CI＿2（2 组）的电流为 3A，其余几组为 0A。

2. 实时综合监测功能

用户端变压器实时运行状态包括三相电压 $U_a/U_b/U_c$、三相电流 $I_a/I_b/I_c$、有功功率 P、无功功率 Q、功率因数 cos，这些运行状态在智能型综合配电箱上的液晶显示如图 8-59 所示。

图 8-59 中第一行分别显示三相电压值：U_a＝234V；U_b＝230V；U_c＝230V。第二行分别显示三相电流值：I_a＝13A；I_b＝13A；I_c＝14A。第三行分别显示有功功率（25kW）和无功功率（3kvar）。第四行分别显示功率因数和四组电容器投切开关状态：第一个数字"1"表示第一组开关闭合；第二个"0"表示第二组开关断开；第三个数字表示第三组开关状态；第四个数字为第四组开关状态。

三相谐波电压 $U_{ah}/U_{bh}/U_{ch}$、有功谐波分量 P_h、谐波显示值为谐波总量值（3～21 次）与基波值的百分比，如图 8-60 所示。

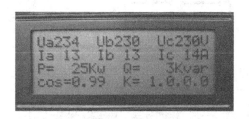

图 8-59　无功运行状态显示

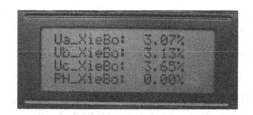

图 8-60　各相谐波电压总量与基皮的百分比

图 8-60 中，A 相谐波电压总量与基波的比为 3.07％；同理，B 相谐波为 3.17％，C 相谐波为 3.65％，合相谐波有功功率为 0.00％。当谐波电压分量大于 5％时向上位机报警，同时切除所有补偿电容，以保护电容器损坏。

3. 远程控制用电负荷的功能

智能型综合配电箱具有远程控制用电负荷的功能，通过电脑互联网可以实现远程控制用电负荷开关的合闸与分闸，远程控制时只需单击相应负荷开关图标，在弹出的操作对话框中核对权限。

智能型综合配电箱根据用户需求最多安装三路负荷开关，如图 8-61 所示。

负荷开关采用 GRZL 型智能漏电断路器，如图 8-62 所示，具有漏电保护功能。其漏电电流保护阈值可由开关面板上的 DIP 拨码开关设置。负荷开关的本地手动合闸与分闸，由面板上的合闸与分闸按钮实现本地手动合闸或分闸操作。分合闸状态可由面板右上角的指示杆表示［伸出（表示分闸）或回退（合闸）］。同时，负荷开关的合分闸状态实时上传给上位机，并显示其工作状态。

图 8-61　配电箱的三路负荷开关安装

图 8-62　负荷开关

4．综合保护功能

智能型综合配电箱的综合保护功能包括漏电保护、缺相保护、短路保护、过电流过载保护及报警、电容器故障报警、谐波超标报警、三相不平衡超标报警、电压超标报警。

（1）漏电保护功能。当线路和大地引起毫安级漏电流（通过设置适当阈值）时即可瞬间分闸切除电源，保护生命安全和财产免受损失。

（2）缺相保护功能。只要某一相电压值小于某一设定阈值时（如 100V）就会立即分闸切除负荷电源。

（3）短路保护功能。只要任意一相电流瞬时值大于额定电流值的 10 倍时（短路电流）瞬间切断断路器。

（4）过电流过载保护及报警功能。当线路负荷电流超过额定电流时，向上位机发出过载报警，以便管理人员可根据过载率及允许过载时间采取措施或远程分闸。

（5）电容器故障报警功能。补偿电容器工作电流超过额定电流 1.6 倍以上时，自动切除该组电容器并向上位监控电脑发出该组电容器故障报警，以便管理人员及时检查和排除故障。

（6）谐波超标报警。当线路谐波电压总量超过 5％时，自动切除四组补偿电容器，并向上位机发送谐波超标报警。

（7）三相不平衡超标报警。当三相电压或电流严重失衡超过 20％时，自动切除四组补偿电容器，并向上位机发送三相不平衡超标报警。

（8）电压超标报警。当某相电压超高（相电压超过 242V）时，自动切除四组补偿电容器，并向上位机发送电压超标报警。

5．远程监控功能

智能型综合配电箱具有远程监控功能，可以实时上传变台综合运行数据给局级监控电脑，每 5min 刷新一次。局级上位机，集中实时显示各变台综合运行数据，以便电力局管理人员及时监视了解各个用户变压器用电运行情况。数据上传方式为无线网络数据传输 CMnet 方式。上位机显示界面如图 8-63 所示。

图 8-63 中铜矿变台接入 4 组低压补偿电容器，从

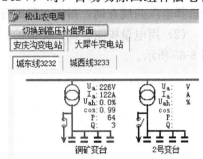

图 8-63　上位机显示界面

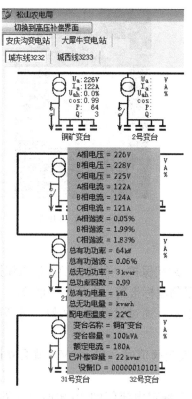

图 8-64　详细数据

左至右依次为 1 组、2 组、3 组、4 组。静态补偿电容器不在图中显示，静态补偿电容器用来补偿变压器本身空载无功。呈红色显示的电容器表示投入状态，蓝色显示的电容器表示切除状态。红色显示表示通电状态，黑色表示断电状态。在变压器旁显示简要关键数据，当需要查看详细综合检测数据时，单击变台名称会弹出详细数据框，如图 8-64 所示。

图 8-64 中铜矿变台容量为 100kVA，四组补偿电容器配比：1 组—2kvar；2 组—4kvar；3 组—8kvar；4 组—16kvar；静补—1kvar。

低压配电箱综合运行参数远程监测与高压供电线路补偿局级监控微机同机共享，实时运行数据写入服务器数据库。

如需查询历史运行数据或查看打印统计数据图表，只需运行与之配套的管理查询软件就可查询指定变台指定时段的详细运行参数和报警记录等信息。

6. 远程抄表功能

该配电箱将从计量专用电子电能表（由用户确定）采集的有功电能表数据和无功电能表数据经 GPRS 上传给局级上位机，实现远程抄表功能。

7. 后台管理功能

由局级上位机对各变台运行数据进行历史数据查询、统计，制作运行曲线图、棒图和报表。例如，电压曲线图、无功曲线图、负荷曲线图、月或年用电量棒图和补偿总容量等，通过电压曲线图、无功曲线图、有功曲线图和用电量棒图（负荷）可以形象地了解某年或某月的供用电运行状况。

（1）无功、有功功率和功率因数曲线图，可在连接在局域网络上的电脑运行本管理软件。选择查询无功曲线图，如图 8-65 所示。

通过无功曲线图可一目了然了解所选定时段内的无功补偿效果。查询电压曲线时只需单击选择电压曲线查询，指定时段即可弹出电压曲线图。

（2）用电量棒图查询。类似的，当选择所要查询的年份和变台便可弹出用电量棒图，如图 8-66 所示。

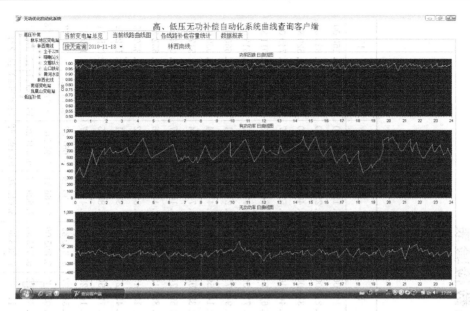

图 8-65　无功曲线

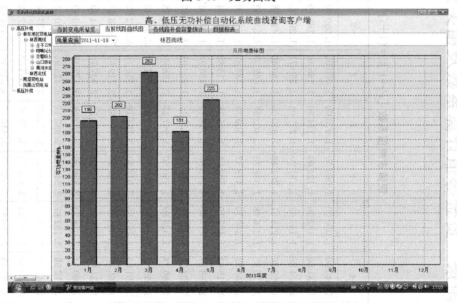

图 8-66　用电量棒图

附录　资金等值计算系数及相关系数检验表

附表 1　现值求终值系数 $[P \to F]_n^i = (1+i)^n$

n \ i(%)	1	2	3	4	5	6	7	8	9	10	11	12	13	14	15
1	1.010 00	1.020 00	1.030 00	1.040 00	1.050 00	1.060 00	1.070 00	1.080 00	1.090 00	1.100 00	1.110 00	1.120 00	1.130 00	1.140 00	1.150 00
2	1.020 10	1.040 40	1.060 90	1.081 60	1.102 50	1.123 60	1.144 90	1.166 40	1.188 10	1.210 00	1.232 10	1.254 40	1.276 90	1.299 60	1.322 50
3	1.030 30	1.061 21	1.092 73	1.124 86	1.157 62	1.191 20	1.225 04	1.259 71	1.295 03	1.331 00	1.367 63	1.404 93	1.442 90	1.481 54	1.520 88
4	1.040 60	1.082 43	1.125 51	1.169 86	1.215 51	1.262 48	1.310 80	1.360 49	1.411 58	1.464 10	1.518 07	1.573 52	1.630 47	1.688 96	1.749 01
5	1.051 01	1.104 08	1.159 27	1.216 65	1.276 28	1.338 23	1.402 55	1.469 33	1.538 62	1.610 51	1.685 06	1.762 34	1.842 43	1.925 41	2.011 36
6	1.061 52	1.126 16	1.194 05	1.265 32	1.340 10	1.418 52	1.500 73	1.586 87	1.677 10	1.771 56	1.870 41	1.973 82	2.081 95	2.194 97	2.313 06
7	1.072 14	1.148 69	1.229 87	1.315 93	1.407 10	1.503 63	1.605 78	1.713 82	1.828 04	1.948 72	2.076 16	2.210 68	2.352 61	2.502 27	2.660 02
8	1.082 86	1.171 66	1.266 77	1.368 57	1.477 45	1.593 85	1.718 19	1.850 93	1.992 56	2.143 59	2.304 54	2.475 96	2.658 44	2.852 59	3.059 02
9	1.093 69	1.195 09	1.304 77	1.423 31	1.551 33	1.689 48	1.838 46	1.999 01	2.171 89	2.357 95	2.558 04	2.773 08	3.004 04	3.251 95	3.517 88
10	1.104 62	1.218 99	1.343 92	1.480 24	1.628 89	1.790 85	1.967 15	2.158 93	2.367 36	2.593 74	2.839 42	3.105 85	3.394 57	3.707 22	4.044 56
11	1.115 67	1.243 37	1.384 23	1.539 45	1.710 34	1.898 30	2.104 85	2.331 64	2.580 43	2.853 12	3.151 76	3.478 55	3.835 86	4.226 23	4.652 39
12	1.126 83	1.268 24	1.425 76	1.601 03	1.795 85	2.012 20	2.252 19	2.518 17	2.812 67	3.138 43	3.498 45	3.895 98	4.334 52	4.817 91	5.350 25
13	1.138 09	1.293 61	1.468 53	1.665 07	1.885 65	2.132 93	2.409 85	2.719 62	3.065 81	3.452 27	3.883 28	4.363 49	4.898 01	5.492 41	6.152 79
14	1.149 47	1.319 48	1.512 59	1.731 68	1.979 93	2.260 90	2.578 54	2.937 19	3.341 73	3.797 50	4.310 44	4.887 11	5.534 75	6.261 35	7.075 71
15	1.160 97	1.345 87	1.557 97	1.800 94	2.078 93	2.396 56	2.759 03	3.172 17	3.642 49	4.177 25	4.784 59	5.473 57	6.254 27	7.137 94	8.137 06
16	1.172 58	1.372 78	1.604 71	1.872 98	2.182 87	2.540 35	2.952 17	3.425 94	3.970 31	4.594 97	5.310 89	6.130 39	7.067 32	8.137 06	9.357 62
17	1.184 30	1.400 24	1.652 85	1.947 90	2.292 02	2.692 77	3.158 82	3.700 02	4.327 64	5.054 47	5.895 09	6.866 04	7.986 07	9.276 46	10.761 26
18	1.196 15	1.428 24	1.702 43	2.025 82	2.406 62	2.854 34	3.379 94	3.996 02	4.717 12	5.559 92	6.543 55	7.689 97	9.024 26	10.575 17	12.375 45
19	1.208 11	1.456 81	1.753 51	2.106 85	2.526 95	3.025 60	3.616 53	4.315 70	5.141 67	6.115 91	7.263 34	8.612 76	10.197 42	12.055 69	14.231 77
20	1.220 19	1.485 95	1.806 11	2.191 12	2.653 29	3.207 13	3.869 69	4.660 96	5.604 42	6.722 75	8.062 31	9.646 29	11.523 08	13.743 49	16.366 54
21	1.232 39	1.515 66	1.860 29	2.278 77	2.785 96	3.399 56	3.869 69	5.033 84	6.108 81	7.400 25	8.949 17	10.803 85	13.021 08	15.667 58	18.821 52

续表

n \ i(%)	1	2	3	4	5	6	7	8	9	10	11	12	13	14	15
22	1.244 72	1.545 98	1.916 10	2.369 92	2.952 60	3.603 53	4.430 41	5.436 54	6.658 61	8.140 28	9.933 57	12.100 31	14.713 82	17.861 04	21.644 75
23	1.257 16	1.576 90	1.973 59	2.464 71	3.071 52	3.819 74	4.740 54	5.871 47	7.257 88	8.954 31	11.026 27	13.552 535	16.626 62	20.361 59	24.891 46
24	1.269 73	1.608 44	2.032 79	2.563 30	3.225 09	4.048 93	5.072 37	6.341 19	7.911 09	9.849 74	12.239 16	15.178 63	18.788 08	23.212 21	28.625 18
25	1.282 43	1.640 60	2.093 78	2.668 58	3.386 35	4.291 87	5.427 44	6.848 48	8.623 09	10.834 71	13.588 47	17.000 06	10.197 42	26.461 92	32.918 95

附表 2　　　终值求现值系数 $\left[F \rightarrow P\right]_{n}^{i} = \dfrac{1}{(1+i)^n}$

n \ i(%)	1	2	3	4	5	6	7	8	9	10	11	12	13	14	15
1	0.990 10	0.980 39	0.970 87	0.961 54	0.952 38	0.943 40	0.934 58	0.925 93	0.917 43	0.909 09	0.900 90	0.892 86	0.884 96	0.877 19	0.869 57
2	0.980 30	0.961 17	0.942 60	0.924 56	0.907 03	0.890 00	0.873 44	0.857 34	0.841 68	0.826 45	0.811 62	0.797 19	0.783 15	0.769 47	0.756 14
3	0.970 59	0.942 32	0.915 14	0.889 00	0.863 84	0.839 62	0.816 30	0.793 83	0.772 18	0.751 31	0.731 19	0.711 78	0.693 05	0.674 97	0.657 52
4	0.960 98	0.923 85	0.888 49	0.854 50	0.822 70	0.790 90	0.762 90	0.735 03	0.708 43	0.683 01	0.658 73	0.635 52	0.613 32	0.592 08	0.571 75
5	0.951 47	0.905 73	0.862 61	0.821 93	0.783 53	0.747 26	0.712 99	0.680 58	0.649 93	0.620 92	0.593 45	0.567 43	0.542 76	0.519 37	0.497 18
6	0.942 05	0.887 97	0.837 48	0.790 31	0.746 22	0.704 96	0.666 34	0.630 17	0.596 27	0.564 47	0.534 64	0.506 63	0.480 32	0.455 59	0.432 33
7	0.932 72	0.870 56	0.813 09	0.759 92	0.710 68	0.665 06	0.622 75	0.583 49	0.547 03	0.513 16	0.481 66	0.452 35	0.425 06	0.399 64	0.375 94
8	0.923 48	0.853 49	0.789 41	0.730 69	0.676 84	0.627 41	0.582 01	0.540 27	0.501 87	0.466 51	0.433 93	0.403 88	0.376 16	0.350 56	0.326 90
9	0.914 34	0.836 76	0.766 42	0.702 59	0.644 61	0.591 90	0.543 93	0.500 25	0.460 43	0.424 10	0.390 92	0.360 61	0.332 88	0.307 51	0.284 26
10	0.905 29	0.820 35	0.744 09	0.675 56	0.613 91	0.558 40	0.508 35	0.463 19	0.422 41	0.385 54	0.352 18	0.321 97	0.294 59	0.269 74	0.247 18
11	0.896 32	0.804 26	0.722 42	0.649 58	0.584 68	0.526 79	0.475 09	0.428 88	0.387 53	0.350 49	0.317 28	0.287 48	0.260 70	0.236 62	0.214 94
12	0.887 45	0.788 49	0.701 38	0.624 60	0.556 84	0.496 97	0.444 01	0.397 11	0.355 53	0.318 63	0.285 84	0.256 68	0.230 71	0.207 56	0.186 91
13	0.878 66	0.773 03	0.680 95	0.600 57	0.530 32	0.468 84	0.414 96	0.367 70	0.326 18	0.289 66	0.257 51	0.229 17	0.204 16	0.182 07	0.162 53
14	0.869 96	0.757 88	0.661 12	0.577 48	0.505 07	0.442 30	0.387 82	0.340 46	0.299 25	0.263 33	0.231 99	0.204 62	0.180 68	0.159 71	0.141 33
15	0.861 35	0.743 02	0.641 86	0.555 26	0.481 02	0.417 27	0.362 45	0.315 24	0.274 54	0.239 39	0.209 00	0.182 70	0.159 89	0.140 10	0.122 89
16	0.852 82	0.284 50	0.623 17	0.533 91	0.458 11	0.393 65	0.338 73	0.291 89	0.251 87	0.217 63	0.188 29	0.163 12	0.141 50	0.122 89	0.106 86
17	0.844 38	0.714 16	0.605 02	0.513 37	0.436 30	0.371 36	0.316 57	0.270 27	0.231 07	0.197 84	0.169 63	0.145 64	0.125 22	0.107 80	0.092 93
18	0.836 02	0.700 16	0.587 39	0.493 63	0.415 52	0.350 34	0.295 86	0.250 25	0.211 99	0.179 86	0.152 82	0.130 04	0.110 81	0.094 56	0.080 81
19	0.827 74	0.686 43	0.570 29	0.474 64	0.395 73	0.330 51	0.276 51	0.231 71	0.194 49	0.163 51	0.137 68	0.116 11	0.098 06	0.082 95	0.070 27

续表

n ＼ i(%)	1	2	3	4	5	6	7	8	9	10	11	12	13	14	15
20	0.819 54	0.672 97	0.553 68	0.456 39	0.376 89	0.311 81	0.258 42	0.214 55	0.178 43	0.148 64	0.124 03	0.103 67	0.086 78	0.072 76	0.061 10
21	0.811 43	0.659 78	0.537 55	0.438 83	0.358 94	0.294 16	0.241 51	0.198 66	0.163 70	0.135 13	0.111 74	0.092 56	0.076 80	0.063 83	0.053 13
22	0.803 40	0.646 84	0.521 89	0.421 96	0.341 85	0.277 51	0.225 71	0.183 94	0.150 18	0.122 85	0.100 67	0.082 64	0.067 96	0.055 99	0.046 20
23	0.795 44	0.634 16	0.506 69	0.405 73	0.325 57	0.261 80	0.210 95	0.170 32	0.137 78	0.111 68	0.090 69	0.073 79	0.060 14	0.049 11	0.040 17
24	0.787 57	0.621 72	0.491 93	0.390 12	0.310 07	0.246 98	0.197 15	0.157 70	0.126 40	0.101 53	0.081 70	0.065 88	0.053 23	0.043 08	0.034 93
25	0.779 77	0.609 53	0.477 61	0.375 12	0.295 30	0.233 00	0.184 25	0.146 02	0.115 97	0.092 30	0.073 61	0.058 82	0.047 10	0.037 79	0.030 38

附表 3　年金求终值系数

$$[A \rightarrow F]_n^i = \frac{(1+i)^n - 1}{i}$$

n ＼ i(%)	1	2	3	4	5	6	7	8	9	10	11	12	13	14	15
1	1.000 00	1.000 00	1.000 00	1.000 00	1.000 00	1.000 00	1.000 00	1.000 00	1.000 00	1.000 00	1.000 00	1.000 00	1.000 00	1.000 00	1.000 00
2	2.010 00	2.020 00	2.030 00	2.040 00	2.050 00	2.060 00	2.070 00	2.080 00	2.090 00	2.100 00	2.110 00	2.120 00	2.130 00	2.140 00	2.150 00
3	3.030 10	3.060 39	3.090 90	3.121 60	3.152 49	3.183 60	3.214 90	3.246 40	3.278 10	3.310 00	3.342 10	3.374 40	3.406 90	3.439 60	3.472 50
4	4.060 40	4.121 60	4.183 63	4.246 46	4.310 12	4.374 61	4.439 95	4.506 11	4.573 13	4.641 00	4.709 73	4.779 33	4.849 80	4.921 14	4.993 38
5	5.101 00	5.204 03	5.309 13	5.416 32	5.525 62	5.637 09	5.750 74	5.866 60	5.984 71	6.105 10	6.227 80	6.352 85	6.480 27	6.610 10	6.742 38
6	6.152 01	6.308 10	6.468 41	6.632 97	6.801 90	6.975 31	7.153 30	7.335 93	7.523 34	7.715 61	7.912 86	8.115 19	8.322 70	8.535 52	8.753 74
7	7.213 53	7.434 26	7.662 46	7.898 29	8.141 99	8.393 83	8.6543	8.922 81	9.200 44	9.487 17	9.783 27	10.089 01	10.404 66	10.730 49	11.066 80
8	8.285 67	8.582 94	8.892 33	9.214 22	9.549 09	9.897 46	10.259 81	10.636 63	11.028 48	11.435 89	11.859 43	12.299 69	12.757 26	13.232 36	13.726 82
9	9.365 20	9.754 63	10.159 10	10.582 79	11.026 54	11.491 30	11.978 00	12.487 57	13.021 05	13.579 48	14.163 97	14.775 66	15.415 70	16.085 35	16.785 84
10	10.462 21	10.949 69	11.463 88	12.006 10	12.577 87	13.180 78	13.816 46	14.486 57	15.192 94	15.937 43	16.722 01	17.548 74	18.419 74	19.337 30	20.303 72
11	11.566 83	12.168 68	12.807 79	13.486 34	14.206 76	14.971 63	15.783 62	16.645 50	17.560 31	18.531 17	19.561 43	20.654 58	21.814 31	23.044 52	24.349 28
12	12.682 50	13.412 01	14.192 03	15.025 80	15.917 09	16.869 92	17.888 47	18.977 14	20.140 74	21.384 29	22.713 19	24.133 13	25.650 17	27.270 75	29.001 67
13	13.809 32	14.680 29	15.617 79	16.626 82	17.712 94	18.882 11	20.140 66	21.495 31	22.953 40	24.522 72	26.211 64	28.029 11	29.984 69	32.088 65	34.351 91
14	14.947 42	15.973 89	17.086 32	18.291 90	19.598 59	21.015 04	22.550 51	24.214 94	26.019 19	27.974 99	30.094 92	32.392 60	34.882 70	37.581 07	40.504 70
15	16.096 89	17.293 36	18.598 91	20.023 57	21.578 51	23.275 94	25.129 05	27.152 14	29.360 94	31.772 49	34.405 36	37.279 71	40.417 45	43.842 42	47.580 42
16	17.257 86	18.639 23	20.156 88	21.824 51	23.657 49	25.672 49	27.888 09	30.324 31	33.003 43	35.949 74	39.189 95	42.753 28	46.671 71	50.980 36	55.717 40
17	18.430 44	20.012 01	21.761 58	23.697 49	25.840 30	28.212 84	30.840 26	33.750 25	36.973 74	40.544 72	44.500 85	48.883 68	53.739 03	59.117 61	65.075 09

续表

n＼i(%)	1	2	3	4	5	6	7	8	9	10	11	12	13	14	15
18	19.614 74	21.412 24	23.414 43	25.645 39	28.132 31	30.905 61	33.999 19	37.450 27	41.301 38	45.599 19	50.395 94	55.749 72	61.725 10	68.394 08	75.836 36
19	20.810 89	22.840 49	25.116 86	27.671 20	30.538 92	33.759 94	37.379 01	41.446 29	46.018 50	51.159 11	56.939 49	63.439 68	70.749 37	78.969 24	88.211 81
20	22.018 99	24.297 29	26.870 37	29.778 05	33.065 86	36.785 53	40.995 55	45.762 01	51.160 18	57.275 02	64.202 84	72.052 45	80.946 77	91.024 93	102.443 60
21	23.239 18	25.783 24	28.676 48	31.969 17	35.719 16	39.992 67	44.865 24	50.422 96	56.764 59	64.002 52	72.265 15	81.698 74	92.469 85	104.768 40	118.810 10
22	24.471 57	27.298 89	30.536 77	34.247 94	38.505 11	43.392 23	49.005 81	55.456 80	62.873 41	71.402 78	81.214 32	92.502 58	105.490 90	120.436 00	137.631 60
23	25.716 29	28.844 87	32.452 87	36.617 85	41.430 35	46.995 75	53.436 22	60.893 35	69.532 01	79.543 05	91.147 89	104.602 90	120.204 80	138.297 10	159.276 40
24	26.973 45	30.421 76	34.426 46	39.082 57	44.501 87	50.815 49	58.176 76	66.764 83	76.789 90	88.497 36	102.174 20	118.155 20	136.831 40	158.658 70	184.167 90
25	28.243 17	32.030 18	36.459 26	41.645 87	47.726 96	54.864 42	63.249 13	73.106 00	84.700 99	98.347 09	114.413 30	133.333 90	155.619 20	181.870 80	212.793 00

附表 4

终值求年金系数 $[F \rightarrow A]_n^i = \dfrac{i}{(1+i)^n - 1}$

n＼i(%)	1	2	3	4	5	6	7	8	9	10	11	12	13	14	15
1	1.000 00	1.000 00	1.000 00	1.000 00	1.000 00	1.000 00	1.000 00	1.000 00	1.000 00	1.000 00	1.000 00	1.000 00	1.000 00	1.000 00	1.000 00
2	0.497 51	0.495 05	0.492 61	0.492 02	0.487 81	0.485 44	0.483 09	0.480 77	0.478 47	0.476 19	0.473 93	0.471 70	0.469 48	0.467 29	0.465 12
3	0.330 02	0.326 76	0.323 53	0.320 35	0.317 21	0.314 11	0.311 05	0.308 03	0.305 05	0.302 11	0.299 21	0.296 35	0.293 52	0.290 73	0.287 98
4	0.246 28	0.242 62	0.239 03	0.235 49	0.232 01	0.228 59	0.225 23	0.221 92	0.218 67	0.215 47	0.212 33	0.209 23	0.206 19	0.203 20	0.200 27
5	0.196 04	0.192 16	0.188 35	0.184 63	0.180 98	0.177 40	0.173 89	0.170 46	0.167 09	0.163 80	0.160 57	0.157 41	0.154 31	0.151 28	0.148 32
6	0.162 55	0.158 53	0.154 60	0.150 76	0.147 02	0.143 36	0.139 80	0.136 32	0.132 92	0.129 61	0.126 38	0.123 23	0.120 15	0.117 16	0.114 24
7	0.138 63	0.134 51	0.130 51	0.126 61	0.122 82	0.119 14	0.115 55	0.112 07	0.108 69	0.105 41	0.102 22	0.099 12	0.096 11	0.093 19	0.090 36
8	0.120 69	0.116 51	0.112 46	0.108 53	0.104 72	0.101 04	0.097 47	0.094 01	0.090 67	0.087 44	0.084 32	0.081 30	0.078 39	0.075 57	0.072 85
9	0.106 74	0.102 52	0.098 43	0.094 49	0.090 69	0.087 02	0.083 49	0.080 08	0.076 80	0.073 64	0.070 60	0.067 68	0.064 87	0.062 17	0.059 57
10	0.095 58	0.091 33	0.087 23	0.083 29	0.079 50	0.075 87	0.072 38	0.069 03	0.065 82	0.062 75	0.059 80	0.056 98	0.054 29	0.051 71	0.049 25
11	0.086 45	0.082 18	0.078 08	0.074 15	0.070 39	0.066 79	0.063 36	0.060 08	0.056 95	0.053 96	0.051 12	0.048 42	0.045 84	0.043 39	0.041 07
12	0.078 85	0.074 56	0.070 46	0.066 55	0.062 83	0.059 28	0.055 90	0.052 69	0.049 65	0.046 76	0.044 03	0.041 44	0.038 99	0.036 67	0.034 46
13	0.072 41	0.068 12	0.064 03	0.060 14	0.056 46	0.052 96	0.049 65	0.046 52	0.043 57	0.040 78	0.038 15	0.035 68	0.033 35	0.031 16	0.029 11
14	0.066 90	0.062 60	0.058 53	0.054 67	0.051 02	0.047 58	0.044 34	0.041 30	0.038 43	0.035 75	0.033 23	0.030 87	0.028 67	0.026 61	0.024 69
15	0.062 12	0.057 83	0.053 77	0.049 94	0.046 34	0.042 96	0.039 79	0.036 83	0.034 06	0.031 47	0.029 07	0.026 82	0.024 74	0.022 81	0.021 02

续表

n＼i(%)	1	2	3	4	5	6	7	8	9	10	11	12	13	14	15
16	0.057 94	0.053 65	0.049 61	0.045 82	0.042 27	0.038 95	0.035 86	0.032 98	0.303 00	0.027 82	0.025 52	0.023 39	0.021 43	0.019 62	0.017 95
17	0.054 26	0.049 97	0.045 95	0.042 20	0.038 70	0.035 44	0.032 43	0.029 63	0.027 05	0.024 66	0.022 47	0.020 46	0.018 61	0.016 92	0.015 37
18	0.050 98	0.046 70	0.042 71	0.038 99	0.035 55	0.032 36	0.029 41	0.026 70	0.024 21	0.021 93	0.019 84	0.017 94	0.016 20	0.014 62	0.013 19
19	0.048 05	0.043 78	0.039 81	0.036 14	0.032 75	0.029 62	0.026 75	0.024 13	0.021 73	0.019 55	0.017 56	0.015 76	0.014 13	0.012 66	0.011 34
20	0.045 42	0.041 16	0.037 22	0.033 58	0.030 24	0.027 18	0.024 39	0.021 85	0.019 55	0.174 60	0.015 58	0.013 88	0.012 35	0.010 99	0.009 76
21	0.043 03	0.038 78	0.034 87	0.031 28	0.028 00	0.025 00	0.022 29	0.019 83	0.017 62	0.015 62	0.013 84	0.012 24	0.010 81	0.009 54	0.008 42
22	0.040 86	0.036 63	0.032 75	0.029 20	0.025 97	0.023 05	0.020 41	0.018 03	0.015 90	0.014 01	0.012 31	0.010 81	0.009 48	0.008 30	0.007 27
23	0.038 89	0.034 67	0.030 81	0.027 31	0.024 14	0.021 28	0.018 71	0.016 42	0.014 38	0.012 70	0.010 97	0.009 56	0.008 32	0.007 23	0.006 28
24	0.037 07	0.032 87	0.029 05	0.025 59	0.022 47	0.019 68	0.017 19	0.014 98	0.013 02	0.011 30	0.009 79	0.008 46	0.007 31	0.006 30	0.005 43
25	0.035 41	0.031 22	0.027 43	0.024 01	0.020 95	0.018 23	0.015 81	0.013 68	0.011 81	0.010 17	0.008 74	0.007 50	0.006 43	0.005 50	0.004 70

附表 5　　年金求现值系数 $[A\rightarrow P]_n^i = \dfrac{(1+i)^n - 1}{i(1+i)^n}$

n＼i(%)	1	2	3	4	5	6	7	8	9	10	11	12	13	14	15
1	0.990 10	0.980 39	0.978 087	0.961 54	0.952 38	0.943 40	0.934 58	0.925 93	0.917 43	0.909 09	0.900 90	0.892 86	0.884 96	0.877 19	0.869 57
2	1.970 39	1.941 56	1.913 47	1.886 09	1.859 41	1.833 39	1.808 02	1.783 27	1.759 11	1.735 54	1.712 52	1.690 05	1.668 10	1.646 66	1.625 71
3	2.940 98	2.883 88	2.828 61	2.775 09	2.723 24	2.673 01	2.624 32	2.577 10	2.531 30	23.486 85	2.443 71	2.401 83	2.361 15	2.321 63	2.283 23
4	3.901 96	3.807 72	3.807 72	3.629 89	3.545 95	3.465 10	3.387 21	3.312 13	3.239 72	3.169 87	3.102 45	3.037 36	2.974 47	2.913 71	2.854 98
5	4.853 43	4.713 45	4.713 45	4.451 82	4.329 47	4.212 36	4.100 20	3.992 71	3.889 65	3.790 79	3.695 90	3.604 78	3.517 23	3.433 08	3.352 15
6	5.795 47	5.601 42	8.417 19	5.242 13	5.075 69	4.917 32	4.766 54	4.622 88	4.485 92	4.355 26	4.230 54	4.111 41	3.997 55	3.888 67	3.784 48
7	6.728 19	6.471 97	6.230 28	6.002 05	5.786 37	5.583 28	5.389 29	5.206 37	5.032 95	4.868 42	4.712 20	4.563 76	4.422 61	4.288 31	4.160 42
8	7.651 67	7.325 46	7.019 69	6.732 74	6.463 20	6.209 79	5.971 30	5.746 64	5.534 82	5.334 93	5.146 12	4.967 64	4.799 77	4.638 86	4.487 32
9	8.566 01	8.162 22	7.786 11	7.435 33	7.107 81	6.801 69	6.515 24	6.246 89	5.995 25	5.759 02	5.537 05	5.328 25	5.131 65	4.946 37	4.771 58
10	9.471 31	8.8256	8.530 20	8.110 89	7.721 72	7.360 08	7.023 58	6.740 08	6.417 66	6.144 57	5.889 26	5.650 22	5.426 24	5.216 12	5.018 77
11	10.367 62	9.786 83	9.252 62	8.760 47	8.306 40	7.886 87	7.498 68	7.138 97	6.805 19	6.495 06	6.206 52	5.937 70	5.686 94	5.452 73	5.233 71
12	11.255 07	10.575 32	9.954 00	9.385 07	8.863 24	8.383 84	7.942 69	7.536 08	7.160 73	6.813 69	6.492 36	6.194 37	5.391 65	5.660 29	5.420 62
13	12.133 70	11.3485	10.634 95	9.985 64	9.393 56	8.852 68	8.657 65	7.903 78	7.486 91	7.103 36	6.749 87	6.423 55	6.121 81	5.842 36	5.583 15

续表

n ＼ i(%)	1	2	3	4	5	6	7	8	9	10	11	12	13	14	15
14	13.003 70	12.106 22	11.296 07	10.563 12	9.898 63	9.294 98	8.745 47	8.244 24	7.786 15	7.366 69	6.981 87	6.628 17	6.302 49	6.002 07	5.724 48
15	13.865 05	12.849 23	11.937 93	11.118 38	10.379 65	9.712 24	9.107 92	8.559 48	8.060 69	7.606 08	7.190 87	6.810 86	6.462 38	6.142 17	5.847 37
16	14.717 87	13.577 68	12.561 10	11.652 29	10.837 76	10.105 89	9.446 65	8.851 37	8.312 56	7.823 71	7.379 16	6.973 99	6.603 87	6.265 06	5.954 23
17	15.562 25	14.291 84	13.166 12	12.165 66	11.274 05	10.477 25	9.763 23	9.121 64	8.543 63	8.021 55	7.548 79	7.119 63	6.729 09	6.372 86	6.047 16
18	16.398 27	14.992 00	13.753 51	12.659 29	11.689 57	10.827 60	10.059 09	9.371 89	8.755 63	8.201 41	7.701 62	7.249 67	6.839 91	6.467 42	6.127 97
19	17.226 01	15.678 43	14.323 80	13.133 93	12.085 31	11.158 11	10.335 60	9.603 60	8.950 12	8.364 92	7.839 29	7.365 78	6.937 97	6.550 37	6.198 23
20	18.045 55	16.351 40	14.877 47	13.590 32	12.462 20	11.469 92	10.594 02	9.818 15	9.128 55	8.513 56	7.963 33	7.469 44	7.024 75	6.623 13	6.259 33
21	18.856 98	17.011 17	15.415 02	14.029 16	12.821 14	11.764 07	10.835 53	10.016 81	9.292 25	8.648 70	8.075 07	7.562 00	7.101 55	6.686 96	6.312 46
22	19.660 37	17.658 01	15.936 92	14.451 11	13.162 99	12.041 58	11.061 24	10.200 75	9.442 43	8.771 54	8.175 74	7.644 65	7.169 51	6.742 94	6.358 66
23	20.455 82	18.292 17	16.443 61	14.856 84	13.488 56	12.303 37	11.272 19	10.371 06	9.580 21	8.883 22	8.266 43	7.718 43	7.229 66	6.792 06	6.398 84
24	21.243 38	18.913 89	16.935 54	15.246 96	13.798 63	12.550 35	11.469 34	10.528 76	9.706 61	8.984 74	8.348 41	7.784 32	7.282 88	6.835 14	6.433 77
25	22.023 14	19.523 41	17.413 15	15.622 08	14.093 93	12.783 35	11.653 59	10.674 78	9.822 58	9.077 04	8.421 74	7.843 14	7.329 98	6.872 93	6.464 15

附表 6　现值求年金系数$[P{\rightarrow}A]_n^i = \dfrac{i(1+i)^n}{(1+i)^n-1}$

n ＼ i(%)	1	2	3	4	5	6	7	8	9	10	11	12	13	14	15
1	1.010 00	1.020 00	1.030 00	1.040 00	1.050 00	1.060 00	1.070 00	1.080 00	1.090 00	1.100 00	1.110 00	1.120 00	1.130 00	1.140 00	1.150 00
2	0.507 51	0.515 05	0.522 61	0.532 00	0.537 81	0.545 44	0.553 09	0.560 77	0.568 47	0.576 19	0.583 93	0.591 70	0.599 48	0.607 29	0.615 12
3	0.340 02	0.346 76	0.353 53	0.360 35	0.367 21	0.374 11	0.381 05	0.388 03	0.395 05	0.402 11	0.409 21	0.416 35	0.423 52	0.430 73	0.437 98
4	0.256 28	0.262 62	0.269 03	0.275 49	0.282 01	0.288 59	0.295 23	0.301 92	0.308 67	0.315 47	0.322 33	0.329 23	0.336 19	0.343 20	0.350 27
5	0.206 04	0.212 16	0.218 35	0.224 63	0.230 98	0.237 40	0.243 89	0.250 46	0.257 09	0.263 80	0.270 57	0.277 41	0.284 31	0.291 28	0.298 32
6	0.172 55	0.178 53	0.184 60	0.190 76	0.197 02	0.203 36	0.209 80	0.216 32	0.222 92	0.229 61	0.236 38	0.243 23	0.250 15	0.257 16	0.264 24
7	0.148 63	0.154 51	0.160 51	0.166 61	0.172 82	0.179 14	0.185 55	0.192 07	0.198 69	0.205 41	0.212 22	0.219 12	0.226 11	0.233 19	0.240 36
8	0.130 69	0.136 51	0.142 46	0.148 53	0.154 72	0.161 04	0.167 47	0.174 01	0.180 67	0.187 44	0.194 32	0.201 30	0.208 39	0.215 57	0.222 85
9	0.116 74	0.122 52	0.128 43	0.134 49	0.140 69	0.147 02	0.153 49	0.160 08	0.166 80	0.173 64	0.180 60	0.187 68	0.194 87	0.202 17	0.209 57
10	0.105 58	0.111 33	0.117 23	0.123 29	0.129 50	0.135 87	0.142 38	0.149 03	0.155 82	0.162 75	0.169 80	0.176 98	0.184 29	0.191 71	0.199 25
11	0.096 45	0.102 18	0.108 08	0.114 15	0.120 39	0.126 79	0.133 36	0.140 08	0.146 95	0.153 96	0.161 12	0.168 42	0.175 84	0.183 39	0.191 07

续表

i (%) $\backslash$ n	1	2	3	4	5	6	7	8	9	10	11	12	13	14	15
12	0.088 85	0.094 56	0.100 46	0.106 55	0.112 83	0.119 28	0.125 90	0.132 69	0.139 65	0.146 76	0.154 03	0.161 44	0.168 99	0.176 67	0.184 48
13	0.082 41	0.088 12	0.094 03	0.100 14	0.106 46	0.112 96	0.119 65	0.126 52	0.133 57	0.140 78	0.148 15	0.155 68	0.163 35	0.171 16	0.179 11
14	0.076 90	0.082 60	0.088 53	0.094 67	0.101 02	0.107 58	0.114 34	0.121 30	0.128 43	0.135 75	0.143 23	0.150 87	0.158 67	0.166 61	0.174 69
15	0.072 12	0.077 83	0.083 77	0.089 94	0.096 34	0.102 96	0.109 79	0.116 83	0.124 06	0.131 47	0.139 07	0.146 82	0.154 74	0.162 81	0.171 02
16	0.067 94	0.073 65	0.079 61	0.085 82	0.092 27	0.098 95	0.105 86	0.112 98	0.120 30	0.127 82	0.135 52	0.143 39	0.151 43	0.159 62	0.167 95
17	0.064 26	0.069 97	0.075 95	0.082 20	0.088 70	0.095 44	0.102 43	0.109 63	0.117 05	0.124 66	0.132 47	0.140 46	0.148 61	0.156 92	0.165 37
18	0.060 98	0.066 70	0.072 71	0.078 99	0.085 55	0.092 36	0.099 41	0.106 70	0.114 21	0.121 93	0.129 84	0.137 94	0.146 20	0.154 62	0.163 19
19	0.058 05	0.063 78	0.069 81	0.076 14	0.082 75	0.089 62	0.096 75	0.104 13	0.111 73	0.119 55	0.127 56	0.135 76	0.144 13	0.152 66	0.161 34
20	0.055 42	0.061 16	0.067 22	0.073 58	0.080 24	0.087 18	0.094 39	0.101 85	0.109 55	0.117 46	0.125 58	0.133 88	0.142 35	0.150 99	0.159 76
21	0.053 03	0.058 78	0.064 87	0.071 28	0.078 00	0.085 00	0.092 29	0.099 83	0.107 62	0.115 62	0.123 84	0.132 24	0.140 81	0.149 54	0.158 42
22	0.050 86	0.056 63	0.062 75	0.069 12	0.075 97	0.083 05	0.090 41	0.098 03	0.105 80	0.114 01	0.122 31	0.130 81	0.139 48	0.148 30	0.157 27
23	0.048 89	0.054 67	0.060 81	0.067 31	0.074 14	0.081 28	0.088 71	0.096 42	0.104 38	0.112 57	0.120 97	0.129 56	0.138 32	0.147 23	0.156 28
24	0.047 07	0.052 87	0.059 05	0.065 59	0.072 47	0.079 68	0.087 19	0.094 98	0.103 02	0.111 30	0.119 79	0.128 46	0.137 31	0.146 30	0.155 43
25	0.045 41	0.051 22	0.057 43	0.064 01	0.070 95	0.078 23	0.085 81	0.093 68	0.101 81	0.110 17	0.118 74	0.127 50	0.136 43	0.145 50	0.154 70

附表 7　　　　　　　　　　**检验相关系数 $\rho=0$ 的临界值 (r_α) 表**

$P\,(\,|r|>r_\alpha)\,=\alpha$

f \ α	0.10	0.05	0.02	0.01	0.001
1	0.987 69	0.996 92	0.999 507	0.999 877	0.999 999
2	0.9000	0.9500	0.980 00	0.990 00	0.999 00
3	0.8054	0.8783	0.934 33	0.958 73	0.991 16
4	0.7293	0.8144	0.8822	0.9172	0.974 06
5	0.6694	0.7545	0.5329	0.8745	0.950 74
6	0.6215	0.7067	0.7887	0.8343	0.924 93
7	0.5822	0.6664	0.7498	0.7977	0.8982
8	0.5492	0.6319	0.7155	0.7646	0.8721
9	0.5214	0.6021	0.6851	0.7348	0.8471
10	0.4973	0.5760	0.6581	0.7079	0.8233
11	0.4762	0.5529	0.6339	0.6835	0.8010
12	0.4575	0.5324	0.6120	0.6614	0.7800
13	0.4409	0.5139	0.5923	0.6411	0.7603
14	0.4259	0.4973	0.5742	0.6226	0.7420
15	0.4124	0.4821	0.5577	0.6055	0.7246
16	0.4000	0.4683	0.5425	0.5897	0.7084
17	0.3887	0.4555	0.5285	0.5751	0.6932
18	0.3783	0.4483	0.5155	0.5614	0.6787
19	0.3687	0.4329	0.5034	0.5487	0.6652
20	0.3598	0.4227	0.4921	0.5368	0.6524
25	0.3233	0.3809	0.4451	0.4869	0.5974
30	0.2960	0.3494	0.4093	0.4487	0.5541
35	0.2746	0.3246	0.3810	0.4182	0.5189
40	0.2573	0.3044	0.3578	0.3932	0.4896
45	0.2428	0.2875	0.3384	0.3721	0.4648
50	0.2306	0.2732	0.3218	0.3541	0.4433
60	0.2108	0.2500	0.2948	0.3248	0.4078
70	0.1954	0.2319	0.2737	0.3017	0.3799
80	0.1829	0.2172	0.2565	0.2830	0.3568
90	0.1726	0.2050	0.2422	0.2673	0.3375
100	0.1638	0.1946	0.2301	0.2540	0.3211

参 考 文 献

[1]　刘森离，孙丽云. 电力弹性系数与电力需求预测 [J]. 2006 年中国电机工程学会年论文集：1835-1841.

[2]　孟晓芳，刘文宇，朴在林，等. 基于网络拓扑分析的配电网潮流节点分析法 [J]. 电网技术，2010，34（4）：140-145.

[3]　孟晓芳. 基于虚拟技术的农村电力网规划方法研究 [D]. 沈阳：沈阳农业大学，2010.

[4]　张伯明，陈寿孙，严正. 高等电力网络分析 [M]. 北京：清华大学出版社，2007.

[5]　钱伯章. 世界可再生能源开发现状和趋势（上）[J]. 太阳能，2012：15-18.

[6]　钱伯章. 世界可再生能源开发现状和趋势（下）[J]. 太阳能，2012：18-22.

[7]　杨方，尹明，刘林. 欧洲海上风电并网技术分析与政策解读 [J]. 能源技术经济，2011，23（10）：51-55.

[8]　"十二五"期间我国风电呈现三大趋势 [J]. 电器工业，2011，（11）：7.

[9]　电力工业"十二五"规划滚动研究. 华东电力，2012，（4）：0535.

[10]　张兴科. 光伏发电产业亟需政策扶持 [J]. 能源技术经济，2011，23（12）：14-17.

[11]　郑海峰，李红军. 分布式电源接入配电网的技术经济分析 [J]. 能源技术经济，2012. 6，24（6）：37-41.

[12]　孟晓芳，朴在林，解东光，等. 分布式电源在农村电力网中的优化配置方法 [J]. 农业工程学报，2010，26（8）：243-247.

[13]　孟晓芳，朴在林，王英男，等. 考虑分布式电源影响的配电网降损分析 [J]. 农业工程学报，2013，29（增刊1）：128-131.

[14]　Delfino F，Procopio R，Rossi M，et al. Integration of large-size photovoltaic systems into the distribution grids：a P-Q chart approach to assess reactive support capability [J]. IET Renewable Power Generation，2010，4（4）：329 - 340.

[15]　Ying—Yi Hong，Kuan—Lin Pen. Optimal VAR Planning Considering Intermittent Wind Power Using Markov Model and Quantum Evolutionary Algorithm [J]. IEEE Transactions on Power Delivery，2010，25（4）：2987—2996.

[16]　孟晓芳，朴在林，等. 中压配电网网架优化规划方法 [J]. 农业工程学报，2011，27（11）：164-169.

[17]　Xiaofang Meng，Zailin Piao，et al. Network Planning Method for Distribution Systems Based on Planning Analytic Foundation [C] // The 2nd International Conference on Mechanic Automation and Control Engineering. MACE 2011（6），IEEE Computer Society's CPS，2011：5059—5063.

[18]　朴在林，祁贺，张志霞，等. 单相配电变压器三线集束导线两火一零低压供电模式的实施与展望 [J]. 中国电力，2003，36（10）：61-64.

[19]　朴在林，孙国凯，曹英丽，等. 0. 22kV 低压绝缘导线束供电模式允许供电半径的探讨 [J]. 中国电力，2004，37（9）：58-60.

[20]　朴在林，张志霞，孙国凯，等. 基于绝缘导线束的低压配电网模式 [J]. 农业工程学报，2006，22（6）：135-137.

[21]　张扬. 解读美国最新的智能电网政策 [J]. 能源技术经济，2011，23（9）：1-5.

[22]　朴在林，谭东明，郭丹. 10 kV 配电线路无功优化智能系统的研究与实施 [J]. 农业工程学报，

2009，25（12）：206-210.

[23] 朴在林，王慧. 农村变电站无功优化的控制策略 [J]. 农业工程学报，2013，29（增刊 1）：167-170.

[24] 周云成，朴在林，付立思，等. 10kV 配电网无功优化自动化控制系统设计 [J]. 电力系统保护与控制，2011，39（2）：125-130.

[25] 朴在林，孟晓芳. 农村电力网规划 [M]. 北京：中国电力出版社，2006.

[26] 傅启阳，张龙. 宏观经济与电力弹性系数的关系 [J]. 中国电力企业管理，2013（2）：40-43.